智能制造类产教融合人才培养系列教材

工业机器人基础及应用编程技术

主编　宋星亮　王冬云
参编　邵金均　兰　虎　鄂世举　温建明
　　　贺新升　张朝西　宋晓虎

机械工业出版社

本书重点围绕工业机器人的机械机构、关键部件、运动学和动力学原理、控制器等，讲述工业机器人的基础技术，同时以FANUC品牌的串联工业机器人为对象，系统介绍其基本编程指令、程序管理方法，并详细解析了码垛机器人、弧焊机器人、点焊机器人等典型应用案例。本书共11章：第1章总体介绍了工业机器人的定义、发展史、特点、类型与应用等；第2章讲解了机器人的系统组成，包括工具软件、关节机械部件以及控制器等；第3章和第4章详述了工业机器人的运动学、静力学和动力学的基础理论知识并进行了应用分析；第5章分析了工业机器人的运动轴和坐标系，并介绍了工具坐标系、用户坐标系的作用以及标定方法；第6章讲述了工业机器人的程序管理，包括程序创建、选择、编辑以及控制执行等；第7章详细讲解了编程界面、基本编程指令及其编程方法；第8章从电气控制的角度讲解了机器人I/O信号的基本知识、编程方法以及在控制机器人运行中的作用；第9~第11章系统介绍了码垛机器人、弧焊机器人以及点焊机器人的基本组成及程序编制方法。

本书可作为本科机器人工程、智能制造工程、机械设计制造及自动化、机械电子工程以及自动化专业和高职高专机器人技术及应用专业的教材，也可供从事相关工作的科研人员和工程师参考。

图书在版编目（CIP）数据

工业机器人基础及应用编程技术/宋星亮，王冬云主编．—北京：机械工业出版社，2019.10（2025.1重印）

智能制造类产教融合人才培养系列教材

ISBN 978-7-111-64284-8

Ⅰ.①工… Ⅱ.①宋… ②王… Ⅲ.①工业机器人-高等职业教育-教材

Ⅳ.①TP242.2

中国版本图书馆CIP数据核字（2019）第268904号

机械工业出版社（北京市百万庄大街22号 邮政编码100037）

策划编辑：齐志刚 责任编辑：王莉娜 齐志刚 章承林 陈崇昱

责任校对：王 欣 封面设计：张 静

责任印制：常天培

固安县铭成印刷有限公司印刷

2025年1月第1版第5次印刷

184mm×260mm · 12.75印张 · 314千字

标准书号：ISBN 978-7-111-64284-8

定价：36.00元

电话服务

客服电话：010-88361066

010-88379833

010-68326294

网络服务

机 工 官 网：www.cmpbook.com

机 工 官 博：weibo.com/cmp1952

金 书 网：www.golden-book.com

机工教育服务网：www.cmpedu.com

前 言

本书是在国家发改委产教融合项目“浙江师范大学轨道交通、智能制造与现代物流产教融合实验实训基地”建设顺利完成的基础上，总结浙江师范大学与上海FANUC机器人、浙江摩科机器人等知名企业深度融合的人才培养经验后编写的，在内容选取上充分体现产教融合、教研结合理念，具有实用性、前沿性和系统性。

本书共11章：第1章总体介绍了工业机器人的定义、发展史、特点、类型与应用等；第2章讲解了机器人的系统组成，包括工具软件、关节机械部件以及控制器等；第3章和第4章详述了工业机器人的运动学、静力学和动力学的基础理论知识并进行了应用分析；第5章分析了工业机器人的运动轴和坐标系，并介绍了工具坐标系、用户坐标系的作用以及标定方法；第6章讲述了工业机器人的程序管理，包括程序创建、选择、编辑以及控制执行等；第7章详细讲解了编程界面、基本编程指令及其编程方法；第8章从电气控制的角度讲解了机器人I/O信号的基本知识、编程方法以及在控制机器人运行中的作用；第9~第11章系统介绍了码垛机器人、弧焊机器人以及点焊机器人的基本组成及程序编制方法。

本书由浙江摩科机器人科技有限公司和浙江师范大学联合完成，参与编写的有浙江摩科机器人科技有限公司的宋星亮总经理以及张朝西、宋晓虎工程师，浙江师范大学的王冬云、邵金均、鄂世举、兰虎、温建明、贺新升。其中，宋星亮编写第1章，张朝西编写第3章，宋晓虎编写第10章，王冬云编写第2、9章，邵金均编写第11章，鄂世举编写第4章，兰虎编写第5、6章，温建明编写第7章，贺新升编写第8章。本书由宋星亮、王冬云共同担任主编，确保内容符合生产实际需求的同时又具有一定的理论深度，充分体现产教融合特色。

本书的编写工作得到了很多工业机器人产业界和高校学术界专家、学者的支持和帮助，如上海FANUC机器人公共教育科、培训中心的工程师，东华大学吕其兵，浙江工业大学孔德彭博士等提出了很多宝贵的意见，在此表示衷心的感谢。编写过程中，编者参考了上海FANUC机器人的使用说明书、培训教材以及百度文库的共享资料，部分资料具体作者名称不详，在此一并感谢。

本书获浙江师范大学教材建设基金立项资助。

由于编者水平有限，书中难免有错误和不妥之处，敬请读者批评指正。

编　者

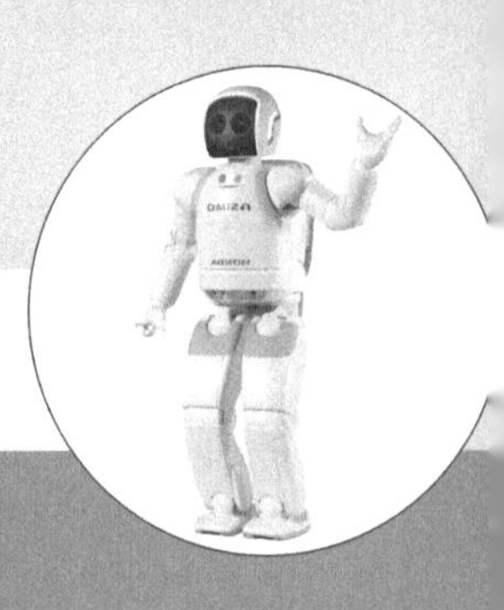

目　录

CONTENTS

第1章

概　述

1.1　工业机器人的定义

工业机器人是集机械、电子、控制、计算机、传感器和人工智能等多种先进技术于一体的自动化装备。采用工业机器人，不仅可以提高产品的质量和生产率，而且对改善劳动环境、减轻劳动强度、提高劳动生产率及降低生产成本有着重要意义。因此，工业机器人的应用情况是衡量一个国家科技创新与高端制造水平的重要标准。

国际上对机器人的定义有很多，美国机器人协会（RIA）将工业机器人定义为一种用于移动各种材料、零件、工具的专用装置，可通过编制程序控制其执行各种任务的操作机。

国际标准化组织（ISO）曾于 1984 年将工业机器人定义为一种自动的、位置可控的、具有编程能力的多功能操作机，这种操作机具有多个运动轴，能够借助可编程操作来处理各类材料、零件、工具和专用装置，以执行各种任务。

我国将工业机器人定义为一种自动定位控制，可重复编程的、多功能的、多自由度的操作机，操作机被定义为具有和人手臂类似的动作功能，可在空间抓取物体或进行其他操作的机械装置。

1.2　工业机器人的发展史

工业机器人具有高度的柔性和适应性，工业机器人的出现和应用是科学技术发展和生产工具进化的必然。工业机器人的发展更趋向智能化、柔性化。

工业机器人的发展历程如图 1-1 所示。

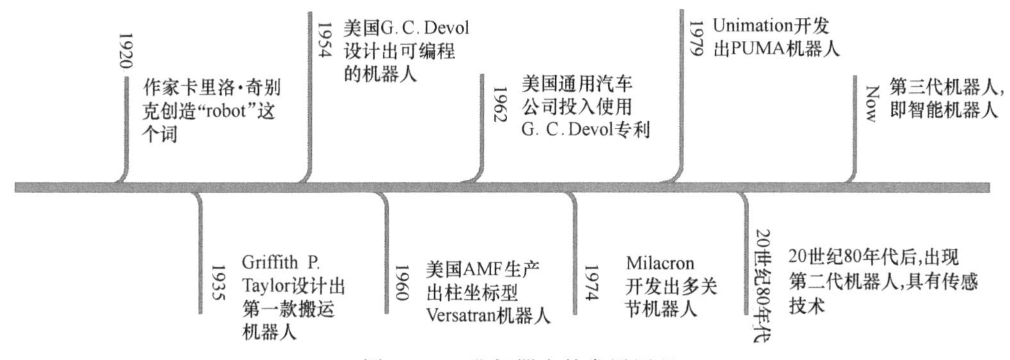

图 1-1　工业机器人的发展历程

机器人（robot）一词来源于捷克斯洛伐克作家卡里洛·奇别克（Karel Capek）于1920年创作的名为“Rossum's Uniersal Robots”（罗萨姆的万能机器人）的剧本。Robot（汉语译为“罗伯特”）其意为“不知疲倦地劳动”，卡里洛·奇别克把机器人定义为服务于人类的家伙，是一种人造的劳动力，它是最早的工业机器人设想。

1935年Griffith P. Taylor设计出第一款搬运机器人，它可以通过一个电动机移动五个轴。

1954年美国人乔治·德沃尔（G. C. Devol）制造出世界上第一台可编程的机器人（机械手）并申请了专利，专利的要点是借助伺服技术控制机器人关节，利用人手进行动作示教，机器人能实现动作记录和再现，这就是示教再现机器人。

1960年美国AMF公司生产了柱坐标型Versatran机器人，可进行点位和轨迹控制，这是世界上第一种应用于工业生产的机器人。

1962年美国通用汽车公司投入使用G. C. Devol的专利，该专利是G. C. Devol于1954年提出的“通用重复操作机器人”的方案。美国万能自动化公司的第一台Unimate工业机器人在美国通用汽车公司投入使用，标志着第一代机器人的诞生。

1974年Milacron公司开发成功多关节机器人。

1979年Unimation公司推出PUMA机器人，它是一种多关节、全电动机驱动、多CPU二级控制的机器人，采用VAL专用语言，可配视觉、触觉、力觉传感器，在当时是技术最先进的工业机器人。

这一时期的机器人属于“示教再现”（Teach-in/Playback）型机器人，只具有记忆、存储能力，按相应程序重复作业，但对周围环境基本没有感知与反馈控制能力。这种机器人被称作第一代机器人。

进入20世纪80年代，随着传感技术，包括视觉传感器、非视觉传感器以及信息处理技术的发展，出现了第二代机器人——有感觉的机器人。它能够获得作业环境和作业对象的部分相关信息，进行一定的实时处理，引导机器人进行作业。第二代机器人已在工业生产中得到了广泛应用。

目前，许多国家正在研究智能机器人。它们不仅具有比第二代机器人更好的环境感知能力，而且具有逻辑思维，以及判断和决策能力，它们可以根据操作要求和环境信息独立工作。

1.3 工业机器人的特点

1. 可编程

生产自动化的进一步发展是柔性自动化。工业机器人可随工作环境变化而进行再编程，因此特别适用于小批量、多品种、个性化、定制化的制造过程。目前，工业机器人已成为柔性制造系统的重要组成部分。

2. 通用性

除专门设计的专用工业机器人外，一般机器人在执行不同的作业任务时具有较好的通用性。只需变更程序或更换工业机器人手部末端执行器（手爪、工具等）便可执行不同的作业任务。

3. 拟人化

工业机器人在机械结构上有类似人的大臂、小臂、手腕、手等部位以及行走、旋转等动作，并由计算机控制。对于智能化工业机器人还有很多类似人类的“生物传感器”，如皮肤型接触传感器、力传感器、负载传感器、视觉传感器、声觉传感器、语音功能传感器等。

4. 机电一体化

智能化机器人不仅具有获取外部环境信息的各种传感器，而且还具有记忆能力、语言理解能力、图像识别能力和推理判断能力等人工智能相关能力。工业机器人是机械工程、微电子技术、计算机科学与技术等多学科交叉融合的技术成果，其应用技术更涉及控制技术、机器人仿真、激光加工技术、模块化程序设计、智能测量、建模加工一体化、工厂自动化及精选物流等方面的先进技术，技术综合性极强。

1.4 工业机器人的类型

工业机器人根据应用需求、发展阶段可分为五种类型，见表 1-1。

表 1-1 常用工业机器人的类型

序号	类型	示意图	说明
1	直角坐标机器人	 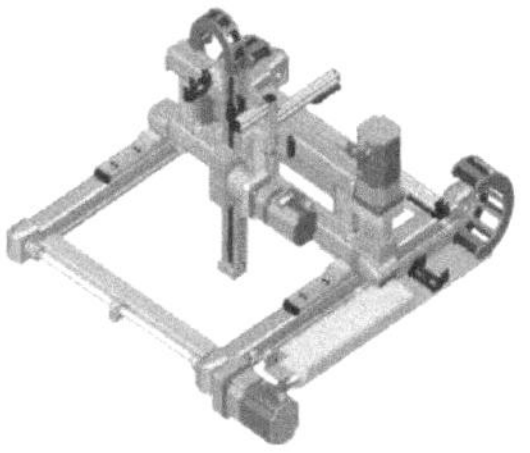	X、Y、Z 轴三个方向直线运动，作业范围为长方体形状
2	水平关节机器人	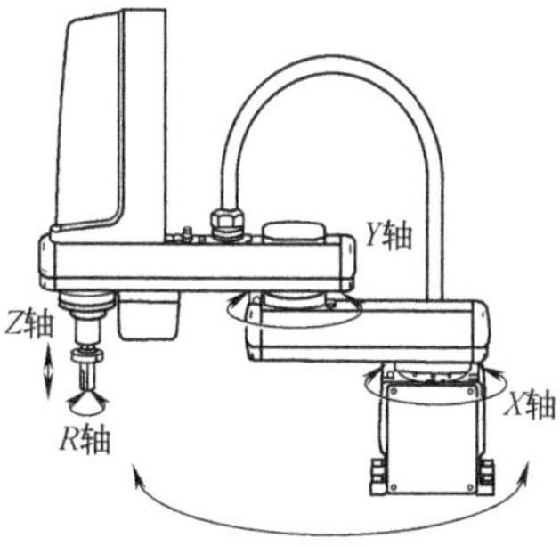 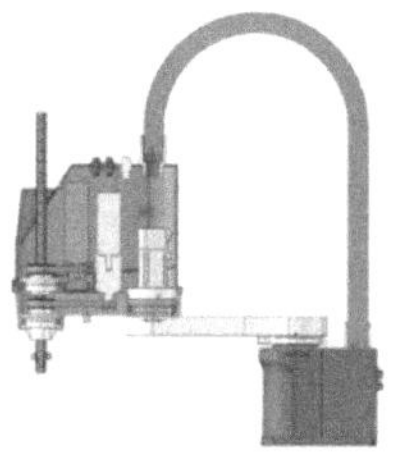 Y轴 Z轴 R轴 X轴	三个回转运动和一个直线运动，运动速度快，作业范围为圆柱体形状
3	垂直串联关节机器人	 	六个关节的回转运动或摆动，确定作业范围方法较为复杂

（续）

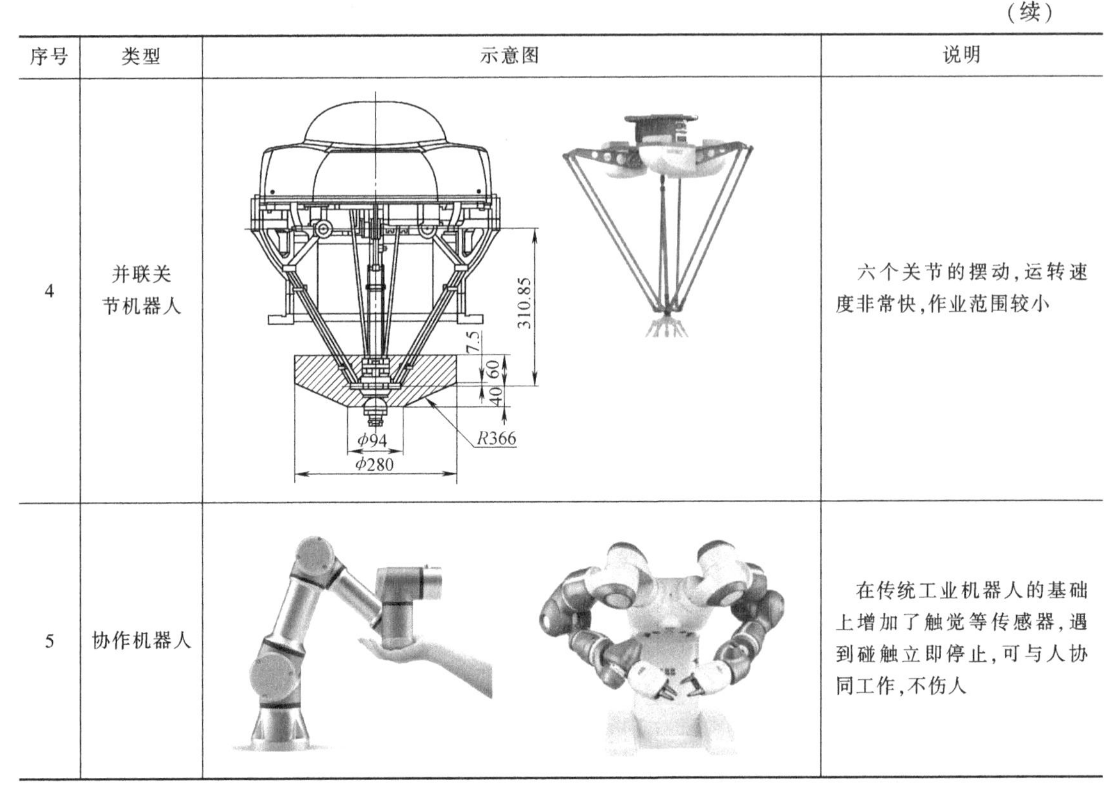

序号	类型	示意图	说明
4	并联关节机器人		六个关节的摆动，运转速度非常快，作业范围较小
5	协作机器人		在传统工业机器人的基础上增加了触觉等传感器，遇到碰触立即停止，可与人协同工作，不伤人

1.5 工业机器人的应用

工业机器人主要应用于弧焊、码垛、材料加工（打磨、抛光、切割、去毛刺等）、点焊、机床上下料、拾取及包装、搬运、喷涂、装配等。

1. 弧焊

用于进行自动弧焊的工业机器人称为弧焊机器人。一般的弧焊机器人系统由机器人本体、焊接电源、焊枪、焊接周边设备（变位机、工装、清枪机、防护系统）等部分组成。弧焊机器人主要包括MIG/MAG焊、TIG焊、激光焊、等离子弧焊、火焰钎焊等应用类型。图1-2展示了典型弧焊机器人应用工作站。

2. 点焊

用于点焊自动作业的工业机器人称为点焊机器人。点焊机器人由机器人、点焊电源、焊钳、工装夹具、安全设备及点焊周边设备（修磨机、水气单元）等组成。由于点焊钳负载重，点焊机器人一般选用大负载机器人，如165kg、210kg级机器人。典型点焊机器人及伺服焊钳如图1-3所示。

3. 搬运

用于将物料从一个位置运送到另外一个位置自动作业的工业机器人称为搬运机器人。搬运机器人通常在机器人末端根据工件的类型安装不同的工具来实现物料的搬运。搬运机器人主要由机器人、工件卡爪、安全防护系统、物料台等组成一套机器人搬运系统。典型搬运机器人的应用如图1-4所示。

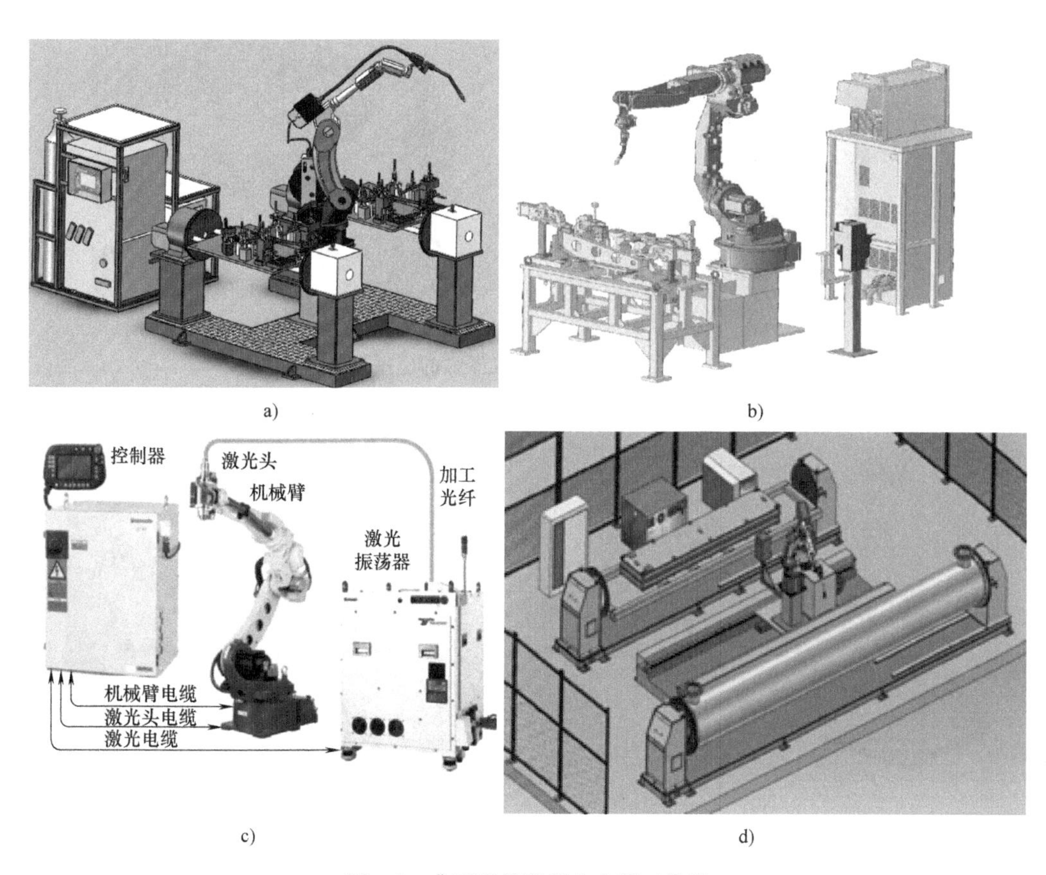

a) b) c) d)

图 1-2 典型弧焊机器人应用工作站

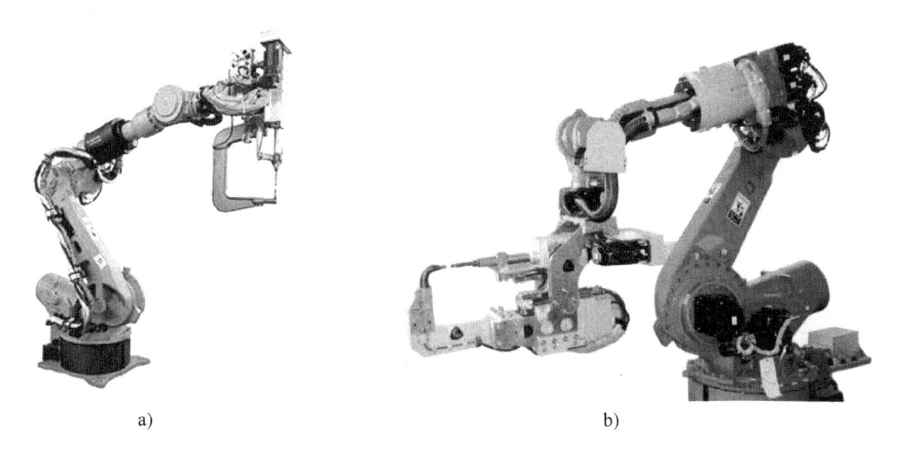

a) b)

图 1-3 典型点焊机器人及伺服焊钳

4. 码垛

将物料按照一定规律堆放的机器人称为码垛机器人。码垛机器人可按照要求的编组方式和层数，完成对料袋、胶块、箱体等产品的码垛。码垛机器人主要由压平输送机、缓停输送机、转位输送机、托盘仓、托盘输送机、编组机、推袋装置、码垛装置、垛盘输送机组成。典型码垛机器人的应用如图 1-5 所示。

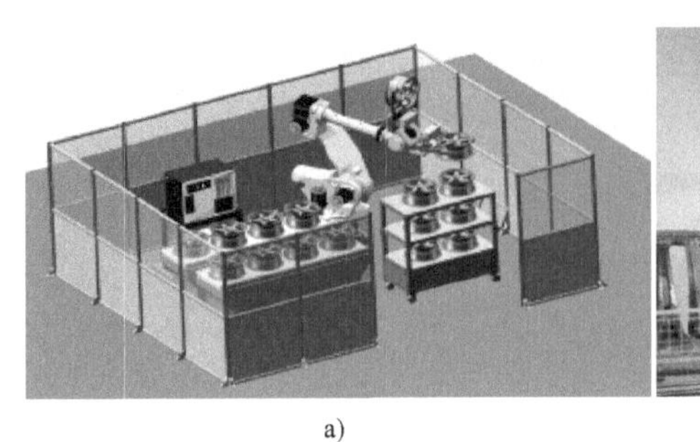

a) b)

图 1-4 典型搬运机器人的应用

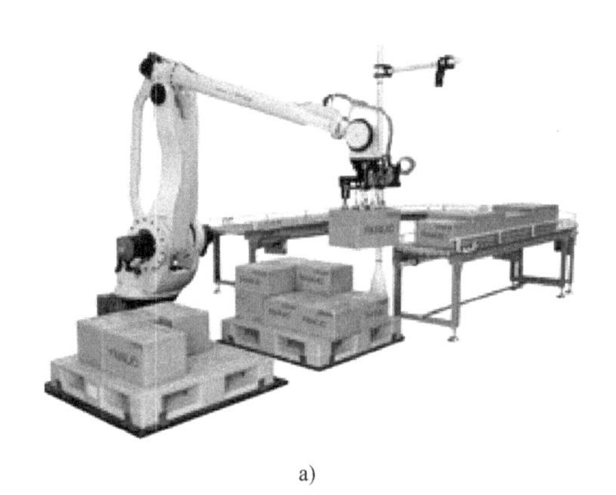

a) b)

图 1-5 典型码垛机器人的应用

5. 机床上下料

将机床（数控车床、加工中心、压力机、压铸机、注射机等）需要加工的工件送至机床加工，加工结束取出放至指定位置的机器人称为机床上下料机器人。机床上下料机器人主要由机器人、机床、工件卡爪、原料仓、成品仓、物料输送线、物料中转机构、检测装置、安全防护设备等组成。典型机床上下料机器人的应用如图 1-6 所示。

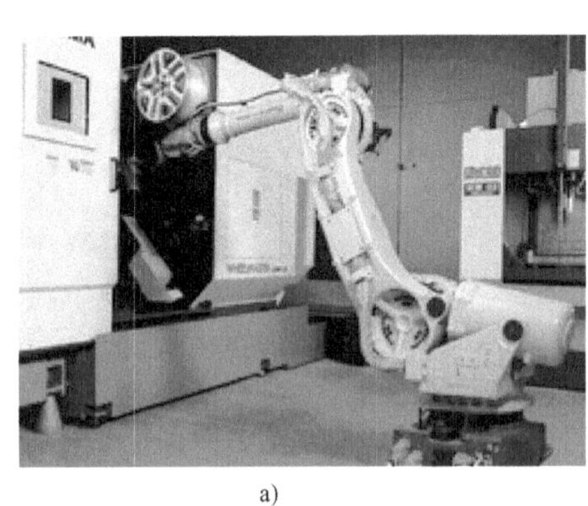
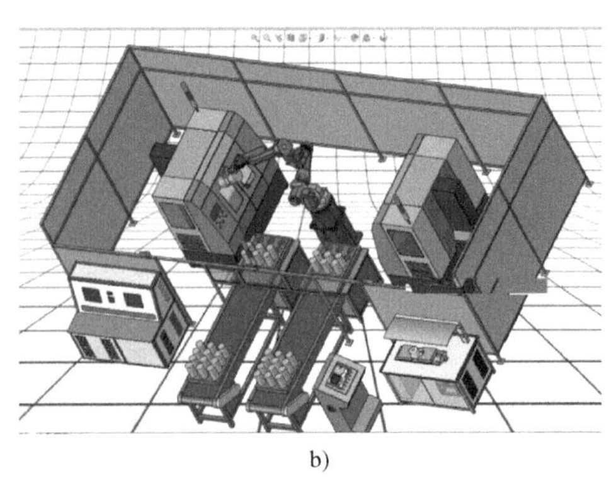

a) b)

图 1-6 典型机床上下料机器人的应用

6. 喷涂

喷涂机器人主要由机械本体、计算机和相应的控制系统组成，液压驱动的喷涂机器人还包括液压源，如液压泵、油箱和电动机等。典型喷涂机器人的应用如图 1-7 所示。喷涂机器人多采用 5 个或 6 个自由度关节式结构，手臂有较大的运动空间，并可做复杂的轨迹运动，其腕部一般有 2 个或 3 个自由度，可灵活地运动。较先进的喷涂机器人的腕部采用柔性手腕，既可向各个方向弯曲，又可转动，其动作类似人的手腕，能方便地通过轻小的孔伸入工件内部，喷涂其内表面。喷涂机器人一般采用液压驱动，具有动作速度快、防爆性能好等特点，可通过手把手来实现示教。

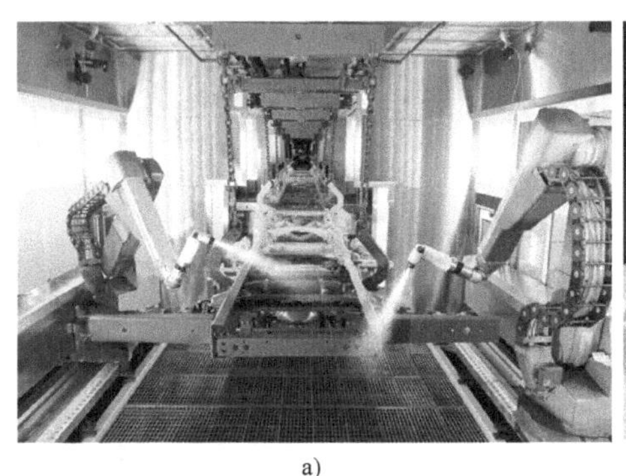
a)

b)

图 1-7 典型喷涂机器人的应用

7. 材料加工

材料加工机器人通过夹持不同工具或不同工件来完成材料加工，主要应用有切割、打磨、去毛刺、清洗、抛光、水切割等，如图 1-8 和图 1-9 所示。

打磨、抛光、去毛刺机器人是在机器人末端执行器上装夹产品或将磨头、切削工具装置装夹在机器人末端，通过编程和调试实现打磨工序，适用于代替人工在各类复杂恶劣环境下工作。

a)

b)

图 1-8 切割、去毛刺机器人

8. 拾取及包装

拾取及包装机器人在末端装上吸盘、卡爪以及执行机构，在流水线上拾取及包装物料。在包装行业，可采用工业机器人将纸张及塑料袋进行自动封口、捆扎。拾取及包装机器人的

a)

b)

图 1-9　抛光、去毛刺机器人

应用如图 1-10 所示。

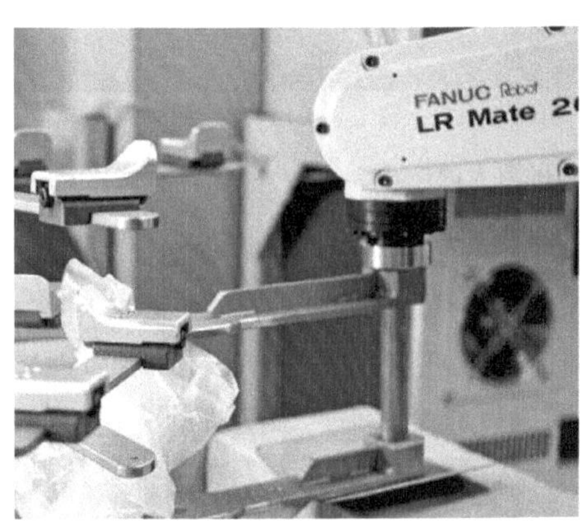

a)

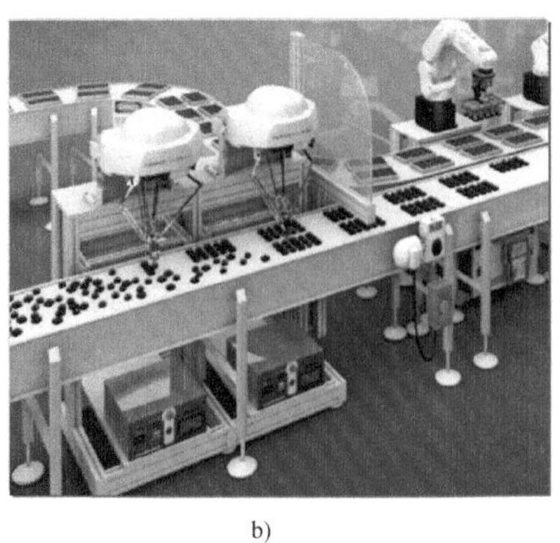

b)

图 1-10　拾取及包装机器人的应用

9. 装配

在机器人末端装上不同的工具对产品部件进行组装的称为装配机器人，如用机器人拧螺钉、用机器人对汽车发动机部件进行组装等。典型装配机器人的应用如图 1-11 所示。

a)

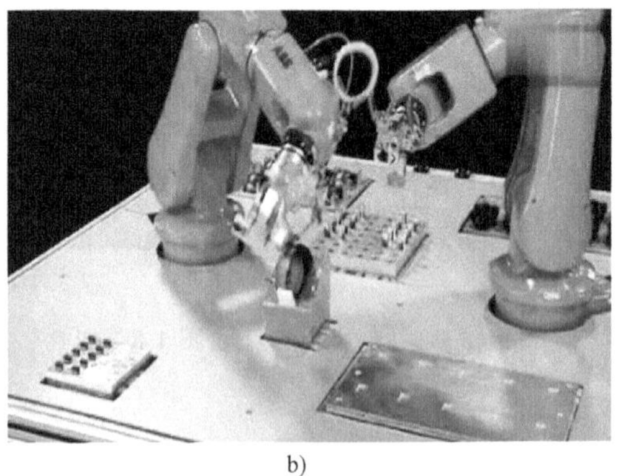

b)

图 1-11　典型装配机器人的应用

1.6 工业机器人编程作业安全

在进行机器人的示教作业时，某些情况下需要进入机器人的动作范围内。程序员尤其要注意安全。

1）在不需要进入机器人动作范围内的情形下，务必在机器人的动作范围外进行作业。

2）在进行示教作业前，应确认机器人或者外围设备没有处在危险的状态且没有异常。

3）在迫不得已的情况下需要进入机器人的动作范围内进行示教作业时，应事先确认安全装置（如急停按钮、示教器的安全开关等）的位置和状态等。

4）程序员应特别注意，勿使其他人员进入机器人的动作范围内。

5）编程时应尽可能在安全栅栏外进行。因不得已的情形而需要在安全栅栏内进行时，应注意下列事项：

① 仔细察看安全栅栏内的情况，确认没有危险后再进入栅栏内部。

② 要做到随时都可以按下急停按钮。

③ 应以低速运行机器人。

④ 应在确认整个系统的状态后进行作业，以避免由于针对外围设备的遥控指令和动作等而导致使用者陷入危险境地。

本 章 小 结

本章主要学习了工业机器人的定义、发展史、特点、类型以及应用，通过图文并茂的形式，尽可能详细地展现工业机器人的基础知识。通过本章的学习，学生应能了解机器人的主要特点，并能认识各种不同类型机器人的结构，同时知道机器人在工业领域中的典型应用。

思考与练习

一、填空题

1）机器人是具备＿＿＿＿＿＿功能的机械设备。

2）按照安全规范的要求，在机器人的正面作业应与机器人保持距离＿＿＿＿＿以上。

二、简答题

1）工业机器人的主要特点是什么？

2）常用工业机器人的类型有哪些？

3）工业机器人的典型应用有哪些？

4）所谓智能机器人的“智能”，其表现形式是什么？

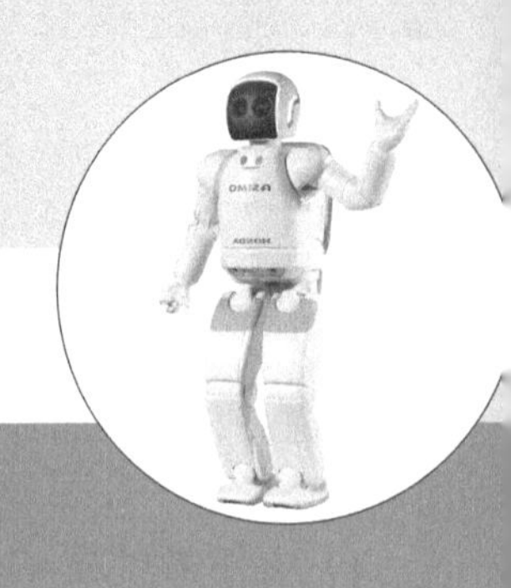

第2章 工业机器人系统组成

2.1 机器人单元

从应用角度来讲，工业机器人单元由应用工具软件、机器人、机器人控制器和周边设备构成，如图 2-1 所示。机器人主机厂提供给用户或集成商时，应用工具软件已经安装于机器人控制柜，并能通过示教器与编程人员进行交互，因此呈现给用户的主要为机器人本体、控制柜和示教器，如图 2-2 所示。

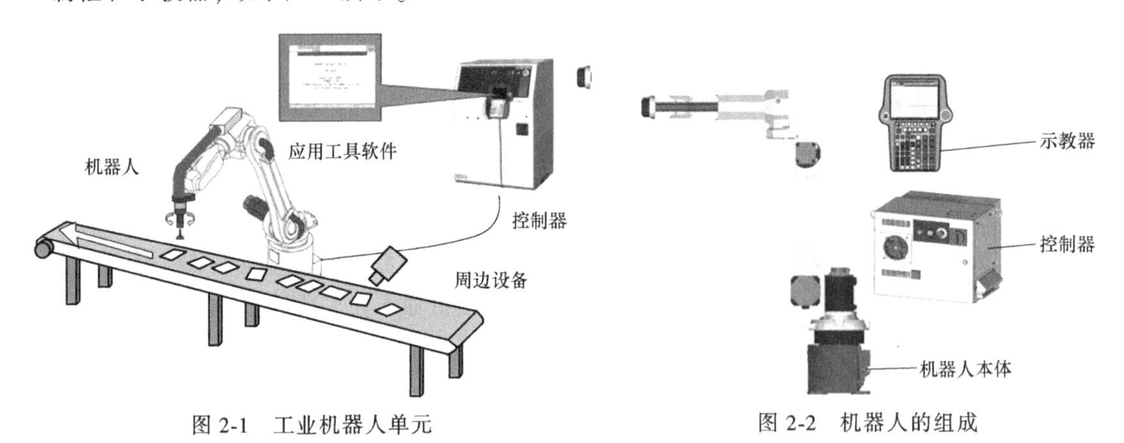

图 2-1　工业机器人单元

图 2-2　机器人的组成

1. 应用工具软件

应用工具软件是内嵌于机器人控制装置的各类机器人作业专用的软件包。通过使用示教器选择所需的菜单和指令，即可进行不同种类的作业。应用工具中安装有用来控制机器人、机械手、遥控装置等外围设备的指令。此外，应用工具软件还可对附加轴、控制装置和其他外围设备的输入/输出（I/O）单元进行控制。

2. 机器人本体

机器人本体包括 6 个机器人机械臂，以及为进行作业所需的机械手等末端执行器。

3. 控制装置

机器人控制装置提供用于驱动运转机构的电源。机器人控制装置内嵌有应用工具软件，可对示教器、操作面板、外部的外围设备进行控制。外围设备是指包含遥控装置在内的、用来操作机器人系统所需的外围装置。

1）遥控装置用于从外部对机器人控制装置进行控制。

2）根据 I/O 及串行通信来操作机械手和传感器等设备。

图 2-3 所示为典型的机器人应用系统——汽车车门自动化组装系统。其中包括机器人、机器人控制装置、外围设备等。

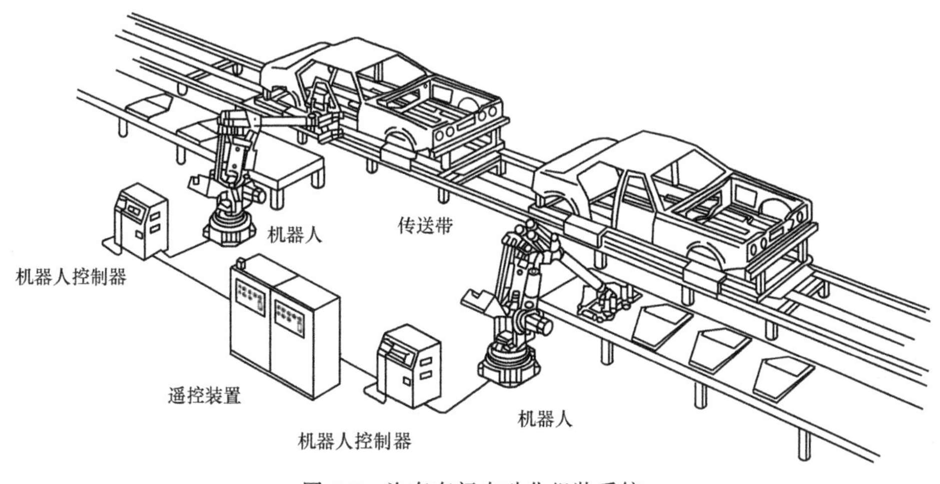

图 2-3　汽车车门自动化组装系统

2.2　应用工具软件

应用工具软件是为进行各类作业而制作的专用软件。应用工具软件被嵌入机器人控制装置后可进行如下作业：

1）设定机器人系统。

2）创建程序。

3）程序的测试运转。

4）自动运转。

5）状态显示及监控。

通过安装其他选项软件，还可以强化系统的扩展及管理功能。以 FANUC 机器人为例，其系统应用软件包括如下几类：

1）Handling Tool ______________用于搬运。

2）Arc Tool ______________用于弧焊。

3）Spot Tool ______________用于点焊。

4）Dispense Tool ______________用于涂胶。

5）Paint Tool ______________用于油漆。

6）Laser Tool ______________用于激光焊和切割。

2.2.1　设定系统

应用工具软件具有机器人系统操作所需的进行各类设定的接口。通过应用工具软件可以对机械手、遥控装置等外部设备进行操作。有关与机械手等外围设备之间的 I/O、坐标系、通信、自动运转等需要事先进行设定。

2.2.2 机器人的点动进给

机器人的点动进给，是指通过示教器的手动操作，自由地操作机器人。程序中的动作指令的示教，在通过点动进给将机器人移动到目标位置后，通过记录该位置而进行。

2.2.3 程序

程序通过组合动作指令、I/O 指令、数值寄存器指令、转移指令等构成。通过按行号码顺序执行这些指令，即可进行所需的作业。可通过示教器进行程序的创建及修改。程序由如下指令构成。

1）动作指令______________使机器人移动到作业区域内的目标位置。

2）动作附加指令______________动作中进行特殊处理。

3）数值寄存器指令______________在数值寄存器中存储数值数据。

4）位置寄存器指令______________在位置寄存器中存储位置数据。

5）I/O 指令______________进行与外围设备之间信号的发送及接收。

6）转移指令______________改变程序的流程。

7）等待指令______________使机器人在指定子程序执行的条件成立之前等待。

8）程序调用指令______________调用并执行子程序。

9）宏指令______________以所指定的名称调用并执行程序。

10）码垛堆积指令______________进行码垛堆积操作。

11）程序结束指令______________结束程序的执行。

12）备注指令______________在程序上添加注解。

13）其他指令。

图 2-4 所示为基本的机器人程序结构。

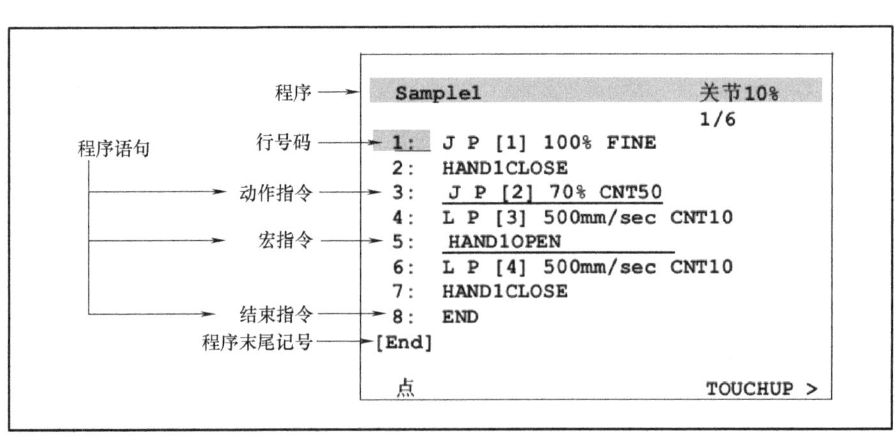

图 2-4 基本的机器人程序结构

2.2.4 测试运转（测试执行）

在系统的设定和程序的创建结束后，在测试执行的方式下进行测试运转，确认程序正常动作。执行程序的测试，在创建更加理想的程序中极为重要。在进行自动运转之前，务必执行所创建程序的测试。

2.2.5 自动运转（操作执行）

自动运转（操作执行）是执行程序的最后一步。自动运转中执行如下处理：

1）按顺序启动所指定的程序。

2）可在自动运转中修改位置数据。

3）进行恢复和再启动步骤。

2.3 机器人本体

机器人是由通过伺服电动机驱动的轴和手腕构成的机构部件。机器人的前3轴（J1、J2、J3）叫作基本轴，后3轴称为腕部轴或次轴，手腕的接合部叫作轴杆或者关节。腕部轴对安装在法兰盘上的末端执行器（工具）进行操控，如进行扭转、上下摆动、左右摆动之类的动作。机器人本体的结构如图2-5所示，每个关节由机械臂、伺服电动机和减速器组成。减速器主要有两种：谐波减速器和摆线针轮传动（Rot Vector，RV）减速器。RV减速器具有承载能力强、精度高的优点，因此机器人的基本轴（J1、J2、J3）一般采用RV减速器传动，谐波减速器体积小、重量轻，通常用在腕部轴（J4、J5、J6），如图2-6所示。本节将重点介绍两种减速器的工作原理。

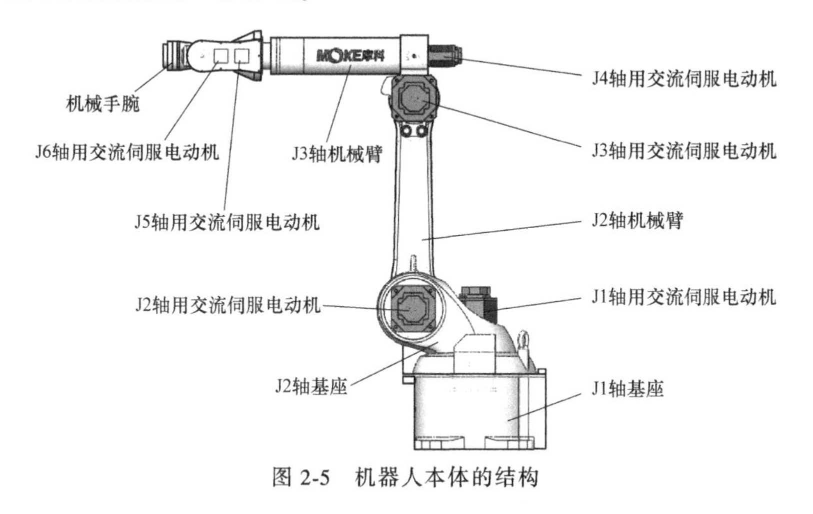

图2-5 机器人本体的结构

2.3.1 谐波减速器

1. 谐波减速器的结构

谐波减速器（Harmonic Gear Drive）主要由谐波发生器、柔轮和刚轮三个基本构件组成，如图2-7所示。谐波减速器是一种靠谐波发生器装配上柔性轴承使柔性齿轮产生可控弹性变形，并与刚性齿轮相啮合来传递运动和动力的齿轮传动。谐波减速器是利用行星齿轮传动原理发展起来的一种新型减速器。

刚轮：刚性的不可形变的内齿型齿轮。

柔轮：薄壳形元件，具有弹性的外齿型齿轮。随着内部凸轮（波发生器）转动，薄壁

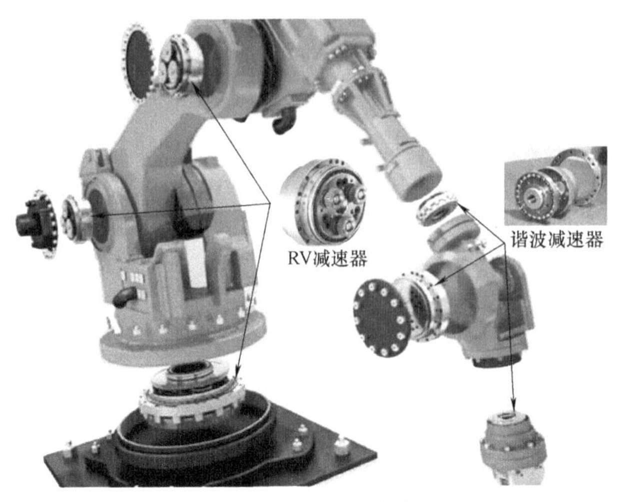

图 2-6 RV 减速器和谐波减速器

轴承的外环做椭圆形变形运动（弹性范围内）。

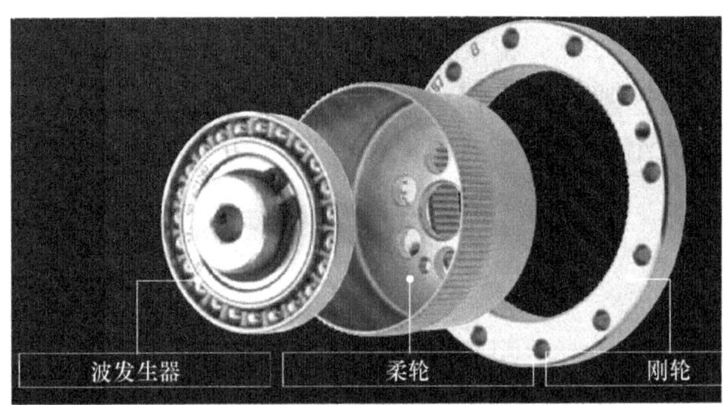

图 2-7 谐波减速器的结构

谐波发生器：包括椭圆形凸轮和柔性轴承，旋转起来后，会对周围的薄壁轴承（柔轮）造成周期性的波状挤压力。

2. 谐波减速器的工作原理

谐波发生器为主动件，柔轮为从动件，刚轮固定不动。当谐波发生器装入柔轮后，迫使柔轮的剖面从原始的圆形变为椭圆形。其长轴两端附近的齿与刚轮的齿完全啮合；其余不同区段内的齿，有的处于啮入状态，有的处于啮出状态。当谐波发生器连续转动时，柔轮的变形部位也随之转动，使柔轮的齿依次进入啮合，然后再依次退出啮合，从而实现啮合传动。柔轮和刚轮的齿距相同，但齿数比刚轮少 2 个，因此柔轮在啮合过程中，就必须相对刚轮转过两个齿距的角位移，这个角位移正是减速器输出轴的转动，从而实现了减速目的。

图 2-8 所示为谐波减速器的原理。图 2-8a 所示为谐波发生器在 0°时刚轮与柔轮的啮合情况，0°和 180°的齿是对齐的。图 2-8b 所示为谐波发生器转过 90°时，啮合位置随着发生器的旋转而旋转，柔轮和刚轮之间一个齿一个齿地啮合过去，可以看出图 2-8a 中啮合的齿在图 2-8b 中已经发生了错位。图 2-8c 所示为谐波发生器旋转了完整一圈 360°后的啮合情况，因为柔轮和刚轮的啮合是随着发生器旋转一个齿一个齿地啮合过去的，而刚轮比柔轮多 2 个齿，所以谐波发生器旋转 360°后，柔轮相对于刚轮在与谐波发生器运动相反的方向转过了 2

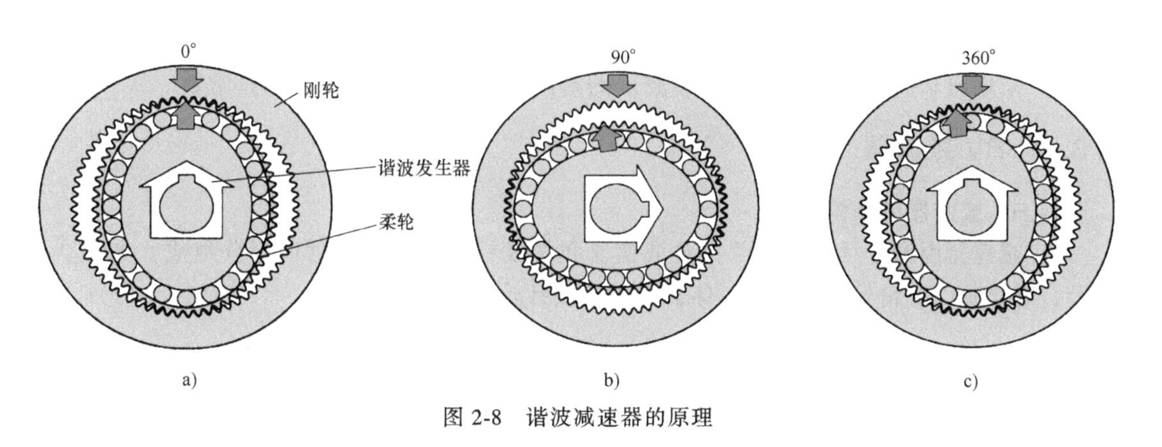

图 2-8 谐波减速器的原理

个齿。

由此可知，输入轴-谐波发生器旋转了 360°，输出轴-柔轮转过了 2 个齿的角度，假设柔轮齿数为 Z_1，刚轮齿数为 Z_2，则减速比 i 为

$$i=\frac{Z_2-Z_1}{Z_2}$$

3. 谐波减速器的特点

（1）优点

1）传动比大。单级谐波齿轮传动比范围为 70～320，在某些装置中可达到 1000，多级传动比可达 30000 以上。它不仅可用于减速，也可用于增速的场合。

2）承载能力高。这是因为谐波齿轮传动中同时啮合的齿数多，双波传动同时啮合的齿数可达总齿数的 30%以上，而且柔轮采用了高强度材料，齿与齿之间是面接触。

3）传动精度高。这是因为谐波齿轮传动中同时啮合的齿数多，误差平均化，即多齿啮合对误差有相互补偿作用，故传动精度高。在齿轮精度等级相同的情况下，传动误差只有普通圆柱齿轮传动的 1/4 左右。同时可采用微量改变波发生器的半径来增加柔轮的变形使齿隙很小，甚至能做到无侧隙啮合，故谐波减速器传动空行程小，适用于反向转动。

4）传动效率高、运动平稳。柔轮轮齿在传动过程中做均匀的径向移动，即使输入速度很高，轮齿的相对滑移速度极低（为普通渐开线齿轮传动的 1%），因此，轮齿磨损小，传动效率高（可达 69%～96%）。又由于啮入和啮出时，齿轮的两侧都参加工作，因而无冲击现象，运动平稳。

5）结构简单、零件数少、安装方便。谐波减速器仅有三个基本构件，且输入轴与输出轴同轴线，因此结构简单，安装方便。

6）体积小、重量轻。与一般减速器比较，输出力矩相同时，谐波减速器的体积可减小 2/3，重量可减轻 1/2。

7）可向密闭空间传递运动。利用柔轮的柔性特点，齿轮传动的这一可贵优点是现有其他传动无法比拟的。

（2）缺点

1）柔轮周期性地发生变形，因而产生交变应力，使之易于产生疲劳破坏。

2）转动惯量和起动力矩大，不宜用于小功率的跟踪传动。

3）不能用于传动比小于35的场合。

4）采用滚子波发生器（自由变形波）的谐波传动，其瞬时传动比不是常数。

2.3.2 RV减速器

1. RV减速器的结构

RV减速器由渐开线圆柱齿轮行星减速器和摆线针轮行星减速器两部分组成，如图2-9所示。渐开线行星轮与曲轴连成一体，作为摆线针轮传动部分的输入。

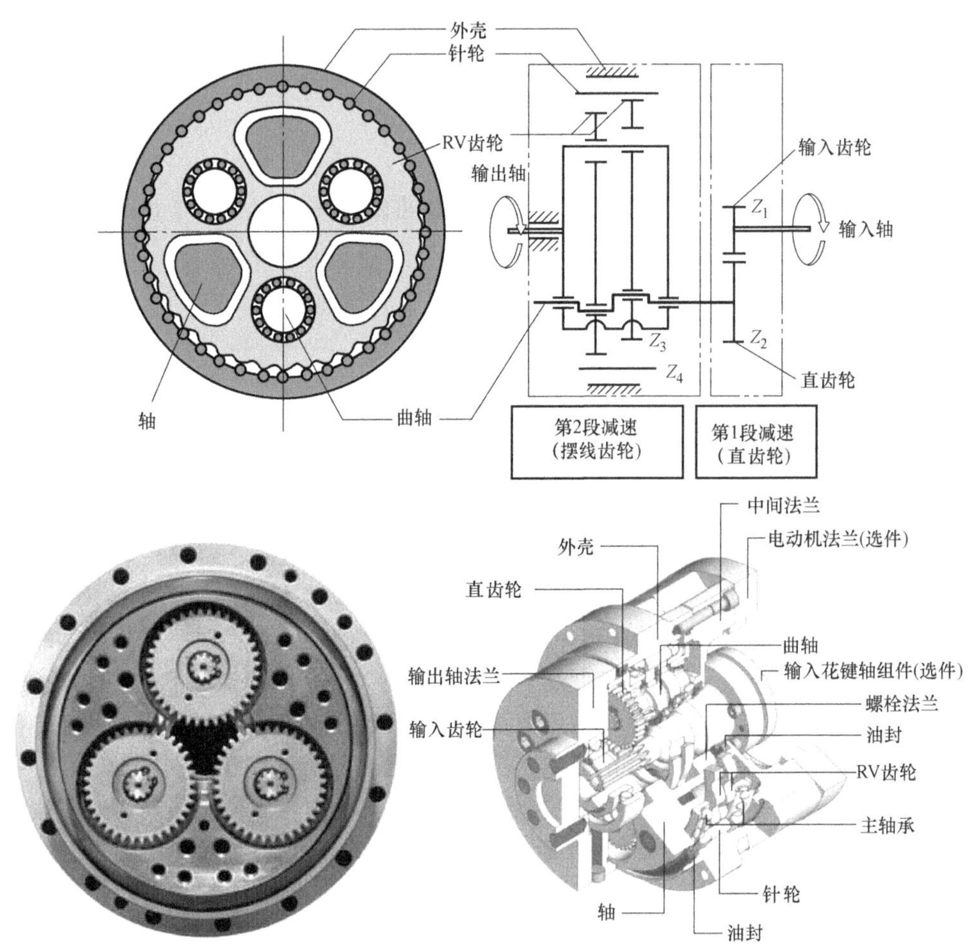

图2-9 RV减速器的结构

2. RV减速器的工作原理

1）伺服电动机驱动输入齿轮进而驱动直齿轮传动，输入齿轮和直齿轮的齿数比为第一级减速比。

2）曲轴直接连接在直齿轮上，与直齿轮的转动一样，如图2-10所示。

3）曲轴的偏心轴中，通过滚针轴承安装了2个角度相差180°的RV齿轮（2个RV齿轮可实现力平衡）。

4）随着曲轴的旋转，偏心轴中安装的2个RV齿轮也跟着做偏心运动，如图2-11所示。

5）在壳体内侧的针轮齿槽里，比 RV 齿轮的齿数多一个的针轮齿槽等距排列。

6）曲轴旋转一次，RV 齿轮与针轮齿槽接触的同时做一次偏心运动（曲柄运动）。在此结果上，RV 齿轮沿着与曲轴的旋转方向相反的方向旋转一个齿轮距离。

7）借助曲轴在输出轴上取得旋转，曲轴的旋转速度是根据针轮齿槽的数量来区分的，这是第二级减速，如图 2-12 所示。

8）总减速比是第 1 级减速的减速比和第 2 级减速的减速比的乘积。

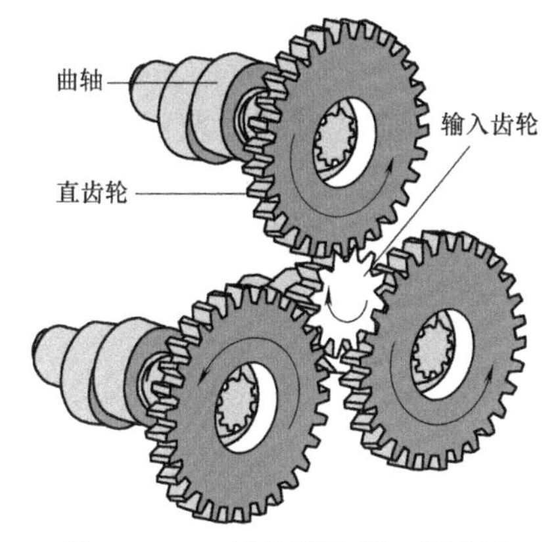

图 2-10　RV 减速器的第 1 级减速

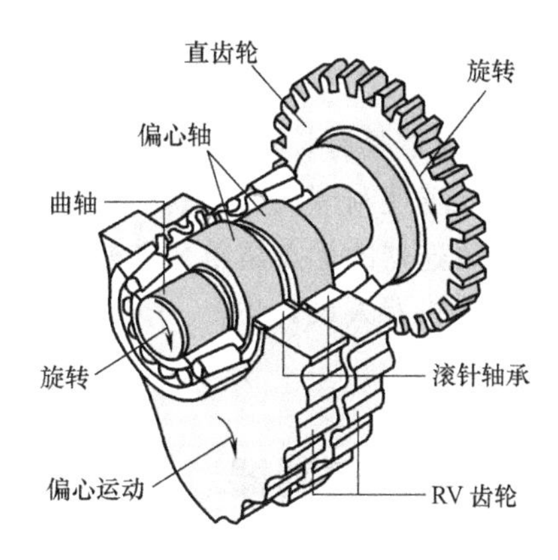

图 2-11　曲轴的运动

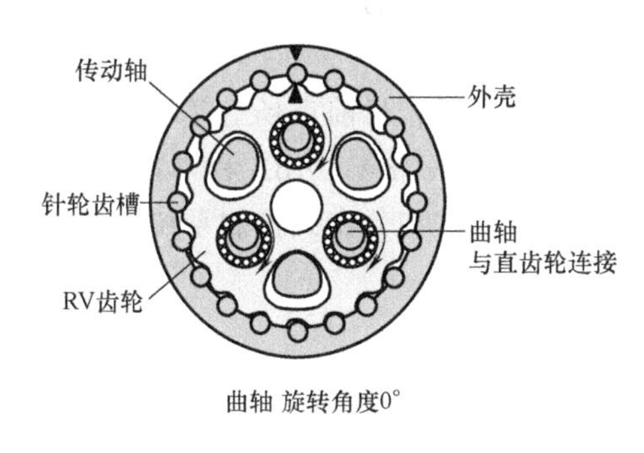

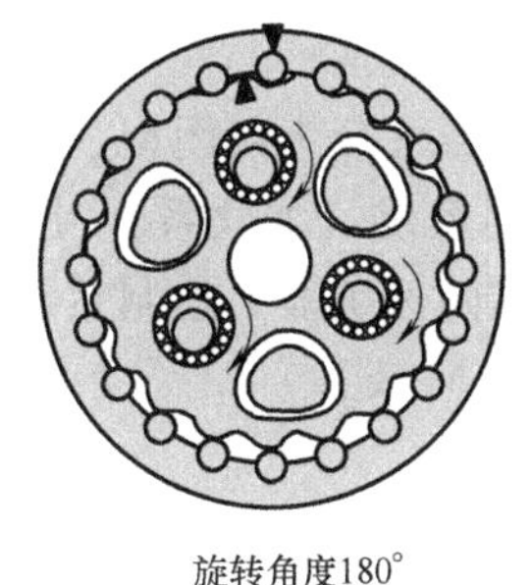

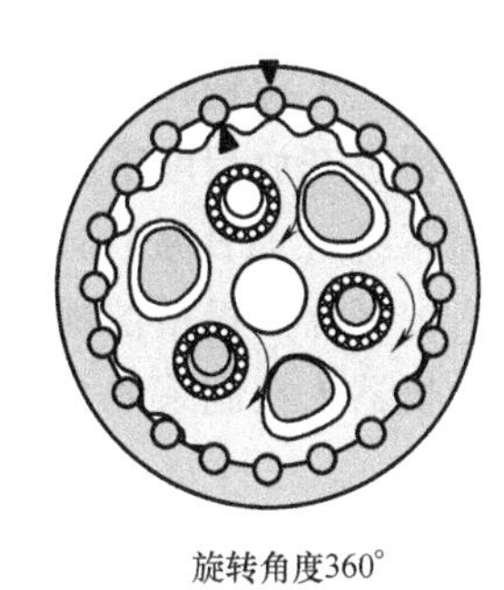

图 2-12　RV 减速器的第 2 级减速

其中，减速比 i 可以按以下公式进行计算：

$$i=1+\frac{Z_2}{Z_1}Z_4$$

式中　Z_1——输入齿轮齿数；

Z_2——行星轮齿数；

Z_4——针轮齿槽数；

i——减速比。

3. RV 减速器的特点

1）传动比范围大，$i=31\sim171$。

2）扭转刚度大，输出机构即为两端支承的行星架，用行星架左端的刚性大圆盘输出，大圆盘与工作机构用螺栓连接，其扭转刚度远大于一般摆线针轮行星减速器的输出机构。在额定转矩下，弹性回差小。

3）运动精度高、回差小、抗冲击能力强。

4）传递同样转矩与功率时的体积小（或者说单位体积的承载能力大）。RV 减速器由于第一级用了三个行星轮，特别是第二级，摆线针轮为硬齿面多齿啮合，这本身就决定了它可以用小的体积传递大的转矩，又加上在结构设计中，让传动机构置于行星架的支承主轴承内，使轴向尺寸大大缩小，所有上述因素使传动总体积大为减小。

5）传动效率 η 高，η 通常可达到 0.85~0.92。

2.3.3 两种减速器的对比

RV 减速器具有长期使用不需再加润滑剂，寿命长，刚度好，减速比范围大，振动小，精度高，保养便利等优点，其缺点是质量和外形尺寸较大。

谐波减速器的优点是质量和外形尺寸较小，减速比范围大，精度高，但刚性较差。

建议：机器人设计中，一般 J1、J2、J3 轴采用 RV 减速器，J4、J5、J6 轴采用谐波减速器。

2.4 机器人控制器

控制器是根据指令以及传感器信息控制机器人完成一定动作或作业任务的装置，是决定机器人功能和性能的主要因素，也是机器人系统中更新和发展最快的部分。其基本功能有示教、记忆、位置伺服、坐标设定。

根据开放程度不同，控制器可分为封闭型、开放型和混合型，目前市场上基本上都是封闭型系统（如日系）或混合型系统（如欧系）。图 2-13 展示了 KUKA、ABB 和 FANUC 的机器人控制器。根据控制方式不同，机器人控制系统可分为集中式和分布式控制系统。集中式六轴机器人控制系统如图 2-14 所示。

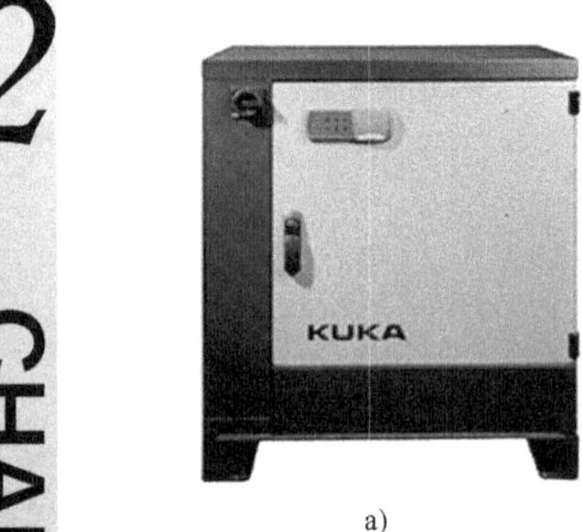

a)

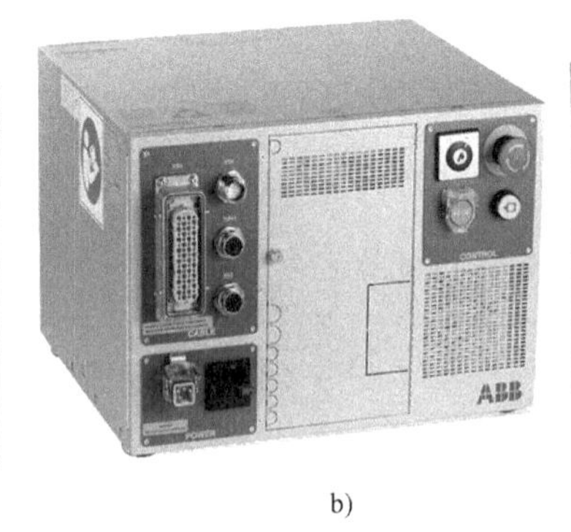

b)

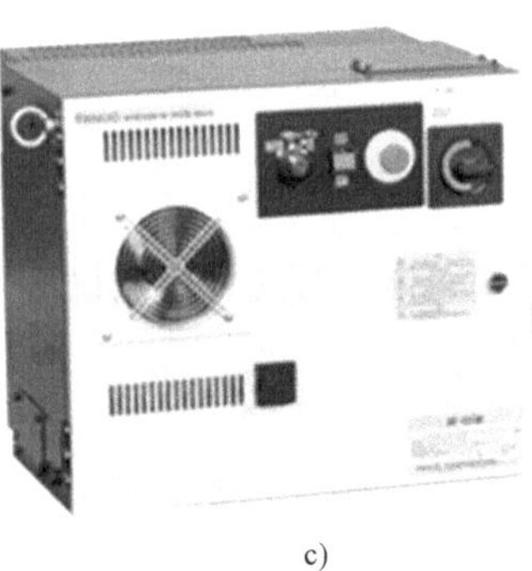

c)

图 2-13 各主要机器人厂家的控制器

2.4.1 控制器的组成

主流的工业机器人控制器主要包括以下几个部分：

1）示教器（Teach Pendant）：用于人机交互功能，编程人员可以通过示教器进行机器人的操作，并检测机器人的运行状态。

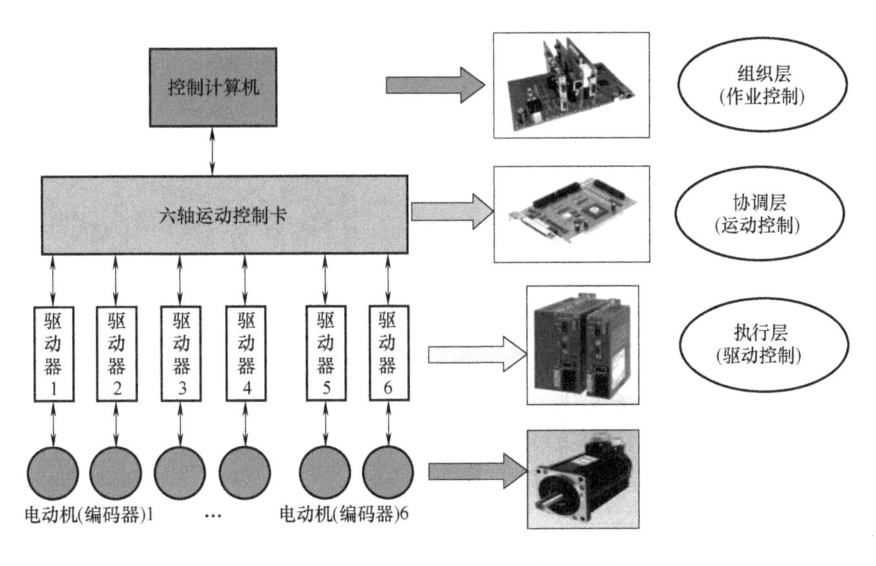

图 2-14 集中式六轴机器人控制系统

2）操作面板（Operate Panel）及其电路板：用于电源的启停、本地启动以及机器人的状态指示等。

3）主电路板（Main Board）：运行机器人系统程序和应用程序，包括工业机器人运动学和动力学算法的求解，实现机器人的协调控制。

4）主板电池（Main Battery）：用于不工作时给主板供电，以维持主板 RAM 的数据。

5）I/O 板（I/O Board）：用于机器人与外部设备的 I/O 信号交互。

6）电源供给单元（PSU）：提供控制器各功能单元工作的电源。

7）紧急停止单元（E-Stop Unit）：用于机器人的外部和内部急停控制等。

8）伺服放大器（Servo Amplifier）：用于六轴伺服电动机的驱动。

9）变压器（Transformer）：用于调整输入电源与电动机驱动电压。

10）风扇单元（Fan Unit）：用于控制器的散热，实现整体风道设计。

11）线路断开器（Breaker）：用于控制器供电控制。

12）再生电阻（Regenerative Resistor）：用于电动机的制动。

FANUC 公司两款典型的控制器如图 2-15 所示，其中 R-30iB Mate 控制器内部电气结构如图 2-16 所示。控制器由电源装置、用户接口电路、动作控制电路、存储电路、I/O 电路等构成。用户在进行控制装置的操作时，使用示教器和操作箱。

动作控制电路通过主电路板，对用来操作包含附加轴在内的机器人的所有轴的伺服放大器进行控制。存储电路可将用户设定的程序和数据事先存储在主电路板上的 CMOS RAM 中。

I/O（输入/输出）电路通过 I/O 模块（I/O 电路板）接收/发送信号来获取与外围设备之间的接口。

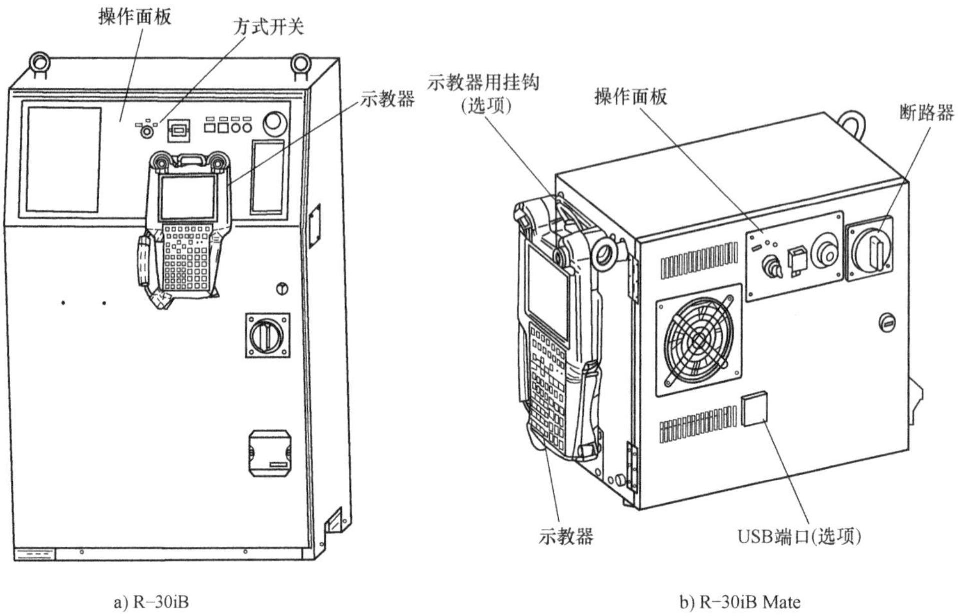

操作面板
方式开关
示教器

示教器用挂钩
(选项)
操作面板
断路器
示教器
USB端口(选项)

a) R-30iB

b) R-30iB Mate

图 2-15 FANUC 公司两款典型的控制器

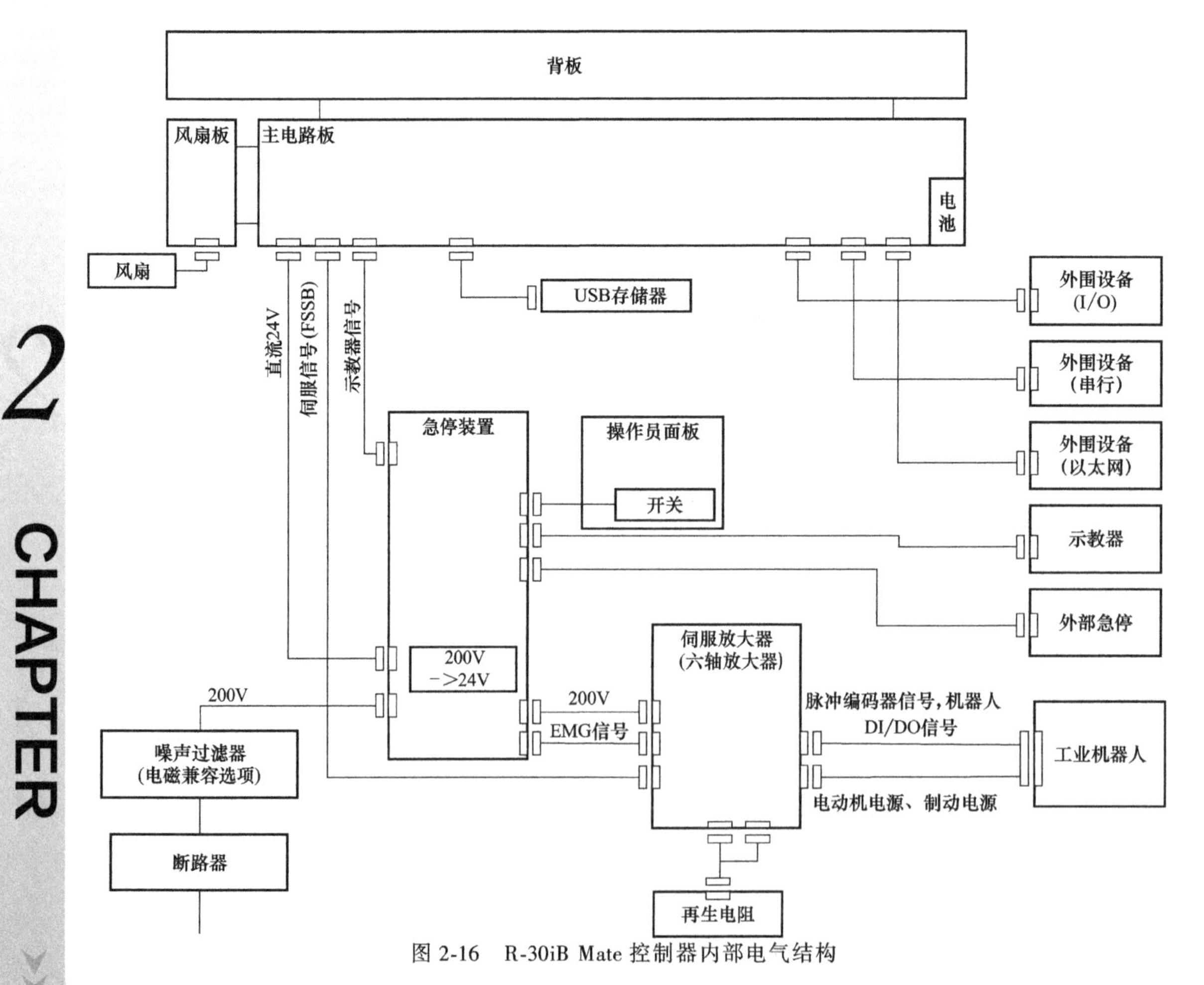

图 2-16 R-30iB Mate 控制器内部电气结构

2.4.2　示教器

示教器是主管应用工具软件与用户之间的接口的操作装置，也称人机交互装置。示教器通过电缆与控制装置连接。不同品牌的机器人都有自己专用的示教器，本书以 FANUC 机器人示教器为例，如图 2-17 所示，讲解示教器的构成、原理及其使用方法。

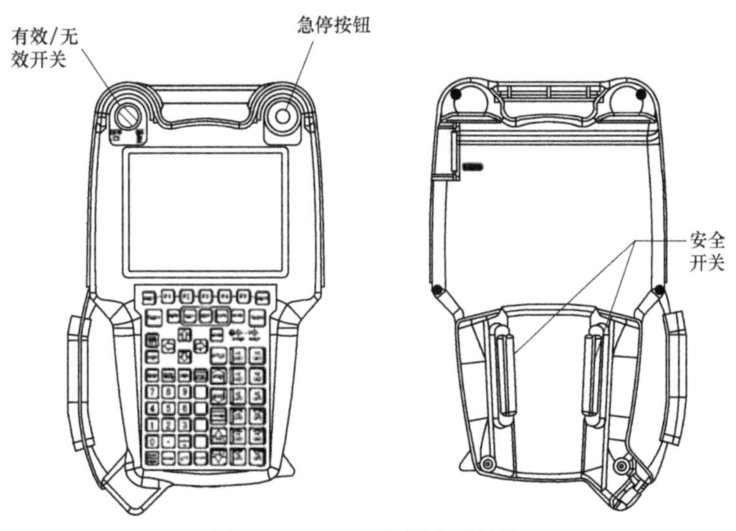

图 2-17　FANUC 机器人示教器

1. 示教器的作用

1）机器人的点动运行：通过示教器可以在世界坐标系、关节坐标系、工具坐标系以及用户坐标系下点动运行机器人。

2）创建和编写机器人程序：可以在合适的坐标系下编写程序并操作机器人按一定的轨迹运行，完成特定的工作任务。

3）试运行程序：编写完程序后或编写过程中，可以通过单步或连续运行的方式试运行程序，以调试程序的合理性。

4）生产运行：程序编写完、试运行通过后，可以通过示教器设置机器人进入自动运行状态，连续工作以完成生产任务。

5）查看机器人状态（I/O 设置、位置信息等）。

2. 示教器的组成及按键功能

FANUC 机器人示教器主要由显示屏、按键、有效/无效开关、急停按钮、安全开关、LED 指示灯组成，通过线缆与控制器通信和获取电源，如图 2-18 所示。示教器各种开关的功能见表 2-1。

表 2-1　示教器各种开关的功能

开关	功　　能
有效开关	工作时，必须将示教器置于有效状态。如果示教器无效时，机器人的任何动作都无法进行
安全开关	位置安全开关，按到中间点后有效。如果安全开关松开或者按下力度过大时，机器人就会马上停止
急停按钮	任何情况下按下该按钮，机器人都会急停

2 CHAPTER

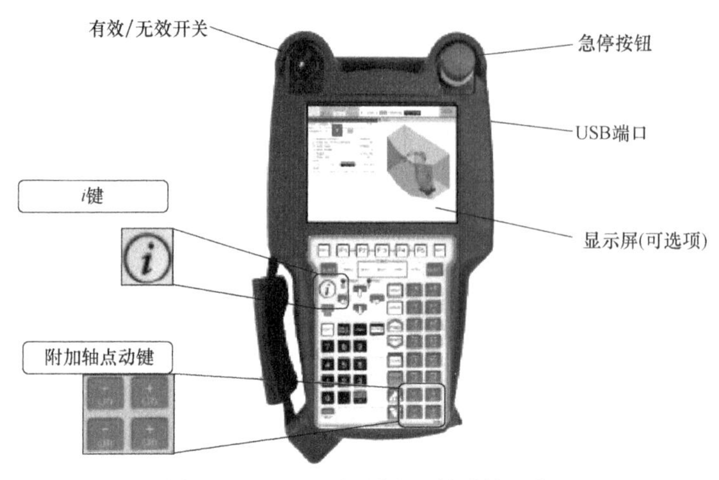

图 2-18 FANUC 机器人示教器的组成

FANUC 机器人示教器的按键布局如图 2-19 所示。

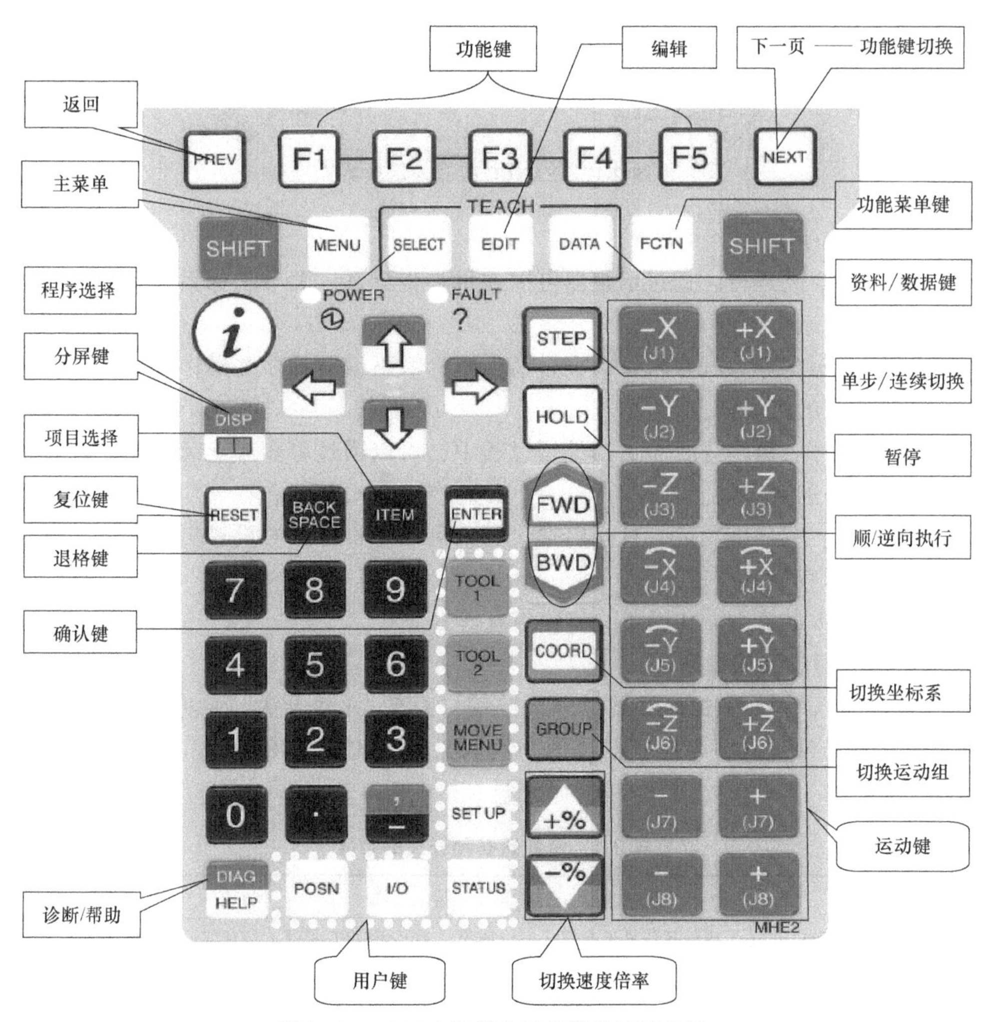

图 2-19 FANUC 机器人示教器的按键布局

示教器各按键的功能见表 2-2。

表 2-2 示教器各按键的功能

按键		描述
F1 F2 F3 F4 F5		用于选择显示屏上显示的内容，每个功能键在当前屏幕上有唯一的内容对应
NEXT	NEXT	功能键，切换下一页
MENU	MENU	显示屏幕菜单
SELECT	SELECT	显示程序选择界面
EDIT	EDIT	显示程序编辑界面
DATA	DATA	显示程序数据界面
FCTN	FCTN	显示功能菜单
DISP	DISP	只存在于彩屏示教器。与<SHIFT>键组合使用可显示 DISPLAY 界面，此界面可改变显示窗口数量；单独使用可切换当前显示窗口
FWD	FWD	与<SHIFT>键组合使用可从前往后执行程序，程序执行过程中<SHIFT>键松开程序暂停
BWD	BWD	与<SHIFT>键组合使用可反向单步执行程序，程序执行过程中<SHIFT>键松开程序暂停
STEP	STEP	在单步执行和连续执行之间切换
HOLD	HOLD	暂停机器人运动
PREV	PREV	返回上一屏幕
RESET	RESET	消除警告
BACK SPACE	BACK SPACE	清除光标之前的字符或者数字
ITEM	ITEM	快速移动光标至指定行
ENTER	ENTER	确认键

（续）

按键		描　述
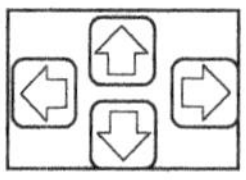 （光标键图示）		光标键
DIAG/HELP	 DIAG HELP	单独使用显示帮助界面，与<SHIFT>键组合使用可显示诊断界面
GROUP	 GROUP	运动组切换
COORD	 COORD	单独使用可选择点动坐标系，每按一次此键，当前坐标系依次显示JOINT、JGFRM、WORLD、TOOL、USER；与<SHIFT>键组合使用可改变当前TOOL、JOG、USER 坐标系号
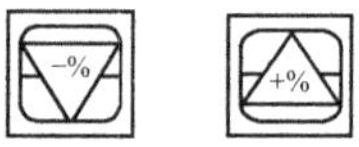 −% +%		速度倍率加减键
SHIFT	 SHIFT	用于点动机器人，记录位置，执行程序，示教器上左右两个按键功能一致
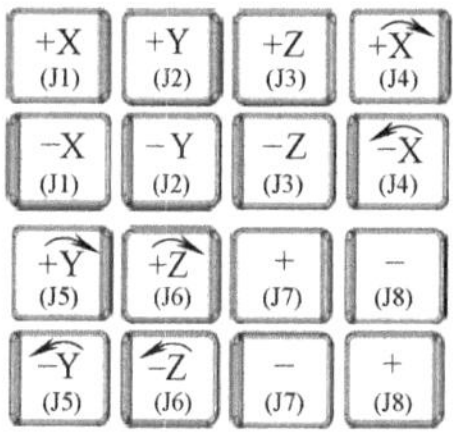 +X(J1) +Y(J2) +Z(J3) +X(J4) −X(J1) −Y(J2) −Z(J3) −X(J4) +Y(J5) +Z(J6) +(J7) −(J8) −Y(J5) −Z(J6) −(J7) +(J8)		与<SHIFT>键组合使用可点动机器人，J7、J8 键用于同一群组内的附加轴的点动进给

3. 状态窗口

示教器显示界面的上部窗口，叫作状态窗口，上面显示 8 个软 LED、报警显示、倍率值，如图 2-20 所示。

表 2-3 显示了软 LED 的含义，其中带有绿色图标的显示表示“ON”，黄色图标的显示表示“OFF”。

表 2-3　示教器软 LED 的含义

显示 LED（上段表示“ON”，下段表示“OFF”）	含　义
处理中	 表示机器人正在进行某项作业
单段	 表示处在单段运转模式下
暂停	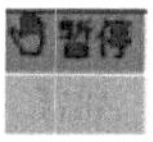 表示按下了 HOLD（暂停）按钮，或者输入了 HOLD 信号

（续）

显示 LED（上段表示“ON”，下段表示“OFF”）	含　义
异常	表示发生了异常
执行	表示正在执行程序
I/O	这是应用程序固有的 LED。这里示出了搬运工具的例子
运转	这是应用程序固有的 LED。这里示出了搬运工具的例子
试运行	这是应用程序固有的 LED。这里示出了搬运工具的例子

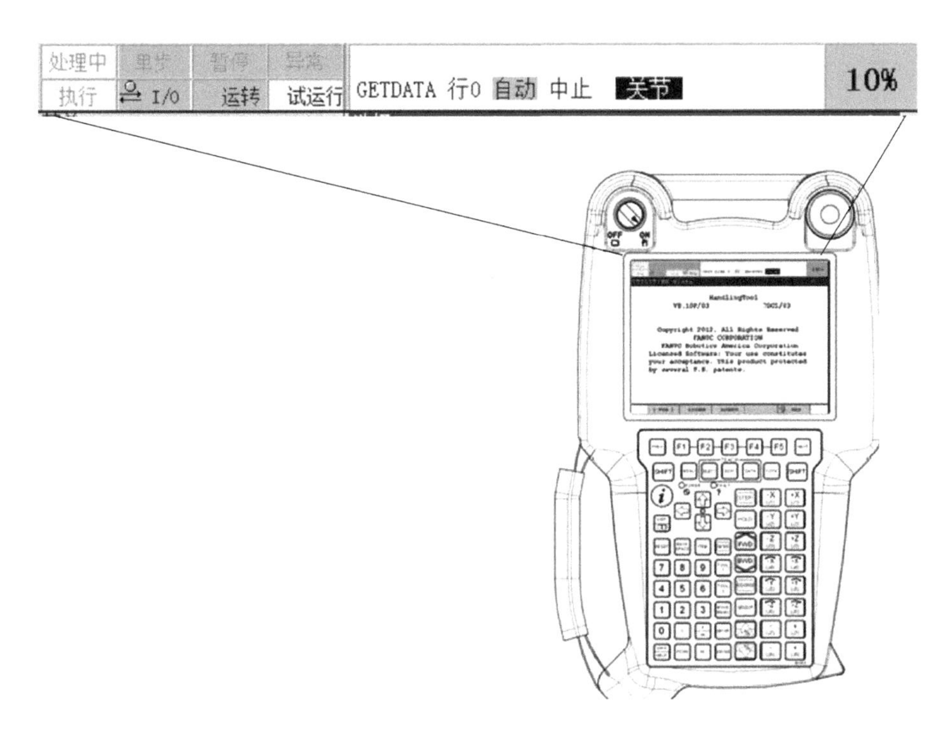

图 2-20　FANUC 机器人示教器的状态窗口

4. 示教器的界面

示教器的显示屏上显示如图 2-21 所示的应用工具软件的各类界面。机器人的操作，通过选择对应目标功能的界面而进行。界面的选择，通过显示如图 2-21 所示的界面菜单而进行。

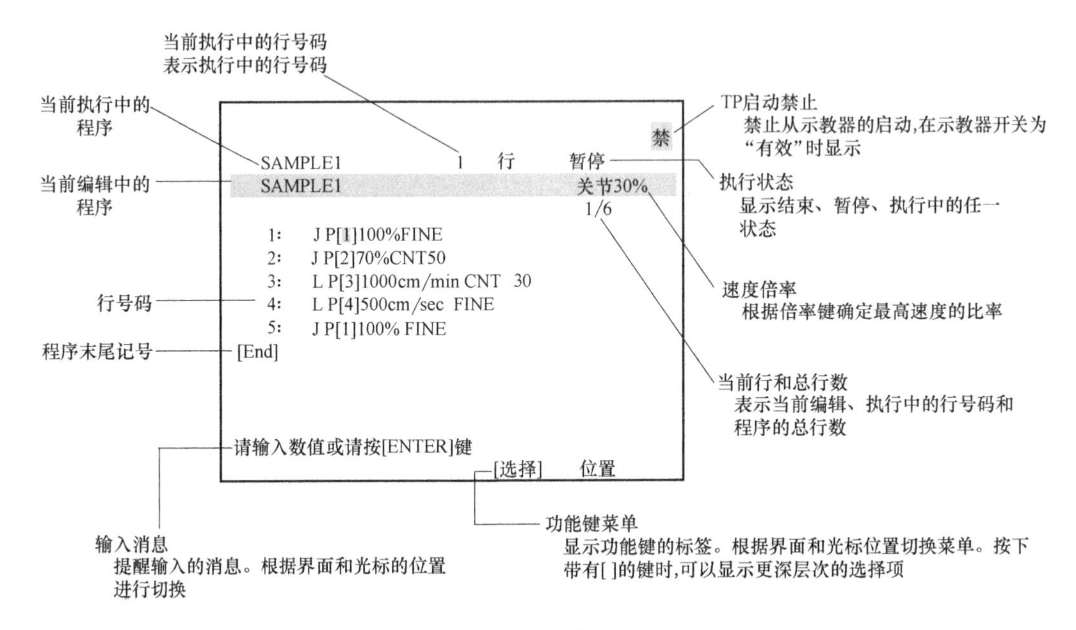

图 2-21 程序编辑界面

2.5 机器人主要技术指标

工业机器人的种类、用途以及用户要求都不尽相同，但工业机器人的主要技术参数应包括以下几种：

1. 运动轴数（自由度）

自由度是指机器人所具有的独立坐标轴运动的数目，一般不包括手爪（或末端执行器）的开合自由度。在三维空间中表述一个物体的位置和姿态需要 6 个自由度。但是，工业机器人的自由度是根据其用途而设计的，其数量可能小于 6 个也可能大于 6 个，以便进行复杂空间曲面的作业。从运动学的观点看，在完成某一特定作业时具有多余自由度的机器人，叫作冗余自由度机器人，又叫冗余度机器人。利用冗余的自由度可以增加机器人的灵活性，躲避障碍物和改善动力性能。人的手臂共有 7 个自由度，因此工作起来很灵巧，手部可回避障碍物，从不同方向到达目的地。

2. 手部负重（承载能力）

承载能力是指机器人在工作范围内的任何位置上所能承受的最大质量。承载能力不仅取决于负载的质量，而且与机器人运行的速度、加速度的大小和方向有关。为了安全起见，承载能力这一技术指标是指高速运行时的承载能力。承载能力不仅指负载，而且包括了机器人末端操作器的质量。

3. 工作范围

工作范围是指机器人手臂末端或手腕中心所能到达的所有点的集合，也叫作工作区域。因为末端操作器的形状和尺寸是多种多样的，为了真实地反映机器人的特征参数，一般工作范围是指不安装末端操作器的工作区域。工作范围的形状和大小是十分重要的，机器人在执行某作业时可能会因为存在手部不能到达的作业死区而不能完成任务。某系列机器人工作范围示意图如图 2-22 所示。

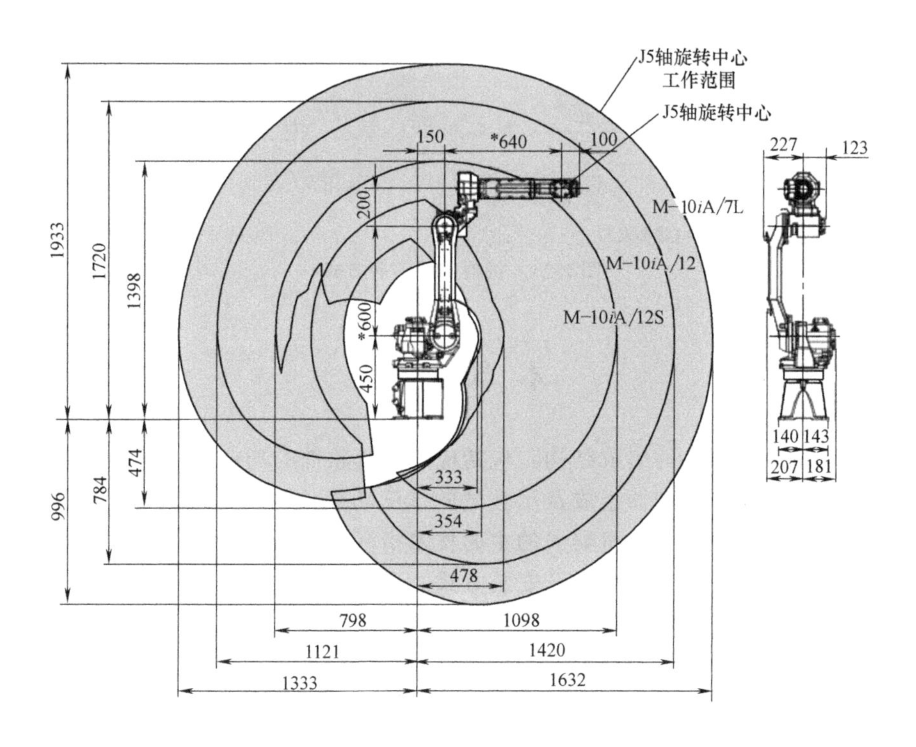

图 2-22 某系列机器人作业范围示意图

4. 重复定位精度

工业机器人精度是指定位精度和重复定位精度。定位精度是指机器人手部实际到达位置与目标位置之间的差异，用反复多次测试的定位结果的代表点与指定位置之间的距离来表示。重复定位精度是指机器人重复定位手部于同一目标位置的能力，以实际位置值的分散程度来表示。实际应用中常以重复测试结果的标准偏差值的 3 倍来表示，它是衡量一列误差值的密集度。

5. 最大运动速度

不同机器人生产厂家对最大运动速度的定义有所区别。有的厂家指工业机器人每个关节稳定运行的最大速度，有的厂家指手臂末端最大合成速度，通常技术参数中都有说明。允许的最大运动速度越高，机器人的最大工作效率就越高。但是，工作速度越高就要花费更多的时间去升速或降速。

6. 安装方式

机器人的安装方式有地面安装、倒吊安装、倾斜安装（若采用倾斜安装，机器人 J1 轴和 J2 轴的工作范围会受到限制），如图 2-23 所示。

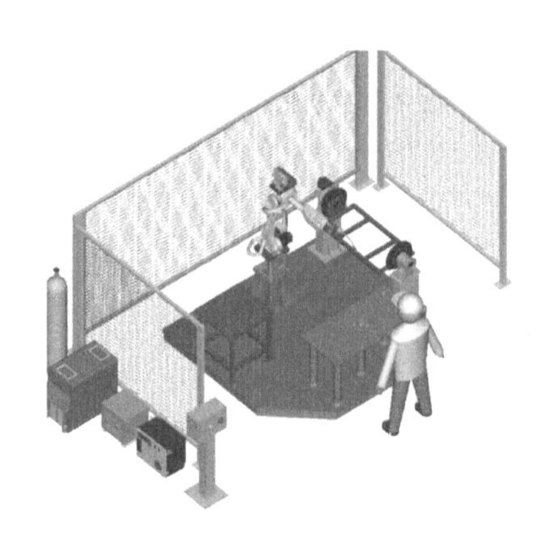

a) 地面安装

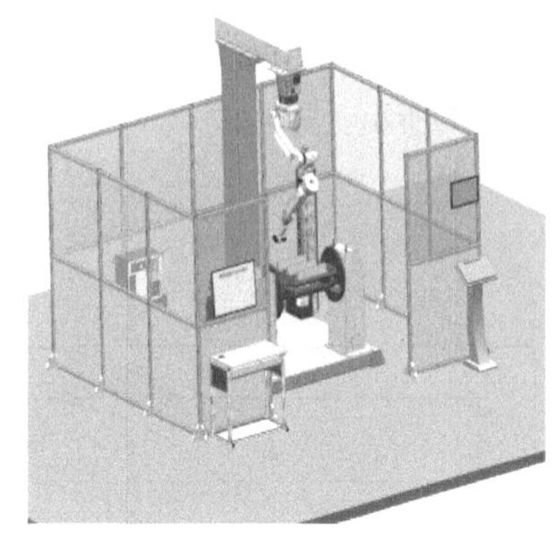

b) 倒吊安装

图 2-23　机器人的安装方式

本章小结

本章学习了工业机器人的组成结构，包括应用工具软件的功能及设定、机器人本体结构及关键部件的工作原理、控制器组成及示教器的按键功能说明，并以 FANUC 机器人为例进行了详细介绍，最后介绍了工业机器人的主要技术指标，包括运动轴数、承载能力、工作范围、重复定位精度、最大运动速度以及安装方式。通过本章的学习，我们对工业机器人有了系统的认识和理解，这将为后续章节的学习打下基础。

思考与练习

一、填空题

1）通用工业机器人的组成主要包括四个部分：______、______、______、______。

2）FANUC 工业机器人应用工具软件主要包括______、______、______、______等。

3）谐波减速器主要由______、______、______组成。

4）机器人示教器的主要功能是______、______、______、______。

5）手动速度分为______、______、______、______。

6）机器人的三种动作模式分为______、______、______。

7）机器人坐标系的种类有______、______、______、______、______。

8）设定为关节坐标系时，机器人的 S、L、U、R、B、T 各轴________运动。

9）设定为直角坐标系时，机器人控制点沿 X、Y、Z 轴________移动。

二、简答题

1）解释工业机器人的自由度。

2）简述图 2-24 所示 RV 减速器的组成及工作原理。

3）说明定位精度与重复定位精度的区别。

4）机器人的技术参数有哪些？各参数的意义是什么？

5）机器人的手腕有哪几种？试述每种手腕的结构。

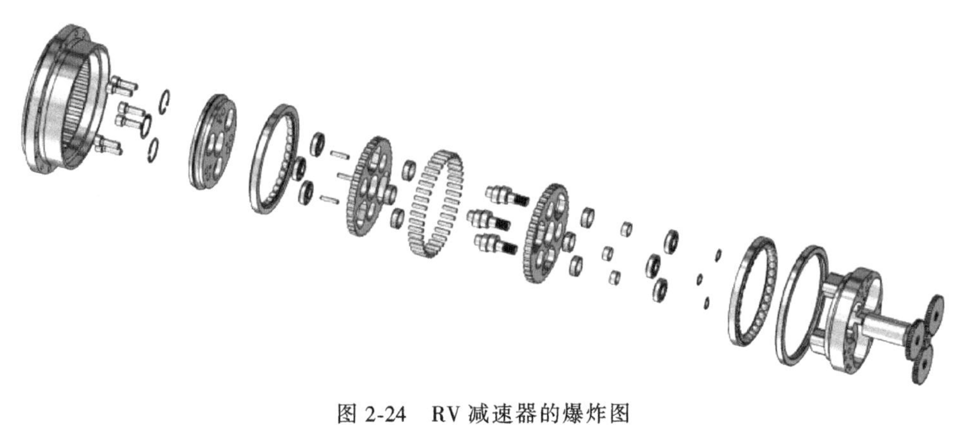

图 2-24　RV 减速器的爆炸图

第3章 工业机器人运动学

3.1 引言

要让机器人动作，对于操作者来说，只需要按下示教器上对应的按键即可。然而，从按键按下到各关节协调动作的轨迹实现，需要完成复杂的机器人运动学和动力学的解算，通过机器人控制器进行运算求解。机器人操作涉及各物体之间的关系和各物体与机械手之间的关系。本章将详细介绍描述这些关系必需的表达方法。在计算机图形学和计算机视觉中，物体之间的相对位置关系是用齐次坐标变换来描述的。本章将引用齐次坐标变换来描述机械手各关节坐标之间、各物体之间，以及各物体与机械手之间的位置坐标关系。

本章主要介绍机器人正、逆运动学知识。当已知所有的关节变量时，可用正运动学来确定机器人末端执行器的位姿。如果要使机器人末端执行器放在特定的点上并且具有特定的姿态，可用逆运动学来计算出每一关节变量的值。首先利用矩阵建立物体、位置、姿态以及运动的表示方法，然后研究直角坐标、圆柱坐标以及球坐标等不同构型机器人的正逆运动学，最后利用 Denavit-Hartenberg（D-H）表示法来推导机器人各种构型的正、逆运动学方程。

实际上，工业机器人出厂时没有配置末端执行器，只在第六轴的法兰面加工有安装孔位。根据实际应用，用户可为机器人附加不同的末端执行器。显然，末端执行器的大小和长度决定了机器人的末端位置，即如果末端执行器的长短不同，那么机器人的末端位置也不同。在本章中，假设机器人的末端是一个平板面，若有必要可在其上附加末端执行器，以后便称该平板面为机器人的“手”或“端面”。

3.2 工业机器人机构

工业机器人一般具有多个自由度（Degree of Freedom，DOF），并构成三维开环链式机构。在具有单自由度的系统中，当变量设定为特定值时，机器人机构就完全确定了，所有其他变量也就随之而定。如图 3-1 所示的四杆机构，当曲柄转角设定为 120°时，则连杆与摇杆的角度也就确定了。然而在一个多自由度机构中，必须独立设定所有的输入变量才能知道其余的参数。机器人就是这样的多自由度机构，必须知道每个关节变量才能知道机器人的末端处在什么位置。

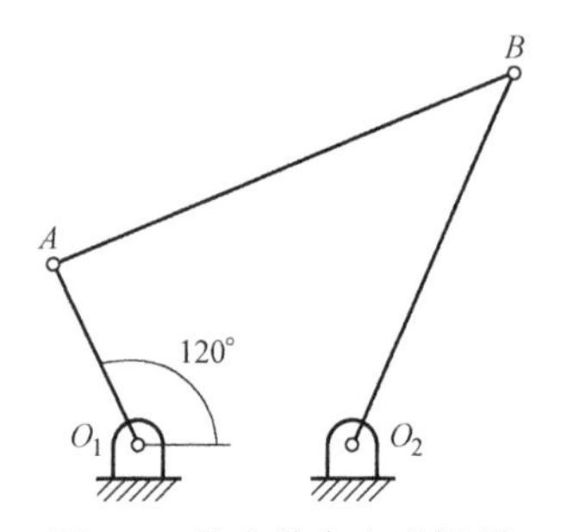

图 3-1 具有单自由度闭环的四杆机构

如果机器人要在空间运动，那么机器人就需要具有三维的结构。机器人是开环机构，它与闭环机构不同（如四杆机构），即使设定所有的关节变量，也不能确保机器人的机械手准确地处于给定的位置。这是因为如果关节或连杆有丝毫的偏差，该关节之后的所有关节的位置都会改变且没有反馈。例如，在如图3-2a所示的闭环四杆机构中，如果连杆AB偏移，将影响O_2B杆。而在如图3-2b所示的开环系统中（如机器人），由于没有反馈，之后的所有构件都会发生偏移。于是，在开环系统中，必须不断测量所有关节和连杆的参数，或者监控系统的末端，以便知道机器的运动位置。通过比较式（3.1）和式（3.2）所示两个连杆机构的向量[⊖]方程，可以表示出这种差别，该向量方程表示了不同连杆之间的关系。

$$\overrightarrow{O_1A}+\overrightarrow{AB}=\overrightarrow{O_1O_2}+\overrightarrow{O_2B} \tag{3.1}$$

$$\overrightarrow{O_1A}+\overrightarrow{AB}+\overrightarrow{BC}=\overrightarrow{O_1C} \tag{3.2}$$

可见，如果连杆AB偏移，连杆O_2B也会相应地移动，式（3.1）的两边随连杆的变化而改变。而另一方面，如果机器人的连杆AB偏移，所有的后续连杆也会移动，除非有其他方法测量O_1C，否则这种变化是未知的。

为了弥补开环机器人的这一缺陷，机器人机械手的位置可由类似摄像机的装置来进行不断测量，也即机器人需借助外部手段（如辅助手臂或激光束）来构成闭环系统。或者按照常规做法，通过增加机器人连杆和关节强度来减少偏移，采用这种方法将导致机器人重量重、体积大、动作慢，而且会使它的额定负载与实际负载相比非常小。

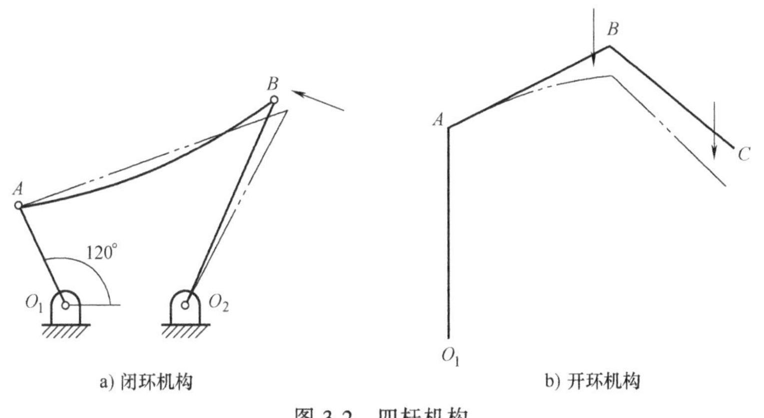

图3-2　四杆机构

3.3　机器人运动学的矩阵表示

矩阵可用来表示点、向量、坐标系、平移、旋转以及变换，还可以表示坐标系中的物体和其他运动部件。

3.3.1　空间点的表示

如图3-3所示，空间点P可以用相对于参考坐标系的三个坐标来表示：

⊖ 也称“矢量”，本章内容多与线性代数的空间变换有关仍采用“向量”。——编辑注

$$P(p_x, p_y, p_z) \tag{3.3}$$

其中，p_x，p_y，p_z是 $Oxyz$ 参考坐标系中表示该点的坐标。显然，也可以用其他坐标来表示空间点的位置。

3.3.2 空间向量的表示

向量可以由三个起始和终止的坐标来表示。如果一个向量起始于点 $A(a_x, a_y, a_z)$，终止于点 $B(b_x, b_y, b_z)$，那么它可以表示为$\boldsymbol{P}_{\mathrm{AB}}=(b_x-a_x)\boldsymbol{i}+(b_y-a_y)\boldsymbol{j}+(b_z-a_z)\boldsymbol{k}$，其中 $\boldsymbol{i}$，$\boldsymbol{j}$，$\boldsymbol{k}$ 分别为 x，y，z 轴正向的单位向量。特殊情况下，如果一个向量起始于原点（图 3-4），则有：

$$\boldsymbol{P}=p_x\boldsymbol{i}+p_y\boldsymbol{j}+p_z\boldsymbol{k} \tag{3.4}$$

其中，p_x，p_y，p_z 是该向量在 $Oxyz$ 参考坐标系中的三个分量。

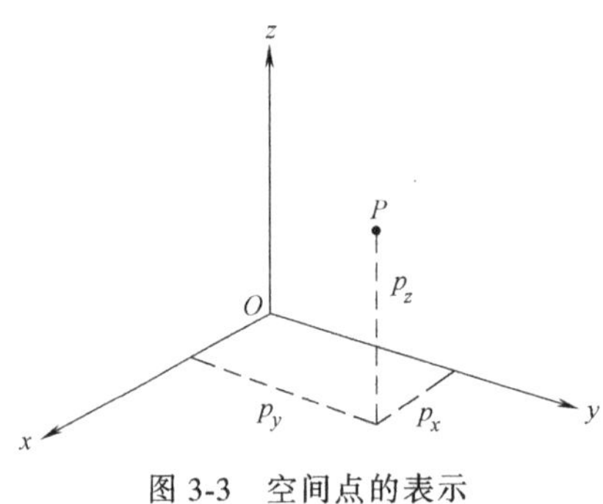

图 3-3 空间点的表示

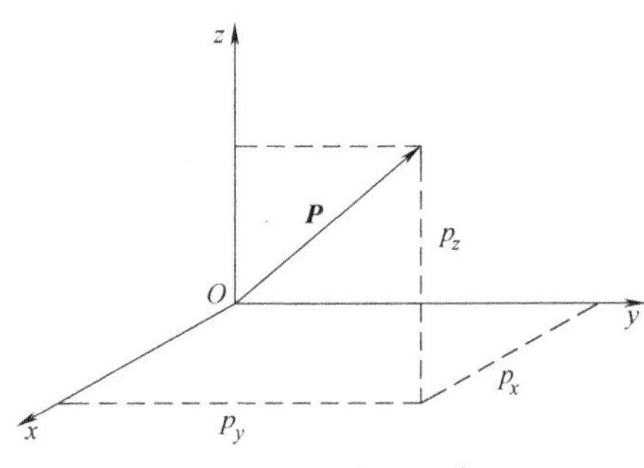

图 3-4 空间向量的表示

向量的三个分量也可以写成列向量的形式：

$$\boldsymbol{P}=\begin{bmatrix} p_x \\ p_y \\ p_z \end{bmatrix} \tag{3.5}$$

本书将用这种形式来表示运动分量。这种表示法也可以稍做变化：加入一个比例因子 w，如果 x，y，z 各除以 w，则得到 p_x，p_y，p_z。于是，这时向量可以写为

$$\boldsymbol{P}=\begin{bmatrix} x \\ y \\ z \\ w \end{bmatrix}$$

其中

$$p_x=\frac{x}{w}, p_y=\frac{y}{w}, p_z=\frac{z}{w} \tag{3.6}$$

变量 w 可以为任意值，w 变化，向量的大小也会发生变化，这与在计算机图形学中缩放一张图片十分类似。如果 $w>1$，向量的所有分量都“变大”；如果 $w<1$，向量的所有分量都变小。如果 $w=1$，各分量的大小保持不变。但是，如果 $w=0$，则 p_x，p_y，p_z 为无穷大。在这种情况下，x，y 和 z（以及 p_x，p_y，p_z）表示一个长度为无穷大的向量，它的方向即为该向量所表示的方向。这就意味着方向向量可以由比例因子 $w=0$ 的向量来表示，这里向量的长度并不重要，而其方向由该向量的三个分量来表示。

例 3.1　有一个向量 $\boldsymbol{P}=3\boldsymbol{i}+5\boldsymbol{j}+2\boldsymbol{k}$，按如下要求将其表示成列向量形式：

1）比例因子为 2。

2）将它表示为同方向的单位向量。

解：1）该向量可以表示为比例因子为 2 的列向量形式，当比例因子为 0 时，则可以表示为方向向量，结果如下：

$$\boldsymbol{P}=\begin{bmatrix}6\\10\\4\\2\end{bmatrix} \text{和} \boldsymbol{P}=\begin{bmatrix}3\\5\\2\\0\end{bmatrix}$$

2）为了将方向向量变为单位向量，须将该向量归一化使之长度等于 1。这样，向量的每一个分量都要除以三个分量平方和的开方：

$w=\sqrt{x^2+y^2+z^2}=6.16$，其中 $p_x=\dfrac{3}{6.16}=0.487$，$p_y=\dfrac{5}{6.16}=0.811$，$p_z=\dfrac{2}{6.16}=0.324$。因此，单位向量为

$$\boldsymbol{P}_{\text{unit}}=\begin{bmatrix}0.487\\0.811\\0.324\\0\end{bmatrix}$$

3.3.3　坐标系在固定参考坐标系原点的表示（仅旋转）

一个中心位于参考坐标系原点的坐标系由三个向量表示，通常这三个向量相互垂直，称为单位向量 $\boldsymbol{e}_n$，$\boldsymbol{e}_o$，$\boldsymbol{e}_a$，分别表示法线（normal）、指向（orientation）和接近（approach）向量（见图 3-5）。每一个单位向量都由所在参考坐标系的三个分量表示。这样，坐标系 $\{F\}$ 可以由三个向量以矩阵的形式表示为

$$\boldsymbol{F}=\begin{bmatrix}n_x & o_x & a_x\\ n_y & o_y & a_y\\ n_z & o_z & a_z\end{bmatrix} \tag{3.7}$$

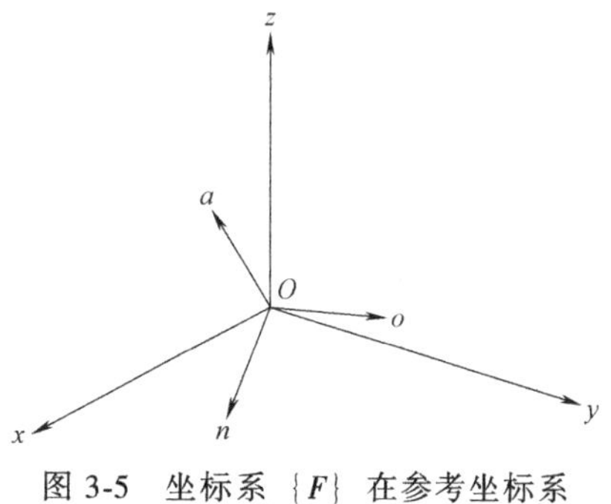

图 3-5　坐标系 $\{F\}$ 在参考坐标系原点的表示

其中，n_x，n_y，n_z 为 n 方向分别在 x，y，z 三个坐标轴上的投影，其他同理。

3.3.4　坐标系在固定参考坐标系中的表示（平移+旋转）

如果一个坐标系不在固定参考坐标系的原点（实际上也可包括在原点的情况），那么该坐标系的原点相对于参考坐标系的位置也必须表示出来。为此，在该坐标系原点与参考坐标系原点之间构造一个向量 $\boldsymbol{P}=p_x\boldsymbol{i}+p_y\boldsymbol{j}+p_z\boldsymbol{k}$ 来表示该坐标系的位置，如图 3-6 所示。该向量由相对于参考坐标系的三个向量表示。这样，该坐标系就可以由三个表示方向的单位向量以及

3 CHAPTER

第四个位置向量（平移量）来表示。

$$F=\begin{bmatrix} n_x & o_x & a_x & p_x \\ n_y & o_y & a_y & p_y \\ n_z & o_z & a_z & p_z \\ 0 & 0 & 0 & 1 \end{bmatrix} \qquad (3.8)$$

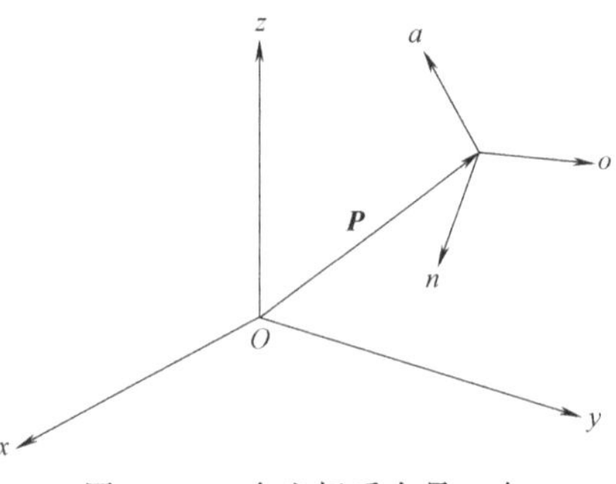

图 3-6　一个坐标系在另一个坐标系中的表示

其中，n_x，n_y，n_z 为 n 方向分别在 x，y，z 三个坐标轴上的投影，其他同理。

式（3.8）中，前三个向量是 $w=0$ 的方向向量，表示该坐标系的三个单位向量$\boldsymbol{e}_n$，$\boldsymbol{e}_o$，$\boldsymbol{e}_a$ 的方向，而第四个 $w=1$ 的向量表示该坐标系原点相对于参考坐标系原点的位置。与单位向量不同，向量$\boldsymbol{P}$ 的长度十分重要，因而使用比例因子为 1。

例 3.2　如图 3-7 所示的 $\{\boldsymbol{F}\}$ 坐标系的原点位于参考坐标系中（3，5，7）的位置，它的 n 轴与 x 轴平行，o 轴相对于 y 轴的角度为 45°，a 轴相对于 z 轴的角度为 45°。该坐标系可以表示为

$$F=\begin{bmatrix} 1 & 0 & 0 & 3 \\ 0 & 0.707 & -0.707 & 5 \\ 0 & 0.707 & 0.707 & 7 \\ 0 & 0 & 0 & 1 \end{bmatrix}$$

3.3.5　刚体的表示

一个物体在空间的表示可以这样实现：通过在它上面固连一个坐标系，再将该固连的坐标系在空间表示出来。由于这个坐标系一直固连在该物体上，所以该物体相对于坐标系的位姿是已知的。因此，只要这个坐标系可以在空间表示出来，那么这个物体相对于固定坐标系的位姿也就已知了（见图 3-8）。如前所述，空间坐标系可以用矩阵表示，其中坐标原点，以及相对于参考坐标系的表示该坐标系姿态的三个向量也可以由该矩阵表示出来。于是，有

$$F_{\text{object}}=\begin{bmatrix} n_x & o_x & a_x & p_x \\ n_y & o_y & a_y & p_y \\ n_z & o_z & a_z & p_z \\ 0 & 0 & 0 & 1 \end{bmatrix} \qquad (3.9)$$

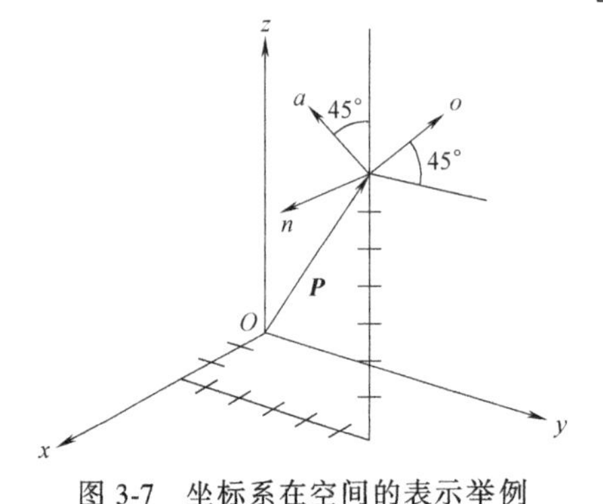

图 3-7　坐标系在空间的表示举例

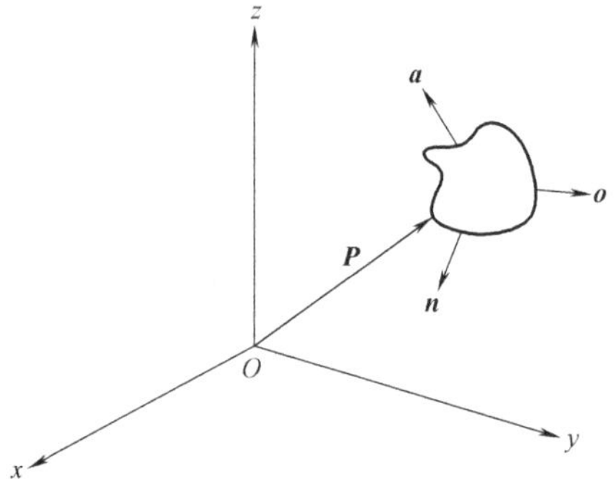

图 3-8　空间物体的表示

众所周知，空间中的一个点只有三个自由度，它只能沿三条参考坐标轴移动。但在空间的一个刚体有6个自由度，也就是说，它不仅可以沿着 x，y，z 三个轴移动，而且还可绕这三个轴转动。因此，要全面地定义空间中的物体，需要用6条独立的信息来描述物体原点在参考坐标系中相对于三个参考坐标轴的位置，以及物体关于这三个坐标轴的姿态。而式（3.9）给出了12条信息，其中9条为姿态信息，3条为位置信息（排除矩阵中最后一行的比例因子，因为它们没有附加信息）。显然，在该表达式中必定存在一定的约束条件将上述信息数限制为6。因此，需要用6个约束方程将12条信息减少到6条信息。这些约束条件来自于目前尚未利用的已知的坐标系特性，即：三个向量 $\boldsymbol{n}$，$\boldsymbol{o}$，$\boldsymbol{a}$ 相互垂直；每个单位向量的长度必须为1。

我们可以将其转换为以下六个约束方程：

$$\begin{cases}(1)\boldsymbol{n}\cdot\boldsymbol{o}=0\\(2)\boldsymbol{n}\cdot\boldsymbol{a}=0\\(3)\boldsymbol{a}\cdot\boldsymbol{o}=0\\(4)|\boldsymbol{n}|=1\text{(向量的长度必须为 1)}\\(5)|\boldsymbol{o}|=1\\(6)|\boldsymbol{a}|=1\end{cases} \tag{3.10}$$

因此，只有前述方程成立时，坐标系的值才能用矩阵表示；否则，坐标系将不正确。式（3.10）中前三个方程可以换用如下的三个向量的叉积来代替：

$$\boldsymbol{n}\times\boldsymbol{o}=\boldsymbol{a} \tag{3.11}$$

例3.3 对于下列坐标系，求解所缺元素的值，并用矩阵来表示这个坐标系。

$$\boldsymbol{F}=\begin{bmatrix}? & 0 & ? & 5\\0.707 & ? & ? & 3\\? & ? & 0 & 2\\0 & 0 & 0 & 1\end{bmatrix}$$

解： 显然，表示坐标系原点位置的值5，3，2对约束方程无影响。注意在三个方向向量中只有三个值是给定的，但这也已足够了。根据式（3.10），得

$$\begin{aligned}
n_xo_x+n_yo_y+n_zo_z=0 \quad &\text{或} \quad n_x(0)+0.707(o_y)+n_z(o_z)=0\\
n_xa_x+n_ya_y+n_za_z=0 \quad &\text{或} \quad n_x(a_x)+0.707(a_y)+n_z(0)=0\\
a_xo_x+a_yo_y+a_zo_z=0 \quad &\text{或} \quad a_x(0)+a_y(o_y)+0(o_z)=0\\
n_x^2+n_y^2+n_z^2=1 \quad &\text{或} \quad n_x^2+0.707^2+n_z^2=1\\
o_x^2+o_y^2+o_z^2=1 \quad &\text{或} \quad 0^2+o_y^2+o_z^2=1\\
a_x^2+a_y^2+a_z^2=1 \quad &\text{或} \quad a_x^2+a_y^2+0^2=1
\end{aligned}$$

将这些方程化简，得

$$\begin{gathered}
0.707o_y+n_zo_z=0\\
n_xa_x+0.707a_y=0\\
a_yo_y=0\\
n_x^2+n_z^2=0.5\\
o_y^2+o_z^2=1
\end{gathered}$$

3 CHAPTER

$$a_x^2+a_y^2=1$$

解这 6 个方程得：$n_x=\pm0.707$，$n_z=0$，$o_y=0$，$o_z=1$，$a_x=\pm0.707$ 和 $a_y=-0.707$。应注意，n_x 和 a_x 必须同号。非唯一解是由于给出的参数可能得到两组在相反方向上相互垂直的向量。最终得到的矩阵如下：

$$\boldsymbol{F}=\begin{bmatrix}0.707 & 0 & 0.707 & 5\\ 0.707 & 0 & -0.707 & 3\\ 0 & 1 & 0 & 2\\ 0 & 0 & 0 & 1\end{bmatrix} \quad 或 \quad \boldsymbol{F}=\begin{bmatrix}-0.707 & 0 & -0.707 & 5\\ 0.707 & 0 & -0.707 & 3\\ 0 & 1 & 0 & 2\\ 0 & 0 & 0 & 1\end{bmatrix}$$

由此可见，两个矩阵都满足约束方程的要求。但应注意三个方向向量所表述的值不是任意的，而是受这些约束方程的约束，因此不可任意给矩阵赋值。

同样，可通过$\boldsymbol{n}$ 与$\boldsymbol{o}$ 的叉乘并令其等于$\boldsymbol{a}$，即$\boldsymbol{n}\times\boldsymbol{o}=\boldsymbol{a}$ 来求解，表示如下：

$$\begin{vmatrix}\boldsymbol{i} & \boldsymbol{j} & \boldsymbol{k}\\ n_x & n_y & n_z\\ o_x & o_y & o_z\end{vmatrix}=a_x\boldsymbol{i}+a_y\boldsymbol{j}+a_z\boldsymbol{k}$$

或表示为

$$\boldsymbol{i}(n_yo_z-n_zo_y)-\boldsymbol{j}(n_xo_z-n_zo_x)+\boldsymbol{k}(n_xo_y-n_yo_x)=a_x\boldsymbol{i}+a_y\boldsymbol{j}+a_z\boldsymbol{k}$$

将值代入方程得

$$\boldsymbol{i}(0.707o_z-n_zo_y)-\boldsymbol{j}(n_xo_z)+\boldsymbol{k}(n_xo_y)=a_x\boldsymbol{i}+a_y\boldsymbol{j}+0\boldsymbol{k}$$

同时解下面这三个方程：

$$0.707o_z-n_zo_y=a_x$$
$$-n_xo_z=a_y$$
$$n_xo_y=0$$

以此来代替 3 个点乘方程。联立 3 个单位向量长度的约束方程，便得到 6 个方程，求解这 6 个方程，可得到相同的未知参数的解。

3.4 齐次变换矩阵

由于各种原因，变换矩阵应写成方形矩阵形式，3×3 阶或 4×4 阶均可。首先，如后面看到的，计算方形矩阵的逆要比计算长方形矩阵的逆容易得多。其次，为使两矩阵相乘，它们的维数必须匹配，即第一个矩阵的列数必须与第二个矩阵的行数相同。如果两矩阵是维数相同的方阵则无上述要求。由于要以不同顺序将许多矩阵乘在一起得到机器人运动方程，因此应采用方阵进行计算。

为保证矩阵为方阵，如果在同一矩阵中既表示姿态又表示位置，那么可在矩阵中加入比例因子使之成为 4×4 矩阵。如果只表示姿态，则可去掉比例因子得到 3×3 阶矩阵，或加入第四列全为 0 的位置数据以保证矩阵为方阵。这种形式的矩阵称为齐次矩阵，如

$$\boldsymbol{F}=\begin{bmatrix}n_x & o_x & a_x & p_x\\ n_y & o_y & a_y & p_y\\ n_z & o_z & a_z & p_z\\ 0 & 0 & 0 & 1\end{bmatrix} \tag{3.12}$$

3.5　坐标系的变换

变换定义为空间的一个运动。当空间的一个坐标系（一个向量、一个物体或一个运动坐标系）相对于固定参考坐标系运动时，这一运动可以用类似于表示坐标系的方式来表示。这是因为变换本身就是坐标系状态的变化（表示坐标系位姿的变化），因此变换可以用坐标系来表示。变换可分为如下几种形式：

1）纯平移。

2）绕一个轴的纯旋转。

3）平移与旋转的复合。

为了解它们的表示方法，下面将逐一进行探讨。

3.5.1　纯平移变换

如果一个坐标系（它也可能表示一个物体）在空间以不变的姿态运动，那么该坐标就是纯平移。在这种情况下，它的方向与单位向量保持同一方向不变。所有的改变只是坐标系原点相对于参考坐标系的变化，如图 3-9 所示。相对于固定参考坐标系的新的坐标系的位置可以用原来坐标系的原点位置向量加上表示位移的向量求得。若用矩阵形式，新坐标系的表示可以通过坐标系左乘变换矩阵得到。由于在纯平移中方向向量不改变，所以变换矩阵 $\boldsymbol{T}$ 可以简单地表示为

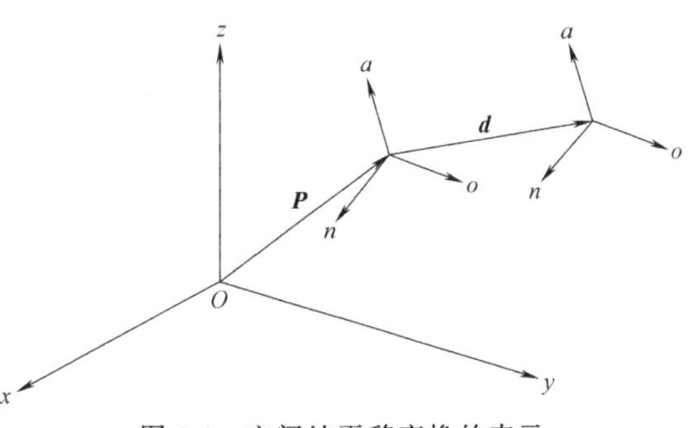

图 3-9　空间纯平移变换的表示

$$\boldsymbol{T}=\begin{bmatrix}1 & 0 & 0 & d_x\\0 & 1 & 0 & d_y\\0 & 0 & 1 & d_z\\0 & 0 & 0 & 1\end{bmatrix} \tag{3.13}$$

式中，d_x，d_y，d_z 是纯平移向量$\boldsymbol{d}$ 相对于参考坐标系 x，y，z 轴的三个分量。可以看到，矩阵的前三列表示没有旋转运动（等同于单位矩阵），而最后一列表示平移运动。新的坐标系位置为

$$\boldsymbol{F}_{\text{new}}=\begin{bmatrix}1 & 0 & 0 & d_x\\0 & 1 & 0 & d_y\\0 & 0 & 1 & d_z\\0 & 0 & 0 & 1\end{bmatrix}\begin{bmatrix}n_x & o_x & a_x & p_x\\n_y & o_y & a_y & p_y\\n_z & o_z & a_z & p_z\\0 & 0 & 0 & 1\end{bmatrix}=\begin{bmatrix}n_x & o_x & a_x & p_x+d_x\\n_y & o_y & a_y & p_y+d_y\\n_z & o_z & a_z & p_z+d_z\\0 & 0 & 0 & 1\end{bmatrix} \tag{3.14}$$

这个方程也可用符号写为

$$\boldsymbol{F}_{\text{new}}=\mathbf{Trans}(d_x,d_y,d_z)\times\boldsymbol{F}_{\text{old}} \tag{3.15}$$

首先，新坐标系的位置可通过在原坐标系矩阵前面左乘变换矩阵得到，后面将看到，无

3 CHAPTER

论以何种形式，这种方法对于所有的变换都成立。其次，方向向量经过纯平移后保持不变。但是，新的坐标系的位置是**d**和**P**向量相加的结果。最后，应该注意到，齐次变换矩阵与矩阵乘法的关系使得到的新矩阵的维数和变换前相同。

例 3.4 坐标系 {**F**} 沿参考坐标系的 x 轴移动 9 个单位，沿 z 轴移动 5 个单位。求新的坐标系位置。

$$\boldsymbol{F}=\begin{bmatrix}0.527 & -0.574 & 0.628 & 5\\ 0.369 & 0.819 & 0.439 & 3\\ -0.766 & 0 & 0.643 & 8\\ 0 & 0 & 0 & 1\end{bmatrix}$$

解： 由式（3.14）或式（3.15）得

$$\boldsymbol{F}_{\text{new}}=\mathbf{Trans}(d_x,d_y,d_z)\times\boldsymbol{F}_{\text{old}}=\mathbf{Trans}(9,0,5)\times\boldsymbol{F}_{\text{old}}$$

和

$$\boldsymbol{F}=\begin{bmatrix}1 & 0 & 0 & 9\\ 0 & 1 & 0 & 0\\ 0 & 0 & 1 & 5\\ 0 & 0 & 0 & 1\end{bmatrix}\begin{bmatrix}0.527 & -0.574 & 0.628 & 5\\ 0.369 & 0.819 & 0.439 & 3\\ -0.766 & 0 & 0.643 & 8\\ 0 & 0 & 0 & 1\end{bmatrix}$$

$$=\begin{bmatrix}0.527 & -0.574 & 0.628 & 14\\ 0.369 & 0.819 & 0.439 & 3\\ -0.766 & 0 & 0.643 & 13\\ 0 & 0 & 0 & 1\end{bmatrix}$$

3.5.2 绕轴纯旋转变换

为简化绕轴旋转的推导，首先假设该坐标系位于参考坐标系的原点并且与之平行，之后将结果推广到其他的旋转以及旋转的组合。

假设坐标系 $Onoa$ 位于参考坐标系 $Oxyz$ 的原点，坐标系 $Onoa$ 绕参考坐标系的 x 轴旋转一个角度 θ，再假设旋转坐标系 $Onoa$ 上有一点 P 相对于参考坐标系的坐标为（p_x，p_y，p_z），相对于运动坐标系的坐标为（p_n，p_o，p_a）。当坐标系绕 x 轴旋转时，坐标系上的点 P 也随坐标系一起旋转。在旋转之前，P 点在两个坐标系中的坐标是相同的（这时两个坐标系位置相同，并且相互平行）。旋转后，该点坐标（p_n，p_o，p_a）在旋转坐标系 $Oxyz$ 中保持不变，但在参考坐标系中的坐标（p_x，p_y，p_z）却改变了，如图 3-10 所示。现在要求找到运动坐标系旋转后 P 点相对于固定参考坐标系的新坐标。

从 x 轴来观察在二维平面上的同一点的坐标，图 3-10 显示了点 P 在坐标系旋转前后的坐标。点 P 相对于参考坐标系的坐标是（p_x，p_y，p_z），而相对于旋转坐标系（点 P 所固连的坐标系）的坐标仍为（p_n，p_o，p_a）。

由图 3-11 可以看出，p_x 不随坐标系 x 轴的转动而改变，而 p_y 和 p_z 却改变了，可以证明：

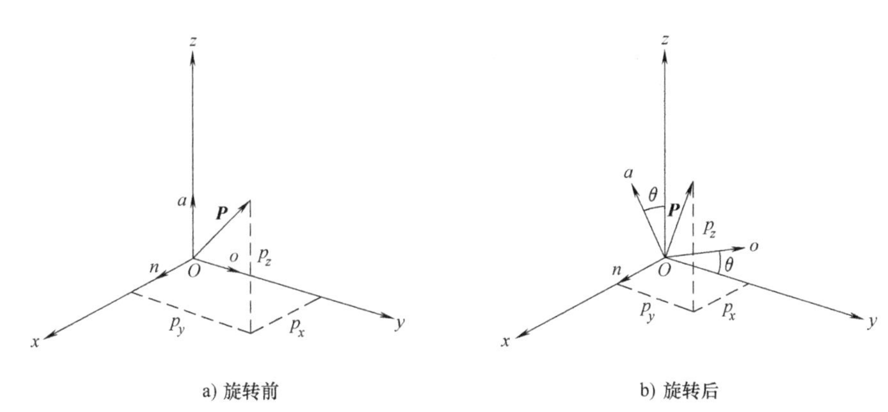

图 3-10　在坐标系旋转前后的点的坐标

$$\begin{cases} p_x = p_n \\ p_y = l_1 - l_2 = p_0\cos\theta - p_a\sin\theta \\ p_z = l_3 + l_4 = p_0\sin\theta + p_a\cos\theta \end{cases} \tag{3.16}$$

写成矩阵形式为

$$\begin{bmatrix} p_x \\ p_y \\ p_z \end{bmatrix} = \begin{bmatrix} 1 & 0 & 0 \\ 0 & \cos\theta & -\sin\theta \\ 0 & \sin\theta & \cos\theta \end{bmatrix} \begin{bmatrix} p_n \\ p_o \\ p_a \end{bmatrix} \tag{3.17}$$

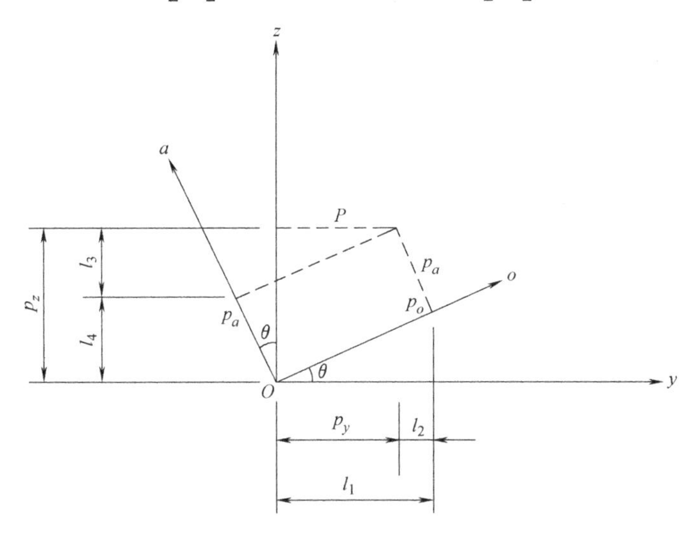

图 3-11　相对于参考坐标系的点的坐标和从 x 轴上观察旋转坐标系

可见，为了得到在参考坐标系中的坐标，旋转坐标系中的点 $\boldsymbol{P}$（或向量 $\boldsymbol{P}$）的坐标必须左乘旋转矩阵。这个旋转矩阵只适用于绕参考坐标系的 x 轴做纯旋转变换的情况，可表示为

$$\boldsymbol{P}_{xyz} = \mathbf{Rot}(x,\theta) \times \boldsymbol{P}_{noa} \tag{3.18}$$

注意：在式（3.17）中，旋转矩阵的第一列表示相对于 x 轴的位置，其值为 1，0，0，它表示沿 x 轴的坐标没有改变。

为简化书写，习惯用符号 $C\theta$ 表示 $\cos\theta$ 以及用 $S\theta$ 表示 $\sin\theta$。因此，旋转矩阵也可写为

$$\mathbf{Rot}(x,\theta)=\begin{bmatrix}1 & 0 & 0\\ 0 & C\theta & -S\theta\\ 0 & S\theta & C\theta\end{bmatrix} \tag{3.19}$$

可用同样的方法来分析坐标系绕参考坐标系 y 轴和 z 轴旋转的情况，可证明其结果为

$$\mathbf{Rot}(y,\theta)=\begin{bmatrix}C\theta & 0 & S\theta\\ 0 & 1 & 0\\ -S\theta & 0 & C\theta\end{bmatrix} \text{和} \mathbf{Rot}(z,\theta)=\begin{bmatrix}C\theta & -S\theta & 0\\ S\theta & C\theta & 0\\ 0 & 0 & 1\end{bmatrix} \tag{3.20}$$

式（3.18）也可写为习惯的形式，以便于理解不同坐标系间的关系，为此，可将该变换表示为 ${}^{U}\boldsymbol{T}_{R}$（读作坐标系｛R｝相对于全局坐标系｛U｝的变换），将 $\boldsymbol{P}_{noa}$ 表示为 ${}^{R}\boldsymbol{P}$（$\boldsymbol{P}$ 相对于坐标系｛R｝），将 $\boldsymbol{P}_{xyz}$ 表示为 ${}^{U}\boldsymbol{P}$（$\boldsymbol{P}$ 相对于坐标系｛U｝），式（3.18）可简化为

$${}^{U}\boldsymbol{P}={}^{U}\boldsymbol{T}_{R}\times{}^{R}\boldsymbol{P} \tag{3.21}$$

由上式可见，去掉下标 R 便得到了 $\boldsymbol{P}$ 相对于坐标系｛U｝的坐标。

例 3.5 旋转坐标系中有一点 $P(2,3,4)$，此坐标系绕参考坐标系的 x 轴旋转 90°。求旋转后该点相对于参考坐标系的坐标，并且用图解法检验结果。

解： 由于点 P 固连在旋转坐标系中，因此点 P 相对于旋转坐标系的坐标在旋转前后保持不变。该点相对于参考坐标系的坐标为

$$\begin{bmatrix}p_x\\ p_y\\ p_z\end{bmatrix}=\begin{bmatrix}1 & 0 & 0\\ 0 & \cos\theta & -\sin\theta\\ 0 & \sin\theta & \cos\theta\end{bmatrix}\begin{bmatrix}p_n\\ p_o\\ p_a\end{bmatrix}=\begin{bmatrix}1 & 0 & 0\\ 0 & 0 & -1\\ 0 & 1 & 0\end{bmatrix}\begin{bmatrix}2\\ 3\\ 4\end{bmatrix}=\begin{bmatrix}2\\ -4\\ 3\end{bmatrix}$$

如图 3-12 所示，根据前面的变换，得到旋转后 P 点相对于参考坐标系的坐标为（2，-4，3）。

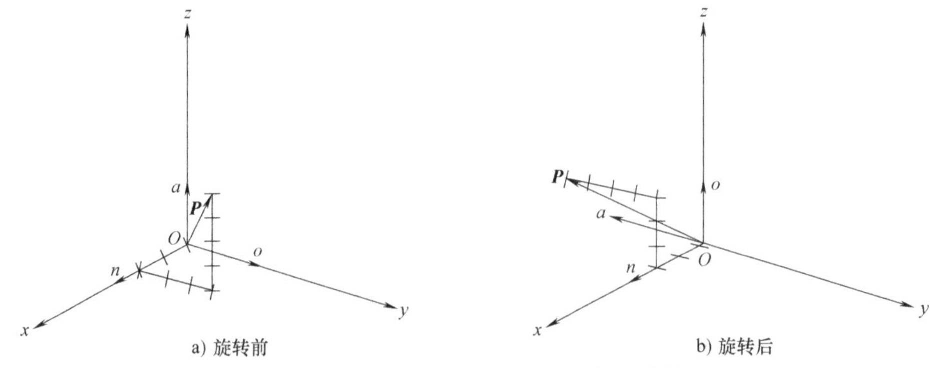

a) 旋转前　　b) 旋转后

图 3-12　相对于参考坐标系的坐标系旋转

3.5.3 复合变换

复合变换是由固定参考坐标系或当前运动坐标系的一系列沿轴平移和绕轴旋转变换所组成的。任何变换都可以分解为按一定顺序的一组平移和旋转变换。例如，为了完成所要求的变换，可以先绕 x 轴旋转，再沿 x，y，z 轴平移，最后绕 y 轴旋转。在后面将会看到，这个变换顺序很重要，如果颠倒两个依次变换的顺序，结果将会完全不同。

为了探讨如何处理复合变换，假定坐标系 $Onoa$ 相对于参考坐标系 $Oxyz$ 依次进行了下面

三个变换：

1）绕 x 轴旋转角度 α。

2）接着平移（l_1，l_2，l_3）（分别相对于 x，y，z 轴）。

3）最后绕 y 轴旋转角度 β。

比如点 P_{noa} 固定在旋转坐标系，开始时旋转坐标系的原点与参考坐标系的原点重合。当坐标系 $Onoa$ 相对于参考坐标系旋转或者平移时，坐标系中的 P 点相对于参考坐标系也跟着改变。如前面所看到的，第一次变换后，P 点相对于参考坐标系的坐标可用下列方程进行计算：

$$\boldsymbol{P}_{1,xyz}=\mathbf{Rot}(x,\alpha)\times\boldsymbol{P}_{noa} \tag{3.22}$$

式中，$\boldsymbol{P}_{1,xyz}$ 是第一次变换后该点相对于参考坐标系的坐标。第二次变换后，相对于参考坐标系的坐标为

$$\boldsymbol{P}_{2,xyz}=\mathbf{Trans}(l_1,l_2,l_3)\times\boldsymbol{P}_{1,xyz}=\mathbf{Trans}(l_1,l_2,l_3)\times\mathbf{Rot}(x,\alpha)\times\boldsymbol{P}_{noa}$$

同样，第三次变换后，该点相对于参考坐标系的坐标为

$$\boldsymbol{P}_{3,xyz}=\mathbf{Rot}(y,\beta)\times\boldsymbol{P}_{2,xyz}=\mathbf{Rot}(y,\beta)\times\mathbf{Trans}(l_1,l_2,l_3)\times\mathbf{Rot}(x,\alpha)\times\boldsymbol{P}_{noa} \tag{3.23}$$

可见，每次变换后该点相对于参考坐标系的坐标都是用每个变换矩阵左乘该点的坐标得到的。同时还应注意，对于相对参考坐标系的每次变换，矩阵都是左乘的。因此，矩阵书写的顺序和进行变换的顺序正好相反。

例 3.6　固连在坐标系 $Onoa$ 上的点 P（7，3，2）经历如下三个变换，求出变换后该点相对于参考坐标系 $Oxyz$ 的坐标。

1）绕 z 轴旋转 90°。

2）接着绕 y 轴旋转 90°。

3）接着再平移（4，-3，7）。

解：表示该变换的矩阵方程为

$$\boldsymbol{P}_{xyz}=\mathbf{Trans}(4,-3,7)\times\mathbf{Rot}(y,90°)\times\mathbf{Rot}(z,90°)\times\boldsymbol{P}_{noa}$$

$$=\begin{bmatrix}1&0&0&4\\0&1&0&-3\\0&0&1&7\\0&0&0&1\end{bmatrix}\begin{bmatrix}0&0&1&0\\0&1&0&0\\-1&0&0&0\\0&0&0&1\end{bmatrix}\begin{bmatrix}0&-1&0&0\\1&0&0&0\\0&0&1&0\\0&0&0&1\end{bmatrix}\begin{bmatrix}7\\3\\2\\1\end{bmatrix}=\begin{bmatrix}6\\4\\10\\1\end{bmatrix}$$

由图 3-13a、b、c 可以看到，$Onoa$ 坐标系首先绕 z 轴旋转 90°，接着绕 y 轴旋转，最后相对于参考坐标系的 x，y，z 轴平移。坐标系中的 P 点相对于 n，o，a 轴的位置如图 3-13c 所示，最后 P 点在 x，y，z 轴上的坐标分别为 6，4，10。请确认也能从图中理解上述结果。

例 3.7　根据例 3.6，假定 $Onoa$ 坐标系上的点 P(7，3，2) 经历相同变换，但变换按如下不同顺序进行，求出变换后该点相对于参考坐标系的坐标。

1）绕 z 轴旋转 90°。

2）接着平移（4，-3，7）。

3）接着再绕 y 轴旋转 90°。

解：表示该变换的矩阵方程为

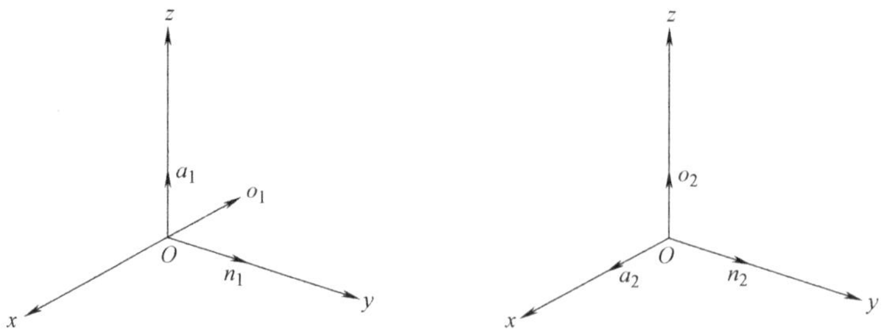

a) 第一次变换后　　b) 第二次变换后

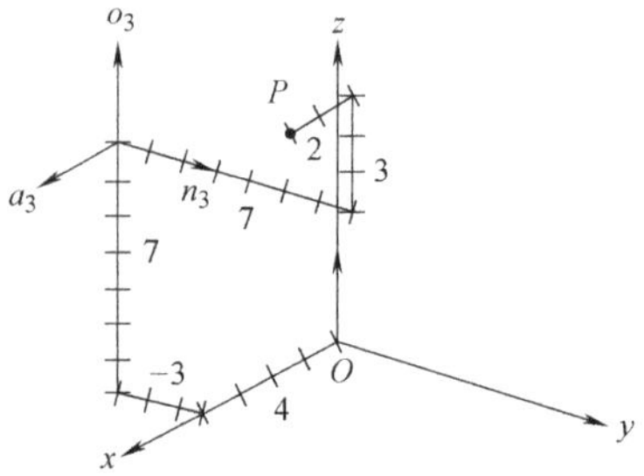

c) 第三次变换后

图 3-13　三次顺序变换的结果

$$P_{xyz} = \mathbf{Rot}(y,90°)\times\mathbf{Trans}(4,-3,7)\times\mathbf{Rot}(z,90°)\times P_{noa}$$

$$=\begin{bmatrix}0&0&1&0\\0&1&0&0\\-1&0&0&0\\0&0&0&1\end{bmatrix}\begin{bmatrix}1&0&0&4\\0&1&0&-3\\0&0&1&7\\0&0&0&1\end{bmatrix}\begin{bmatrix}0&-1&0&0\\1&0&0&0\\0&0&1&0\\0&0&0&1\end{bmatrix}\begin{bmatrix}7\\3\\2\\1\end{bmatrix}=\begin{bmatrix}9\\4\\-1\\1\end{bmatrix}$$

不难发现，尽管所有的变换与例 3.6 完全相同，但由于顺序变了，该点最终坐标与前例完全不同。用图 3-14 可以清楚地说明这点，这时可以看出，尽管第一次变换后坐标系的变化与前例完全相同，但第二次变换后结果就完全不同，这是由于相对于参考坐标系轴的平移使得旋转坐标系 $Onoa$ 向外移动了。经第三次变换，该坐标系将绕参考坐标系 y 轴旋转，因此向下旋转了，坐标系上点 P 的位置也显示在图 3-14c 中。

请证明该点相对于参考坐标系 x，y，z 轴上的坐标为 9，4 和−1，与解析的结果相同。

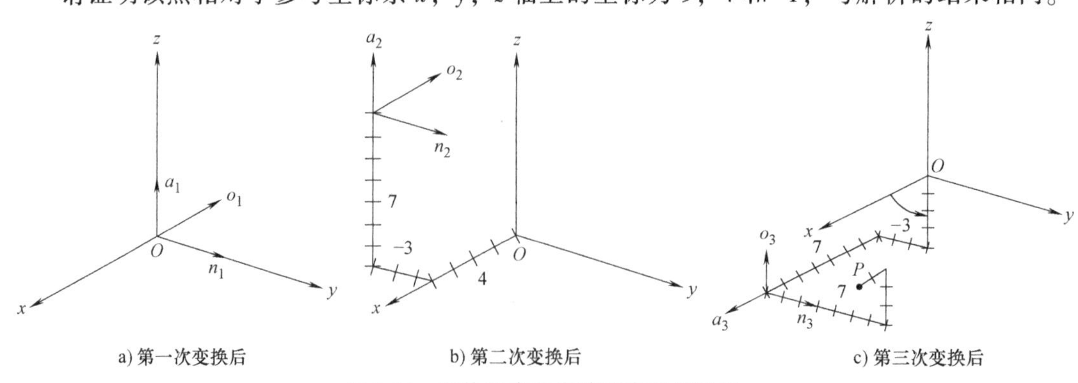

a) 第一次变换后　　b) 第二次变换后　　c) 第三次变换后

图 3-14　变换顺序改变将改变最终结果

3 CHAPTER

3.5.4　相对于旋转坐标系的变换

到目前为止，本章所讨论的所有变换都是相对于固定参考坐标系，所有平移、旋转和距离（除了相对于运动坐标系的点的位置）都是相对参考坐标系的轴来测量的。然而，实际中也有可能做相对于运动坐标系或当前坐标系的轴的变换。例如，可以相对于运动坐标系（也就是当前坐标系）的 n 轴而不是参考坐标系的 x 轴旋转 90°。**为计算当前坐标系中的点的坐标相对于参考坐标系的变化，这时需要右乘变换矩阵而不是左乘。**因为运动坐标系中的点或物体的位置总是相对于运动坐标系测量的，所以总是右乘描述该点或物体的位置矩阵。

例 3.8　假设与例 3.7 中相同的点现在进行相同的变换，但所有变换都是相对于当前的运动坐标系，具体变换如下：

1）绕 a 轴旋转 90°。

2）然后沿 n，o，a 轴平移（4，-3，7）。

3）接着绕 o 轴旋转 90°。

请求出变换完成后该点相对于参考坐标系的坐标。

解：在本例中，因为所做变换是相对于当前坐标系的，因此右乘每个变换矩阵，可得表示该坐标的方程为

$$
\begin{aligned}
\boldsymbol{P}_{xyz} &= \mathbf{Rot}(a,90°)\times\mathbf{Trans}(4,-3,7)\times\mathbf{Rot}(o,90°)\times\boldsymbol{P}_{noa}\\
&=\begin{bmatrix}0&-1&0&0\\1&0&0&0\\0&0&1&0\\0&0&0&1\end{bmatrix}\begin{bmatrix}1&0&0&4\\0&1&0&-3\\0&0&1&7\\0&0&0&1\end{bmatrix}\begin{bmatrix}0&0&1&0\\0&1&0&0\\-1&0&0&0\\0&0&0&1\end{bmatrix}\begin{bmatrix}7\\3\\2\\1\end{bmatrix}=\begin{bmatrix}0\\6\\0\\1\end{bmatrix}
\end{aligned}
$$

如所期望的，结果与其他各例完全不同，不仅因为所做变换是相对于当前坐标系的，而且也因为矩阵顺序的改变。图 3-15 展示了这一结果，应注意它是怎样相对于当前坐标来完成这个变换的。

同时应注意，P 点在当前坐标系中的坐标（7，3，2）经过变换后得到了相对于参考坐标系 $Oxyz$ 的坐标（0，6，0）。

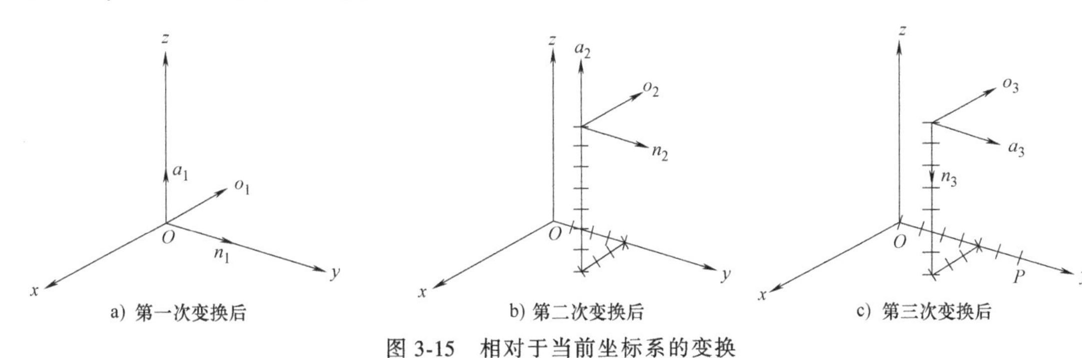

a）第一次变换后　　b）第二次变换后　　c）第三次变换后

图 3-15　相对于当前坐标系的变换

例 3.9　坐标系 {B} 绕 x 轴旋转 90°，然后沿当前坐标系 a 轴做了 3 个单位的平移，然后在绕 z 轴旋转 90°，最后沿当前坐标系 o 轴做 5 个单位的平移。

1）写出描述该运动的方程。

2）求坐标系中的点 P（1，5，4）相对于参考坐标系的最终位置。

解：在本例中，相对于参考坐标系以及当前坐标系的运动是交替进行的。

1）相应地左乘或右乘每个运动矩阵，得到

$$^{U}\boldsymbol{T}_B=\mathbf{Rot}(z,90°)\times\mathbf{Rot}(x,90°)\times\mathbf{Trans}(0,0,3)\times\mathbf{Trans}(0,5,0)$$

2）代入具体的矩阵并将它们相乘，得到：

$$^{U}\boldsymbol{P}={}^{U}\boldsymbol{T}_B\times{}^{B}\boldsymbol{P}$$

$$=\begin{bmatrix}0&-1&0&0\\1&0&0&0\\0&0&1&0\\0&0&0&1\end{bmatrix}\begin{bmatrix}1&0&0&0\\0&0&-1&0\\0&1&0&0\\0&0&0&1\end{bmatrix}\begin{bmatrix}1&0&0&0\\0&1&0&0\\0&0&1&3\\0&0&0&1\end{bmatrix}\begin{bmatrix}1&0&0&0\\0&1&0&5\\0&0&1&0\\0&0&0&1\end{bmatrix}$$

$$=\begin{bmatrix}0&0&1&7\\1&0&0&1\\0&1&0&10\\0&0&0&1\end{bmatrix}$$

3.6 变换矩阵的逆

如前所述，在机器人运动学分析中有很多地方要用到矩阵的逆，在下面的例子中可以看到一种涉及变换矩阵的情况。在图 3-16 中，假设机器人要在零件上钻孔而必须向零件处移动。机器人基座相对于参考坐标系 $\{U\}$ 的位置用坐标系 $\{R\}$ 来描述，机械手用坐标系 $\{H\}$ 来描述，末端执行器（即用来钻孔的钻头的末端）用坐标系 $\{E\}$ 来描述，零件的位置用坐标系 $\{P\}$ 来描述。钻孔的点的位置与参考坐标系 $\{U\}$ 可以通过两个独立的路径发生联系：一个是通过该零件的路径，另一个则是通过机器人的路径。因此，可以写出下面的方程：

$$^{U}\boldsymbol{T}_E={}^{U}\boldsymbol{T}_R{}^{R}\boldsymbol{T}_H{}^{H}\boldsymbol{T}_E={}^{U}\boldsymbol{T}_P{}^{P}\boldsymbol{T}_E \tag{3.24}$$

这就是说，该零件钻孔的位置 $\{E\}$ 可以通过从 $\{U\}$ 变换到 $\{P\}$，再从 $\{P\}$ 变换到 $\{E\}$ 来完成，或者先从 $\{U\}$ 变换到 $\{R\}$，然后从 $\{R\}$ 变换到 $\{H\}$，再从 $\{H\}$ 变换到 $\{E\}$。

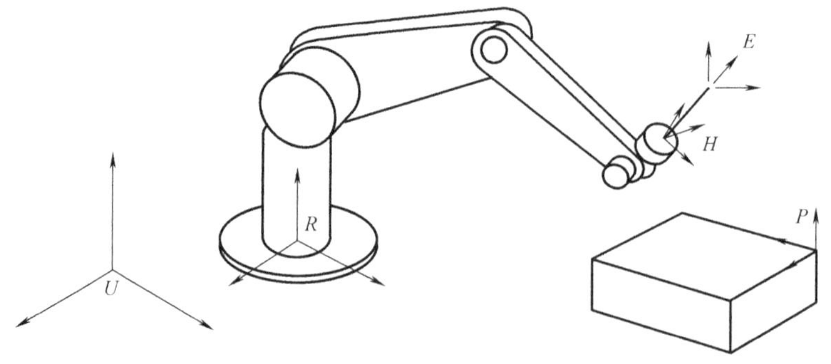

图 3-16　全局坐标系 $\{U\}$、机器人坐标系 $\{R\}$、机械手坐标系 $\{H\}$、零件坐标系 $\{P\}$ 及末端执行器坐标系 $\{E\}$

事实上，由于在任何情况下机器人的基座位置在安装时就是已知的，因此变换 $^{U}\boldsymbol{T}_R$（坐

标系 $\{R\}$ 相对于坐标系 $\{U\}$ 的变换）是已知的。比如，一个机器人安装在一个工作台上，由于它被紧固在工作台上，所以它的基座的位置是已知的。因为控制器始终掌控着机器人基座的运动，所以即使机器人是可移动或放在传送带上的，它在任意时刻的位置仍然是已知的。由于用于末端执行器的任何器械都是已知的，而且其尺寸和结构也是已知的，所以 ${}^{H}\boldsymbol{T}_{E}$（机器人末端执行器相对于机械手的变换）也是已知的。此外，${}^{U}\boldsymbol{T}_{P}$（零件相对于全局坐标系的变换）也是已知的，还必须要知道将在其上面钻孔的零件的位置，该位置可以通过将该零件放在钻模上，然后用照相机、视觉系统、传送带、传感器或其他类似仪器来确定。最后获得了零件上钻孔的位置，所以 ${}^{P}\boldsymbol{T}_{E}$ 也是可以通过计算获得的。此时，唯一未知的变换就是 ${}^{R}\boldsymbol{T}_{H}$（机械手相对于机器人基座的变换）。因此，必须找出机器人的关节变量（机器人旋转关节的角度以及滑动关节的连杆长度），以便将末端执行器定位在要钻孔的位置上。可见，必须要计算出这个变换，因为机器人是依据它来完成工作的。后面将用所求出的变换来求解机器人关节的角度和连杆的长度。

这里不能像在代数方程中那样来计算这个矩阵，即不能简单地用方程的右边除以方程的左边，而应该通过左乘或右乘合适的逆矩阵来进行化简。因此有

$$({}^{U}\boldsymbol{T}_{R})^{-1}({}^{U}\boldsymbol{T}_{R}{}^{R}\boldsymbol{T}_{H}{}^{H}\boldsymbol{T}_{E})({}^{H}\boldsymbol{T}_{E})^{-1}=({}^{U}\boldsymbol{T}_{R})^{-1}({}^{U}\boldsymbol{T}_{P}{}^{P}\boldsymbol{T}_{E})({}^{H}\boldsymbol{T}_{E})^{-1} \tag{3.25}$$

由于 $({}^{U}\boldsymbol{T}_{R})^{-1}$ $({}^{U}\boldsymbol{T}_{R})=\boldsymbol{I}$ 和 $({}^{H}\boldsymbol{T}_{E})$ $({}^{H}\boldsymbol{T}_{E})^{-1}=\boldsymbol{I}$，式（3.25）的左边可简化为 ${}^{R}\boldsymbol{T}_{H}$，于是得

$${}^{R}\boldsymbol{T}_{H}=({}^{U}\boldsymbol{T}_{R})^{-1}({}^{U}\boldsymbol{T}_{P}{}^{P}\boldsymbol{T}_{E})({}^{H}\boldsymbol{T}_{E})^{-1} \tag{3.26}$$

该方程的正确性可以通过认为 ${}^{E}\boldsymbol{T}_{H}$ 与 $({}^{H}\boldsymbol{T}_{E})^{-1}$ 相同以及 ${}^{R}\boldsymbol{T}_{U}$ 与 $({}^{U}\boldsymbol{T}_{R})^{-1}$ 相同来加以检验。因此，该方程可重写为

$${}^{R}\boldsymbol{T}_{H}=({}^{U}\boldsymbol{T}_{R})^{-1}({}^{U}\boldsymbol{T}_{P}{}^{P}\boldsymbol{T}_{E})({}^{H}\boldsymbol{T}_{E})^{-1}={}^{R}\boldsymbol{T}_{U}{}^{U}\boldsymbol{T}_{P}{}^{P}\boldsymbol{T}_{E}{}^{E}\boldsymbol{T}_{H}={}^{R}\boldsymbol{T}_{H} \tag{3.27}$$

显然，为了对机器人运动学进行分析，需要能够计算变换矩阵的逆。

我们来看看关于 x 轴的简单旋转矩阵的求逆计算情况。关于 x 轴的旋转矩阵为

$$\mathbf{Rot}(x,\theta)=\begin{bmatrix}1 & 0 & 0\\ 0 & C\theta & -S\theta\\ 0 & S\theta & C\theta\end{bmatrix} \tag{3.28}$$

必须采用以下的步骤来计算矩阵的逆：

1）计算矩阵的行列式 Δ。

2）将矩阵转置。

3）将转置矩阵的每个元素用它的子行列式（伴随矩阵）代替。

4）用转换后的矩阵除以行列式。

将上面的步骤依次用到该旋转，得到

$$\Delta=1(C^{2}\theta+S^{2}\theta)+0=1$$

$$\mathbf{Rot}(x,\theta)^{\mathrm{T}}=\begin{bmatrix}1 & 0 & 0\\ 0 & C\theta & S\theta\\ 0 & -S\theta & C\theta\end{bmatrix}$$

现在计算每一个子行列式（伴随矩阵）。例如，元素（2，2）的子行列式为 $C\theta-0=C\theta$，元素（1，1）的子行列式为 $C^{2}\theta+S^{2}\theta=1$。可以注意到，这里每一个元素的子行列式与其本身相同，因此有

$$\mathbf{Rot}(x,\theta)^{\mathrm{T}}_{\mathrm{minor}}=\mathbf{Rot}(x,\theta)^{\mathrm{T}}$$

由于原旋转矩阵的行列式为 1，因此用 $\mathbf{Rot}(x,\ \theta)^{\mathrm{T}}_{\mathrm{minor}}$ 矩阵除以行列式后仍得到相同的结果。因此，关于 x 轴的旋转矩阵的逆的行列式与它的转置矩阵相同，即

$$\mathbf{Rot}(x,\theta)^{-1}=\mathbf{Rot}(x,\theta)^{\mathrm{T}} \tag{3.29}$$

具有这种特征的矩阵称为酉矩阵，也就是说所有的旋转矩阵都是酉矩阵。因此，计算旋转矩阵的逆就是将该矩阵转置。可以证明，关于 y 轴和 z 轴的旋转矩阵同样也是酉矩阵。

应注意，只有旋转矩阵才是酉矩阵。如果一个矩阵不是一个简单的旋转矩阵，那么它也许就不是酉矩阵。

以上结论只对简单的、不表示位置的 3×3 阶旋转矩阵成立。对一个齐次的 4×4 阶变换矩阵［式（3.12）］而言，它的求逆过程可以将矩阵分为两部分。矩阵的旋转部分仍是酉矩阵，只需简单地进行转置；矩阵的位置部分则是向量$\boldsymbol{P}$ 分别与向量 $\boldsymbol{n}$，$\boldsymbol{o}$，$\boldsymbol{a}$ 点积的负值，其结果为

$$\boldsymbol{F}^{-1}=\begin{bmatrix} n_x & n_y & n_z & -\boldsymbol{P}\cdot\boldsymbol{n} \\ o_x & o_y & o_z & -\boldsymbol{P}\cdot\boldsymbol{o} \\ a_x & a_y & a_z & -\boldsymbol{P}\cdot\boldsymbol{a} \\ 0 & 0 & 0 & 1 \end{bmatrix} \tag{3.30}$$

如上所示，矩阵的旋转部分是简单的转置，位置的部分由点积的负值代替，而最后一行（比例因子）则不受影响。这样做对于计算变换矩阵的逆是很有帮助的，而直接计算 4×4 阶矩阵的逆是一个很冗长的过程。

例 3.10 计算表示矩阵 $\mathbf{Rot}(x,\ 40°)^{-1}$。

解： 绕 x 轴旋转 40°的矩阵为

$$\mathbf{Rot}(x,40^{\circ})=\begin{bmatrix} 1 & 0 & 0 & 0 \\ 0 & 0.766 & -0.643 & 0 \\ 0 & 0.643 & 0.766 & 0 \\ 0 & 0 & 0 & 1 \end{bmatrix}$$

其矩阵的逆是

$$\mathbf{Rot}(x,40°)^{-1}=\begin{bmatrix} 1 & 0 & 0 & 0 \\ 0 & 0.766 & 0.643 & 0 \\ 0 & -0.643 & 0.766 & 0 \\ 0 & 0 & 0 & 1 \end{bmatrix}$$

需注意的是，由于矩阵的位置向量为 0，所以它与向量$\boldsymbol{n}$，$\boldsymbol{o}$，$\boldsymbol{a}$ 的点积也为零。

例 3.11 计算如下变换矩阵的逆：

$$\boldsymbol{T}=\begin{bmatrix} 0.5 & 0 & 0.866 & 3 \\ 0.866 & 0 & -0.5 & 2 \\ 0 & 1 & 0 & 5 \\ 0 & 0 & 0 & 1 \end{bmatrix}$$

解： 根据式（3.30），变换矩阵的逆是

3 CHAPTER

$$T^{-1}=\begin{bmatrix}0.5 & 0.866 & 0 & -(3\times0.5+2\times0.866+5\times0)\\0 & 0 & 1 & -(3\times0+2\times0+5\times1)\\0.866 & -0.5 & 0 & -(3\times0.866+2\times(-0.5)+5\times0)\\0 & 0 & 0 & 1\end{bmatrix}$$

$$=\begin{bmatrix}0.5 & 0.866 & 0 & -3.23\\0 & 0 & 1 & -5\\0.866 & -0.5 & 0 & -1.598\\0 & 0 & 0 & 1\end{bmatrix}$$

可以证明 TT^{-1} 是单位阵。

例 3.12　一个具有 6 个自由度的机器人的第五个连杆上装有照相机，照相机观察物体并测定它相对于照相机坐标系的位置，然后根据以下数据来确定末端执行器要到达物体所必须完成的运动。

$${}^{5}T_{\text{cam}}=\begin{bmatrix}0 & 0 & -1 & 3\\0 & -1 & 0 & 0\\-1 & 0 & 0 & 5\\0 & 0 & 0 & 1\end{bmatrix}\qquad {}^{5}T_{H}=\begin{bmatrix}0 & -1 & 0 & 0\\1 & 0 & 0 & 0\\0 & 0 & 1 & 4\\0 & 0 & 0 & 1\end{bmatrix}$$

$${}^{\text{cam}}T_{\text{obj}}=\begin{bmatrix}0 & 0 & 1 & 2\\1 & 0 & 0 & 2\\0 & 1 & 0 & 4\\0 & 0 & 0 & 1\end{bmatrix}\qquad {}^{H}T_{E}=\begin{bmatrix}1 & 0 & 0 & 0\\0 & 1 & 0 & 0\\0 & 0 & 1 & 3\\0 & 0 & 0 & 1\end{bmatrix}$$

解： 参照式（3.24），可以写出一个与它类似的方程，它将不同的变换和坐标系联系在一起。

$${}^{R}T_{5}\times{}^{5}T_{H}\times{}^{H}T_{E}\times{}^{E}T_{\text{obj}}={}^{R}T_{5}\times{}^{5}T_{\text{cam}}\times{}^{\text{cam}}T_{\text{obj}}$$

因为方程两边都有 ${}^{R}T_{5}$，所以可以将它消去。除了 ${}^{E}T_{\text{obj}}$ 之外，所有其他矩阵都是已知的，因此

$${}^{E}T_{\text{obj}}=({}^{H}T_{E})^{-1}\times({}^{5}T_{H})^{-1}\times{}^{5}T_{\text{cam}}\times{}^{\text{cam}}T_{\text{obj}}={}^{E}T_{H}\times{}^{H}T_{5}\times{}^{5}T_{\text{cam}}\times{}^{\text{cam}}T_{\text{obj}}$$

$$({}^{H}T_{E})^{-1}={}^{E}T_{H}=\begin{bmatrix}1 & 0 & 0 & 0\\0 & 1 & 0 & 0\\0 & 0 & 1 & -3\\0 & 0 & 0 & 1\end{bmatrix},\quad ({}^{5}T_{H})^{-1}={}^{H}T_{5}=\begin{bmatrix}1 & 1 & 0 & 0\\-1 & 0 & 0 & 0\\0 & 0 & 1 & -4\\0 & 0 & 0 & 1\end{bmatrix}$$

将已知的矩阵及矩阵的逆代入前面的方程，得

$${}^{E}T_{\text{obj}}=\begin{bmatrix}1 & 0 & 0 & 0\\0 & 1 & 0 & 0\\0 & 0 & 1 & -3\\0 & 0 & 0 & 1\end{bmatrix}\begin{bmatrix}0 & 1 & 0 & 0\\-1 & 0 & 0 & 0\\0 & 0 & 1 & -4\\0 & 0 & 0 & 1\end{bmatrix}\begin{bmatrix}0 & 0 & -1 & 3\\0 & -1 & 0 & 0\\-1 & 0 & 0 & 5\\0 & 0 & 0 & 1\end{bmatrix}\begin{bmatrix}0 & 0 & 1 & 2\\1 & 0 & 0 & 2\\0 & 1 & 0 & 4\\0 & 0 & 0 & 1\end{bmatrix}$$

$$=\begin{bmatrix}-1 & 0 & 0 & -2\\0 & 1 & 0 & 1\\0 & 0 & -1 & -4\\0 & 0 & 0 & 1\end{bmatrix}$$

3.7 机器人的正逆运动学

假设有一个构型已知的机器人（将构件组合在一起构成机器人的方法），即它的所有连杆长度和关节角度都是已知的，那么计算机械手的位姿就称为正运动学分析。换言之，如果已知所有机器人关节变量，用正运动学方程就能计算任一瞬间机械手的位姿。然而，如果想要将机械手放在一个期望的位姿，就必须知道机器人的每一个连杆的长度和关节的角度，才能将机械手定位在所期望的位姿，这就叫作逆运动学分析，也就是说，这里不是把已知的机械手变量代入正向运动学方程中，而是要设法找到这些方程的逆，从而求得所需的关节变量，使机械手放置在期望的位姿。事实上，逆运动学方程更为重要，机器人的控制器将用这些方程来计算关节值，并以此来运行机械手到达期望的位姿。下面首先推导机械手的正运动学方程，然后利用这些方程来计算逆运动学方程。

对正运动学，必须推导出一组与机械手特定构型有关的方程，以便将有关的关节和连杆变量代入这些方程后就能计算出机械手的位姿，然后可用这些方程推出逆运动学方程。

要确定一个刚体在空间的位姿，须在物体上固连一个坐标系，然后描述该坐标系的原点位置和它三个轴的姿态，总共需要 6 个自由度或 6 条信息来完整地定义该物体的位姿。同理，如果要确定或找到机械手在空间的位姿，也必须在机械手上固连一个坐标系并确定机械手坐标系的位姿，这正是机械手正运动学方程所要完成的任务。换言之，根据机械手连杆和关节的构型配置，可用一组特定的方程来建立机械手的坐标系和参考坐标系之间的联系。图 3-17 所示为机械手的坐标系、参考坐标系以及它们的相对位姿，两个坐标系之间的关系与机械手的构型有关。当然，机械手可能有许多不同的构型，后面将会看到将如何根据机械手的构型来推导出与这两个坐标系相关的方程。

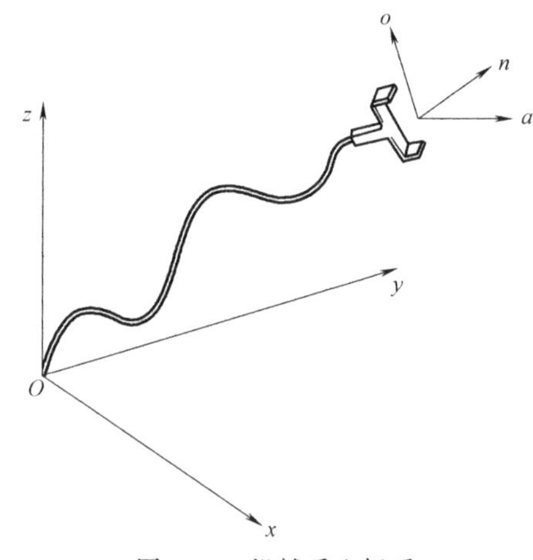

图 3-17　机械手坐标系相对于参考坐标系

为使过程简化，可分别分析位置和姿态问题，首先推导出位置方程，然后再推导出姿态方程，再将两者结合在一起从而形成一组完整的方程。最后，将看到关于 Denavit-Hartenberg（D-H）表示法的应用，该方法可用于对任何机器人构型建模。

3.7.1 位置的正逆运动学方程

对于机器人的定位，可以通过相对于任何惯用坐标系的运动来实现。比如，基于直角坐标系对空间的一个点来定位，这意味着有三个关于 x，y，z 轴的线性运动，此外，如果用球坐标来实现，就意味着需要有一个线性运动和两个旋转运动。常见的情况有：笛卡儿（台架、直角）坐标；圆柱坐标；球坐标；链式（拟人或全旋转）坐标。

1. 笛卡儿（台架、直角）坐标

笛卡儿坐标，也叫台架坐标或直角坐标。

这种情况有三个沿 x，y，z 轴的线性运动，这一类型的机器人所有的驱动机构都是线性的（如液压活塞或线性动力丝杠），这时机械手的定位是通过三个线性关节分别沿三个轴的运动来完成的，如图 3-18 所示。台架式机器人是一个直角坐标机器人，只不过是将机器人固连在一个朝下的直角架上。IBM7565 机器人就是一种台架式直角坐标机器人。

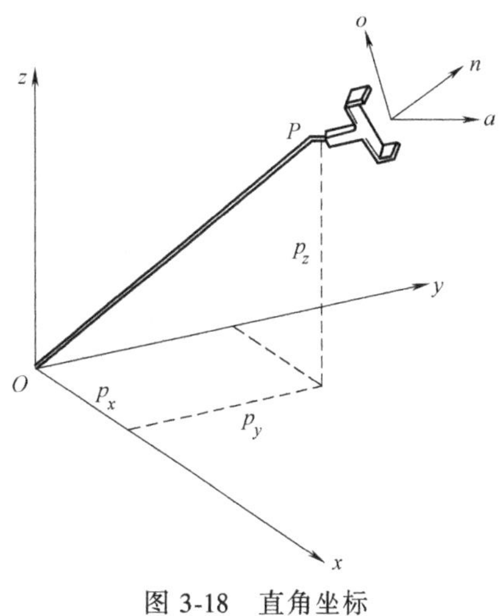

图 3-18　直角坐标

当然，如果没有旋转运动，表示向 P 点运动的变换矩阵就是一种简单的平移变换矩阵。注意这里只涉及坐标系原点的定位，而不涉及姿态。在直角坐标系中，表示机械手位置的正运动学变换矩阵为

$$^{R}\boldsymbol{T}_{P}=\boldsymbol{T}_{\text{cart}}=\begin{bmatrix}1&0&0&\boldsymbol{P}_x\\0&1&0&\boldsymbol{P}_y\\0&0&1&\boldsymbol{P}_z\\0&0&0&1\end{bmatrix}\tag{3.31}$$

其中，$^{R}\boldsymbol{T}_{P}$ 是参考坐标系与机械手坐标系原点 P 的变换矩阵，而 $\boldsymbol{T}_{\text{cart}}$ 表示直角坐标变换矩阵。对于逆运动学的求解，只需简单地设定期望的位置等于 P。

例 3.13　要求笛卡儿坐标机械手坐标系的原点定位在点 P（3，4，7），计算所需要的笛卡儿坐标运动。

解：设定正运动学方程可用式（3.31）中的矩阵 $^{R}\boldsymbol{T}_{P}$ 表示，根据期望的位置可得知如下结果

$$^{R}\boldsymbol{T}_{P}=\begin{bmatrix}1&0&0&\boldsymbol{P}_x\\0&1&0&\boldsymbol{P}_y\\0&0&1&\boldsymbol{P}_z\\0&0&0&1\end{bmatrix}=\begin{bmatrix}1&0&0&3\\0&1&0&4\\0&0&1&7\\0&0&0&1\end{bmatrix}\text{或 }\boldsymbol{p}_x=3,\boldsymbol{p}_y=4,\boldsymbol{p}_z=7$$

2. 圆柱坐标

圆柱坐标系包括两个线性平移运动和一个旋转运动。其顺序为：先沿 x 轴移动 r，再绕 z 轴旋转角度 α，最后沿 z 轴移动 l，如图 3-19 所示。这三个变换建立了机械手坐标系与参考坐标系之间的联系。由于这些变换都是相对于全局参考坐标系的坐标轴的，因此由这三个变换所产生的总变换可以通过依次左乘每一个矩阵而求得

$$^{R}\boldsymbol{T}_{P}=\boldsymbol{T}_{\text{cyl}}(r,\alpha,l)=\textbf{Trans}(0,0,l)\times\textbf{Rot}(z,\alpha)\times\textbf{Trans}(r,0,0)\tag{3.32}$$

$$=\begin{bmatrix}1&0&0&0\\0&1&0&0\\0&0&1&l\\0&0&0&1\end{bmatrix}\begin{bmatrix}C\alpha&-S\alpha&0&0\\S\alpha&C\alpha&0&0\\0&0&1&0\\0&0&0&1\end{bmatrix}\begin{bmatrix}1&0&0&r\\0&1&0&0\\0&0&1&0\\0&0&0&1\end{bmatrix}$$

$$^{R}\boldsymbol{T}_{P}=\boldsymbol{T}_{\text{cyl}}=\begin{bmatrix}C\alpha&-S\alpha&0&rC\alpha\\S\alpha&C\alpha&0&rS\alpha\\0&0&1&l\\0&0&0&1\end{bmatrix}\tag{3.33}$$

经过一系列变换后，前三列表示了坐标系的姿态，然而我们只对坐标系的原点位置，即最后一列感兴趣。显然，在圆柱坐标运动中，由于绕 z 轴旋转了角度 α，运动坐标系的姿态也将改变，这一改变将在后面讨论。

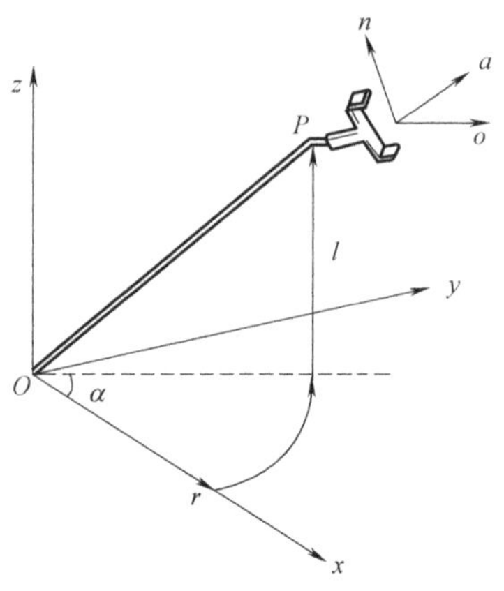

图 3-19　圆柱坐标

实际上，可以通过绕 $Pnoa$ 坐标系中的 a 轴旋转 $-\alpha$ 角度使坐标系回转到和初始参考坐标系平行的状态，这等效于让圆柱坐标矩阵右乘旋转矩阵 $\mathbf{Rot}(a,\ -\alpha)$，其结果是，该坐标系的位置仍在同一地方，但其姿态再次平行于参考坐标系，如下所示：

$$\boldsymbol{T}_{\text{cyl}}\times\mathbf{Rot}(z,-\alpha)=\begin{bmatrix}C\alpha & -S\alpha & 0 & rC\alpha\\ S\alpha & C\alpha & 0 & rS\alpha\\ 0 & 0 & 1 & l\\ 0 & 0 & 0 & 1\end{bmatrix}\begin{bmatrix}C(-\alpha) & -S(-\alpha) & 0 & 0\\ S(-\alpha) & C(-\alpha) & 0 & 0\\ 0 & 0 & 1 & 0\\ 0 & 0 & 0 & 1\end{bmatrix}=\begin{bmatrix}1 & 0 & 0 & rC\alpha\\ 0 & 1 & 0 & rS\alpha\\ 0 & 0 & 1 & l\\ 0 & 0 & 0 & 1\end{bmatrix}$$

由此可见，运动坐标系的原点位置并没有改变，但它转回到了与参考坐标系平行的状态。需注意的是，最后的旋转是绕本地坐标系的 α 轴的，目的是为了不引起坐标系位置的任何改变，而只改变姿态。

例 3.14　假设要将圆柱坐标机械手坐标系的原点放在点（3，4，7）处，计算该机器人的关节变量。

解：根据式（3.33）的矩阵 T_{cyl}，将机械手坐标系原点的位置分量设置为期望值，可以得到

$$l=7,\ rC\alpha=3,\ rS\alpha=4$$

于是有 $\tan\alpha=\dfrac{4}{3}$ 和 $\alpha=53.1°$

将 α 代入其中任何一个方程，可得 $r=5$，最终结果是

$$r=5,\ \alpha=53.1°,\ l=7$$

注意：必须确保在机器人运动学中计算的角度位于正确的象限。在本例中，请注意 $rC\alpha$ 和 $rS\alpha$ 都是正的，并且 r 也是正的，这样角度 α 便在第一象限，且为 53.1°。

3. 球坐标

如图 3-20 所示，球坐标系统由一个线性运动和两个旋转运动组成，运动顺序为：先沿 z 轴平移 r，再绕 y 轴旋转角度 β，并绕 z 轴旋转角度 γ。这三个变换建立了机械手坐标系与参考坐标系之间的联系。由于这些变换都是相对于全局参考坐标系的坐标轴的，因此由这三个变换所产生的总变换可以通过逐次左乘每一个矩阵而求得：

$$^{R}\boldsymbol{T}_{P}=\boldsymbol{T}_{\text{sph}}(r,\beta,\gamma)=\mathbf{Rot}(z,\gamma)\times\mathbf{Rot}(y,\beta)\times\mathbf{Trans}(0,0,r) \tag{3.34}$$

$$^{R}\boldsymbol{T}_{P}=\begin{bmatrix}C\gamma & -S\gamma & 0 & 0\\ S\gamma & C\gamma & 0 & 0\\ 0 & 0 & 1 & 0\\ 0 & 0 & 0 & 1\end{bmatrix}\begin{bmatrix}C\beta & 0 & S\beta & 0\\ 0 & 1 & 0 & 0\\ -S\beta & 0 & C\beta & 0\\ 0 & 0 & 0 & 1\end{bmatrix}\begin{bmatrix}1 & 0 & 0 & 0\\ 0 & 1 & 0 & 0\\ 0 & 0 & 1 & r\\ 0 & 0 & 0 & 1\end{bmatrix}$$

$$
{}^{R}\boldsymbol{T}_P=\boldsymbol{T}_{\text{sph}}=\begin{bmatrix} C\beta\cdot C\gamma & -S\gamma & S\beta\cdot C\gamma & rS\beta\cdot C\gamma \\ C\beta\cdot S\gamma & C\gamma & S\beta\cdot S\gamma & rS\beta\cdot S\gamma \\ -S\beta & 0 & C\beta & rC\beta \\ 0 & 0 & 0 & 1 \end{bmatrix} \tag{3.35}
$$

前三列表示了经过一系列变换后的坐标系的姿态，而最后一列则表示了坐标系原点的位置。以后还要进一步讨论该矩阵的姿态部分。

这里也可回转最后一个坐标系，使它与参考坐标系平行。这一问题将作为练习留给读者，要求找出正确的运动顺序以获得正确的答案。

球坐标的逆运动学方程比简单的直角坐标和圆柱坐标更复杂，因为两个角度 β 和 γ 是耦合的。让我们通过下例来说明如何求解球坐标的逆运动学方程。

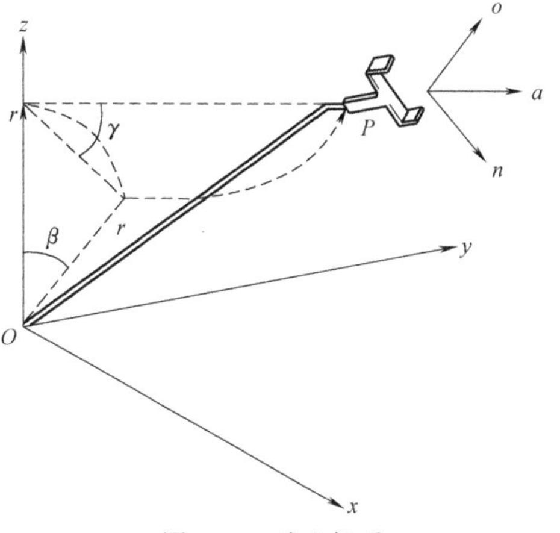

图 3-20　球坐标系

例 3.15　假设要将球坐标机器人手坐标系原点放在（3，4，7）处，计算机器人的关节变量。

解： 根据式（3.35）中的矩阵 T_{sph}，将机械手坐标系原点的位置分量设置为期望值，可以得到

$$
rS\beta\cdot C\gamma=3,\quad rS\beta\cdot S\gamma=4,\quad rC\beta=7
$$

由第三个方程，我们得出 $C\beta$ 是正数，但没有关于 $S\beta$ 是正或负的信息。将前两个方程彼此相除，因为不知道 $S\beta$ 的实际符号是什么，因此可能会有两个解。下面的方法给出了两个可能的解，后面还必须对最后的结果进行检验以确保正确。

$$
\tan\gamma=\frac{4}{3}\longrightarrow\begin{cases}\gamma=53.1^\circ\text{或}\ 233.1^\circ \\ S\gamma=0.8\ \text{或}-0.8 \\ C\gamma=0.6\ \text{或}-0.6 \\ rS\beta=5\ \text{或}-5 \\ rC\beta=7\quad \beta=35.5^\circ\text{或}-35.5^\circ \\ r=8.6\end{cases}
$$

可以对这两组解进行检验，并证实这两组解都能满足所有的位置方程。如果沿给定的三维坐标轴旋转这些角度，物理上的确能到达同一点。然而必须注意，其中只有一组解能满足姿态方程。换句话说，前两种解将产生同样的位置，但处于不同的姿态。由于目前并不关心机械手坐标系在这点的姿态，因此两个位置解都是正确的。实际上，由于不能对 3 自由度的机器人指定姿态，所以无法确定两个解中的哪一个和特定的姿态有关。

4. 链式坐标

如图 3-21 所示，链式坐标由三个旋转组成。后面在讨论 Denavit-Hartenberg 表示法时，将推导链式坐标的矩阵表示法。

3.7.2　姿态的正逆运动学方程

假设固连在机械手上的运动坐标系已经运动到期望的位置上，但它仍然平行于参考坐标

系，或者假设其姿态并不是所期望的，下一步是要在不改变位置的情况下，适当地旋转坐标系而使其达到所期望的姿态。合适的旋转顺序取决于机器人手腕的设计以及关节装配在一起的方式。考虑以下三种常见的构型配置：滚动角、俯仰角、偏航角（RPY），欧拉角，链式关节。

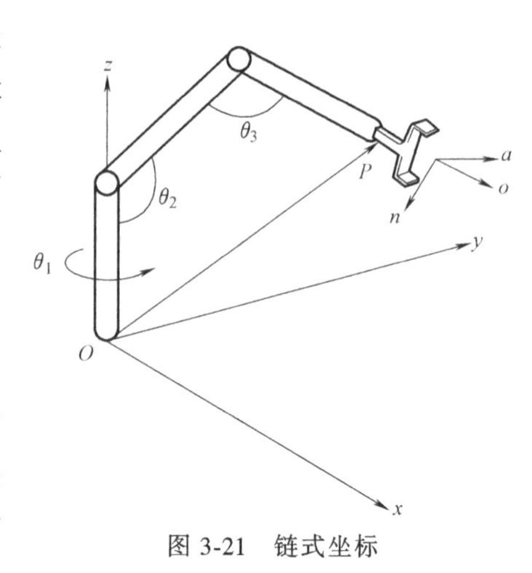

图 3-21　链式坐标

1. 滚动角、俯仰角和偏航角

这是分别绕当前 a，o，n 轴的三个旋转顺序，能够把机械手调整到所期望的姿态。此时，假定当前的坐标系平行于参考坐标系，于是机械手的姿态在 RPY（滚动角、俯仰角、偏航角）运动前与参考坐标系相同。如果当前坐标系不平行于参考坐标系，那么机械手最终的姿态将会是先前的姿态与 RPY 右乘的结果。

因为不希望运动坐标系原点的位置有任何改变（它已被放在一个期望的位置上，所以只需要旋转到所期望的姿态），所以 RPY 的旋转运动都是相对于当前的运动轴的。否则，如前面所看到的那样，运动坐标系的位置将会改变。于是，右乘所有由 RPY 和其他旋转所产生的与姿态改变有关的矩阵。

参考图 3-22a、b、c，可看到 RPY 旋转包括以下几种：

1）绕 a 轴（运动坐标系的 z 轴）的旋转 ϕ_a 叫滚动。

2）绕 o 轴（运动坐标系的 y 轴）的旋转 ϕ_o 叫俯仰。

3）绕 n 轴（运动坐标系的 x 轴）的旋转 ϕ_n 叫偏航。

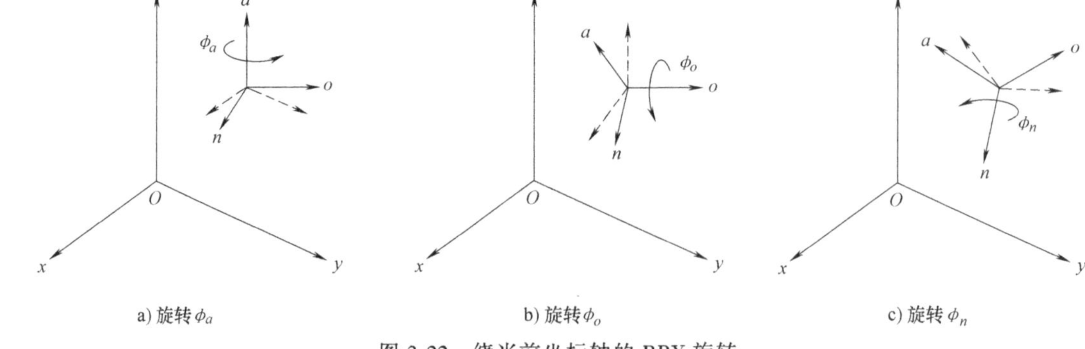

图 3-22　绕当前坐标轴的 RPY 旋转

表示 RPY 姿态变化的矩阵为

$$
\mathbf{RPY}(\phi_a,\phi_o,\phi_n)=\mathbf{Rot}(a,\phi_a)\times\mathbf{Rot}(o,\phi_o)\times\mathbf{Rot}(n,\phi_n)
$$

$$
=\begin{bmatrix} C\phi_aC\phi_o & C\phi_aS\phi_oS\phi_n-S\phi_aC\phi_n & C\phi_aS\phi_oC\phi_n+S\phi_aS\phi_n & 0 \\ S\phi_aC\phi_o & S\phi_aS\phi_oS\phi_n+C\phi_aC\phi_n & S\phi_aS\phi_oC\phi_n-C\phi_aS\phi_n & 0 \\ -S\phi_o & C\phi_oS\phi_n & C\phi_oC\phi_n & 0 \\ 0 & 0 & 0 & 1 \end{bmatrix} \tag{3.36}
$$

这个矩阵表示了仅由 RPY 引起的姿态变化。该坐标系相对于参考坐标系的位置和最终姿态是表示位置变化和 RPY 的两个矩阵的乘积。例如，假设一个机器人是根据球坐标和 RPY 来设计的，那么这个机器人就可以表示为

$$^{R}\boldsymbol{T}_{H}=\boldsymbol{T}_{\rm sph}(r,\beta,\gamma)\times\mathbf{RPY}(\phi_a,\phi_o,\phi_n)$$

关于 RPY 的逆运动学方程的解比球坐标更复杂，因为这里有三个耦合角，所以需要所有三个角各自的正弦和余弦值的信息才能解出这个角。为解出这三个角的正弦值和余弦值，必须将这些角解耦。因此，用 Rot（a，ϕ_a）的逆左乘方程两边，得

$$\mathbf{Rot}(a,\phi_a)^{-1}\times\mathbf{RPY}(\phi_a,\phi_o,\phi_n)=\mathbf{Rot}(o,\phi_o)\times\mathbf{Rot}(n,\phi_n) \tag{3.37}$$

假设用 RPY 得到的最后所期望的姿态是用 $\boldsymbol{n}$，$\boldsymbol{o}$，$\boldsymbol{a}$ 的矩阵来表示的，则有

$$\mathbf{Rot}(a,\phi_a)^{-1}\begin{bmatrix} n_x & o_x & a_x & 0\\ n_y & o_y & a_y & 0\\ n_z & o_z & a_z & 0\\ 0 & 0 & 0 & 1\end{bmatrix}=\mathbf{Rot}(o,\phi_o)\times\mathbf{Rot}(n,\phi_n) \tag{3.38}$$

进行矩阵相乘后，得

$$\begin{bmatrix} n_xC\phi_a+n_yS\phi_a & o_xC\phi_a+o_yS\phi_a & a_xC\phi_a+a_yS\phi_a & 0\\ n_yC\phi_a-n_xS\phi_a & o_yC\phi_a-o_xS\phi_a & a_yC\phi_a-a_xS\phi_a & 0\\ n_z & o_z & a_z & 0\\ 0 & 0 & 0 & 1\end{bmatrix}=$$

$$\begin{bmatrix} C\phi_o & S\phi_o\cdot S\phi_n & S\phi_o\cdot C\phi_n & 0\\ 0 & C\cdot\phi_n & -S\phi_n & 0\\ -S\phi_o & C\phi_o\cdot S\phi_n & C\phi_o\cdot C\phi_n & 0\\ 0 & 0 & 0 & 1\end{bmatrix} \tag{3.39}$$

在式（3.38）中 $\boldsymbol{n}$，$\boldsymbol{o}$，$\boldsymbol{a}$ 的分量表示了最终的期望值，它们通常是给定或已知的，而 RPY 角的值是未知的变量。

令式（3.39）左、右两边的对应元素相等，将产生如下结果：

根据元素（2，1），得 $n_yC\phi_a-n_xS\phi_a=0$，所以

$$\phi_a=\text{ATAN2}(n_y,n_x),\phi_a=\text{ATAN2}(-n_y,-n_x)^{\ominus} \tag{3.40}$$

根据元素（3，1）和元素（1，1），得

所以

$$S\phi_o=-n_z,\quad C\phi_o=n_xC\phi_a+n_yS\phi_a$$

$$\phi_o=\text{ATAN2}(-n_z,n_xC\phi_a+n_yS\phi_a) \tag{3.41}$$

根据元素（2，2）和元素（2，3），得

所以

$$C\phi_n=o_yC\phi_a-o_xS\phi_a,S\phi_n=-a_yC\phi_a+a_xS\phi_a$$

$$\phi_n=\text{ATAN2}[-a_yC\phi_a+a_xS\phi_a,o_yC\phi_a-o_xS\phi_a] \tag{3.42}$$

例 3.16 下式给出了一个笛卡儿坐标-RPY 型机械手所期望的最终位姿，求滚动角、俯仰角、偏航角和位移。

⊖ 在三角函数求解时，通常采用双变量反正切函数 ATAN2（y，x）来确定角度。——编辑注

$$
{}^{R}\boldsymbol{T}_{P}=\begin{bmatrix} n_x & o_x & a_x & p_x \\ n_y & o_y & a_y & p_y \\ n_z & o_z & a_z & p_z \\ 0 & 0 & 0 & 1 \end{bmatrix}=\begin{bmatrix} 0.354 & -0.674 & 0.649 & 4.33 \\ 0.505 & 0.722 & 0.475 & 2.50 \\ -0.788 & 0.160 & 0.595 & 8 \\ 0 & 0 & 0 & 1 \end{bmatrix}
$$

解：根据上述方程，得到两组解

$$\phi_a=\text{ATAN2}(n_y,n_x)=\text{ATAN2}(0.505,0.354)=55°\text{或}235°$$

$$\phi_o=\text{ATAN2}(-n_z,n_xC\phi_a+n_yS\phi_a)=\text{ATAN2}(0.788,0.616)=52°\text{或}128°$$

$$\phi_n=\text{ATAN2}(-a_yC\phi_a+a_xS\phi_a,o_yC\phi_a-o_xS\phi_a)$$

$$=\text{ATAN2}(0.259,0.966)=15°\text{或}195°$$

$$p_x=4.33,\ p_y=2.5,\ p_z=8$$

例 3.17　与例 3.16 中的位姿一样，如果机器人是圆柱坐标-RPY 型，求所有关节变量。

解：在这种情况下，可用

$$
{}^{R}\boldsymbol{T}_{P}=\begin{bmatrix} 0.354 & -0.674 & 0.649 & 4.33 \\ 0.505 & 0.722 & 0.475 & 2.50 \\ -0.788 & 0.160 & 0.595 & 8 \\ 0 & 0 & 0 & 1 \end{bmatrix}=\boldsymbol{T}_{\text{cyl}}(r,\alpha,l)\times\mathbf{RPY}(\phi_a,\phi_o,\phi_n)
$$

这个方程右边含有 4 个角，它们是耦合的，因此必须像前面那样将它们解耦。但是，因为对于圆柱坐标系 z 轴而言，旋转 ϕ_a 角并不影响 a 轴，所以它仍平行于 z 轴。其结果是，对于 RPY 绕 a 轴旋转的 α 角可简单地加到 ϕ_a 上。这意味着，求出的 ϕ_a 实际上是 $\phi_a+\alpha$（图 3-23）。根据给定的位置数据，可求得例 3.16 的解。参考式（3.33），得到

$$rC\alpha=4.33,\ rS\alpha=2.5\rightarrow\alpha=30°$$

$$\phi_a+\alpha=55°\rightarrow\phi_a=25°$$

$$S\alpha=0.5\rightarrow r=5$$

$$p_z=8\rightarrow l=8$$

同例 3.16 一样，得到 $\phi_o=52°$，$\phi_n=15°$。

当然，也可以用类似的解法求出第二组解。

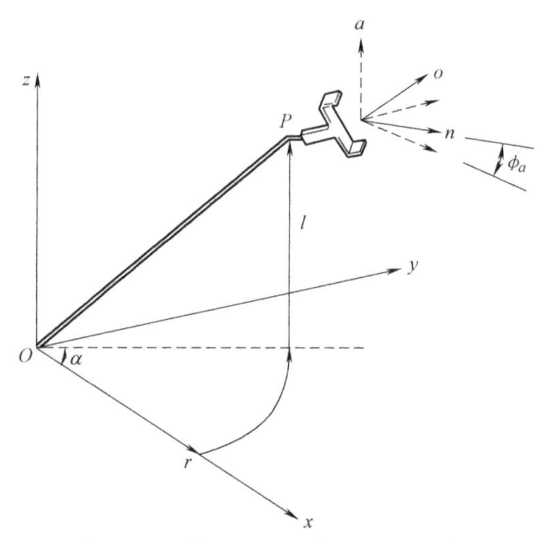

图 3-23　例 3.17 的圆柱和 RPY 坐标

2. 欧拉角

除了最后的旋转是绕当前的 a 轴外，欧拉角的其他方面均与 RPY 相似（图 3-24）。我们仍需要使所有旋转都是绕当前轴转动的，以防止机械手的位置有任何改变。表示欧拉角的转动如下：

1）绕 a 轴（运动坐标系的 z 轴）旋转角度 ϕ；

2）接着绕 o 轴（运动坐标系的 y 轴）旋转角度 θ；

3）最后再绕 a 轴（运动坐标系的 z 轴）旋转角度 ψ。

表示欧拉角姿态变化的矩阵为

$$\mathbf{Euler}(\phi,\theta,\psi)=\mathbf{Rot}(a,\phi)\times\mathbf{Rot}(o,\theta)\times\mathbf{Rot}(a,\psi)$$
$$=\begin{bmatrix} C\phi\cdot C\theta\cdot C\psi-S\phi\cdot C\psi & -C\phi\cdot C\theta\cdot S\psi-S\phi\cdot C\psi & C\phi\cdot S\theta & 0\\ S\phi\cdot C\theta\cdot C\psi+C\phi\cdot S\psi & -S\phi\cdot C\theta\cdot S\psi+C\phi\cdot C\psi & S\phi\cdot S\theta & 0\\ -S\theta\cdot C\psi & S\theta\cdot S\psi & C\theta & 0\\ 0 & 0 & 0 & 1\end{bmatrix} \tag{3.43}$$

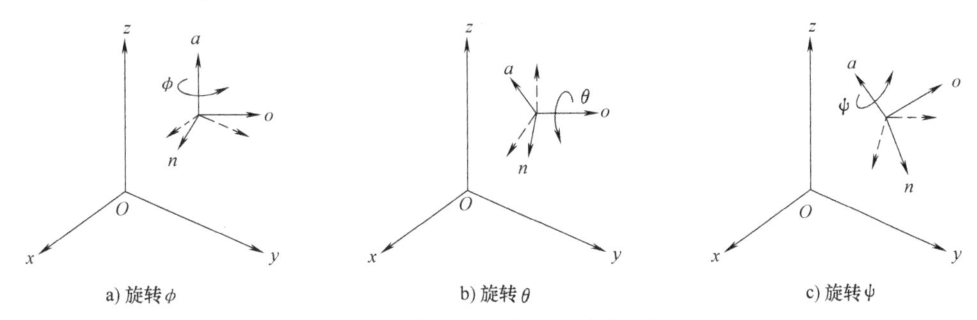

a) 旋转 ϕ　　b) 旋转 θ　　c) 旋转 ψ

图 3-24　绕当前坐标轴的欧拉旋转

再次强调，该矩阵只是表示了由欧拉角所引起的姿态变化。相对于参考坐标系，这个坐标系的最终位姿是表示位置变化的矩阵和表示欧拉角的矩阵的乘积。

欧拉角的逆运动学求解与 RPY 非常相似。可以通过在欧拉方程的两边左乘 $\mathbf{Rot}^{-1}(a,\phi)$ 来消去其中一边的 ϕ。让两边的对应元素相等，就可得到以下方程（假设由欧拉角得到的最终所期望的姿态是由 $\boldsymbol{n}$，$\boldsymbol{o}$，$\boldsymbol{a}$ 的矩阵表示）：

$$\mathbf{Rot}^{-1}(a,\phi)\begin{bmatrix} n_x & o_x & a_x & 0\\ n_y & o_y & a_y & 0\\ n_z & o_z & a_z & 0\\ 0 & 0 & 0 & 1\end{bmatrix}=\begin{bmatrix} C\theta\cdot C\psi & -C\theta\cdot S\psi & S\theta & 0\\ S\psi & C\psi & 0 & 0\\ -S\theta\cdot C\psi & S\theta\cdot S\psi & C\theta & 0\\ 0 & 0 & 0 & 1\end{bmatrix} \tag{3.44}$$

进行矩阵相乘后，得

$$\begin{bmatrix} n_xC\phi+n_yS\phi & o_xC\phi+o_yS\phi & a_xC\phi+a_yS\phi & 0\\ -n_xS\phi+n_yC\phi & -o_xS\phi+o_yC\phi & -a_xS\phi+a_yC\phi & 0\\ n_z & o_z & a_z & 0\\ 0 & 0 & 0 & 1\end{bmatrix}=\begin{bmatrix} C\theta\cdot C\psi & -C\theta\cdot S\psi & S\theta & 0\\ S\psi & C\psi & 0 & 0\\ -S\theta\cdot C\psi & S\theta\cdot S\psi & C\theta & 0\\ 0 & 0 & 0 & 1\end{bmatrix} \tag{3.45}$$

记住，式（3.44）中的 $\boldsymbol{n}$，$\boldsymbol{o}$，$\boldsymbol{a}$ 表示了最终的期望值，它们通常是给定或已知的。欧拉角的值则是未知变量。

令式（3.45）左、右两边对应的元素相等，将得到如下结果：

根据元素（2，3），可得 $-a_xS\phi+a_yC\phi=0$，所以

$$\phi=\mathrm{ATAN2}(a_y,\ a_x)\text{ 或 }\phi=\mathrm{ATAN2}(-a_y,\ -a_x) \tag{3.46}$$

由于求得了 ϕ 值，因此式（3.45）左边所有的元素都是已知的。根据元素（2，1）和元素（2，2）得

$$S\psi=-n_xS\phi+n_yC\phi,\ C\psi=-o_xS\phi+o_yC\phi$$

所以

$$\psi=\mathrm{ATAN2}(-n_xS\phi+n_yC\phi,\ -o_xS\phi+o_yC\phi) \tag{3.47}$$

最后，根据元素（1，3）和元素（3，3），得

$$S\theta=a_xC\phi+a_yS\phi, C\theta=a_z$$

所以

$$\theta=\text{ATAN2}(a_xC\phi+a_yS\phi,\ a_z) \tag{3.48}$$

例 3.18 下式给出了一个直角坐标系-欧拉角型机械手的最终期望状态，求相应的欧拉角。

$$^R\boldsymbol{T}_H=\begin{bmatrix} n_x & o_x & a_x & p_x \\ n_y & o_y & a_y & p_y \\ n_z & o_z & a_z & p_z \\ 0 & 0 & 0 & 1 \end{bmatrix}=\begin{bmatrix} 0.579 & -0.548 & -0.604 & 5 \\ 0.540 & 0.813 & -0.220 & 7 \\ 0.611 & -0.199 & 0.766 & 3 \\ 0 & 0 & 0 & 1 \end{bmatrix}$$

解： 根据前面的方程，得到

$$\phi=\text{ATAN2}(a_y,\ a_x)=\text{ATAN2}(-0.220,\ -0.604)=20°\text{或 }200°$$

将 20°和 200°的正弦值和余弦值应用于其他部分，可得

$$\psi=\text{ATAN2}(-n_xS\phi+n_yC\phi,\ -o_xS\phi+o_yC\phi)=\text{ATAN2}(0.31,\ 0.952)=18°\text{或 }198°$$

$$\theta=\text{ATAN2}(a_xC\phi+a_yS\phi,\ a_z)=\text{ATAN2}(-0.643,\ 0.766)=-40°\text{或 }40°$$

3. 链式关节

链式关节由 3 个旋转组成，而不是上面刚提出来的旋转模型，这些旋转取决于关节的设计，我们将在讨论 D-H 表示法时来推导表示链式关节的矩阵。

3.7.3 位姿的正逆运动学方程

表示机器人最终位姿的矩阵是前面方程的组合，该矩阵取决于所用的坐标。假设机器人的运动是由直角坐标和 RPY 的组合关节组成的，那么该坐标系相对于参考坐标系的最终位姿是表示直角坐标位置变化的矩阵和 RPY 矩阵的乘积，它可表示为

$$^R\boldsymbol{T}_H=\boldsymbol{T}_{\text{cart}}(p_x,\ p_y,\ p_z)\times\mathbf{RPY}(\phi_a,\ \phi_o,\ \phi_n) \tag{3.49}$$

如果机器人是采用球坐标定位、欧拉角定姿的方式来设计的，那么将得到下列方程。其中位置由球坐标决定，而最终姿态既受球坐标角度的影响也受欧拉角的影响。

$$^R\boldsymbol{T}_H=\boldsymbol{T}_{\text{sph}}(r,\ \beta,\ \gamma)\times\mathbf{Euler}(\phi,\ \theta,\ \psi) \tag{3.50}$$

由于有多种不同的组合，所以这种情况下的正逆运动学解不在这里讨论。对于复杂的设计，推荐用 D-H 表示法来求解，并将在下面对此进行讨论。

3.8 机器人正运动学方程的 D-H 参数表示法

在前面建立坐标变换方程时，是把一系列的坐标系建立在连接连杆的关节上，用齐次坐标变换来描述这些坐标系之间的相对位置和方向，从而建立起机器人的运动学方程。在建模过程中，存在两个必须明确的问题：

1）如何确定坐标系的方向？

2）如何确定相邻两极坐标系之间的相对平移量和旋转量？

解决这两个问题的常用方法是 D-H 参数表示法。

Denavit 和 Hartenberg 于 1955 年提出了一种为关节链中的每一个杆件建立坐标系的矩阵

方法，即 D-H 参数法。该方法可用于任何机器人构型，而不必考虑机器人的结构顺序和复杂程度。D-H 参数法也可用于表示基于各种坐标系的坐标变换，例如直角坐标、圆柱坐标、球坐标、欧拉角坐标及 RPY 坐标等。另外，还可用于表示全旋转的链式机器人、SCARA 机器人或任何可能的关节和连杆组合。

应用 D-H 参数法，首先，需要给每个关节指定一个参考坐标系；然后，确定从一个关节到下一个关节（一个坐标系到下一个坐标系）来进行变换的步骤。如果将从基座到第一个关节，再从第一个关节到第二个关节，直至到最后一个关节的所有变换结合起来，就得到了机器人的总变换矩阵。在下一节，将根据 D-H 表示法确定出一个一般步骤来为每个关节指定参考坐标系，然后确定如何实现任意两个相邻坐标系之间的变换，最后获得机器人的总变换矩阵。

假设一个机器人由任意数量的连杆和关节以任意形式构成，如图 3-25 表示了由三个顺序连接的关节和两个连杆组成的一种机器人构型。图 3-25a 表示了三个关节的连接，每个关节都可以转动或平移的。第一个关节指定为关节 n，第二个关节指定为关节 $n+1$，第三个关节指定为关节 $n+2$。实际上，这些关节的前后可能还有其他关节。连杆也以同样的方法表示，连杆 n 位于关节 n 与关节 $n+1$ 之间，连杆 $n+1$ 位于关节 $n+1$ 与关节 $n+2$ 之间。

3.8.1 连杆坐标系的建立

连杆坐标系规定如下（图 3-25a）：

- z_n 坐标轴沿关节 $n+1$ 的轴线方向。
- x_n 坐标轴沿 z_n 和 z_{n-1} 轴的公垂线，且指向离开 z_{n-1} 轴的方向。
- y_n 坐标轴的方向构成 $x_n y_n z_n$ 右手直角坐标系，D-H 表示法一般不会用到 y_n，因此一般不进行标注。

为了用 D-H 表示法对机器人建模，首先需要为每个关节指定一个本地的参考坐标系。为此，需要对每个关节指定一个 z 轴和 x 轴。以下是给每个关节指定本地参考坐标系的步骤：

① 所有关节，无一例外地用 z 轴表示。如果关节是旋转的，z 轴位于按右手规则旋转的方向。如果关节是滑动的，z 轴为沿直线运动的方向。在每一种情况下，关节 n 处的 z 轴（以及该关节的本地参考坐标系）的下标为 $n-1$。例如，表示关节数 $n+1$ 的 z 轴是 z_n。根据这一规则可以很快地定义所有关节的 z 轴。对于旋转关节，绕 z 轴的旋转角（θ 角）是关节变量。对于滑动关节，沿 z 轴的连杆长度 d 是关节变量；

② 如图 3-25a 所示，通常关节不一定平行或相交。因此，通常 z 轴是斜线，但总有一条距离最短的公垂线，它正交于任意两条斜线。通常在公垂线方向上定义本地参考坐标系的 x 轴。所以如果 a_n 表示 z_{n-1} 与 z_n 之间的公垂线，则 x_n 的方向将沿 a_n。同样地，位于 z_n 与 z_{n-1} 之间的公垂线为 a_{n+1}，x_{n+1} 的方向将沿 a_{n+1}。注意相邻关节之间的公垂线不一定相交或共线，因此，两个相邻坐标系原点的位置也可能不在同一个位置。根据上面介绍的知识并考虑下面例外的特殊情况，可以为所有的关节定义坐标系；

③ 如果两个关节的 z 轴平行，那么它们之间就有无数条公垂线。这时可挑选与前一关节的公垂线共线的一条公垂线，这样可简化模型；

④ 如果两个相邻关节的 z 轴是相交的，那么它们之间没有公垂线（或者说公垂线距离

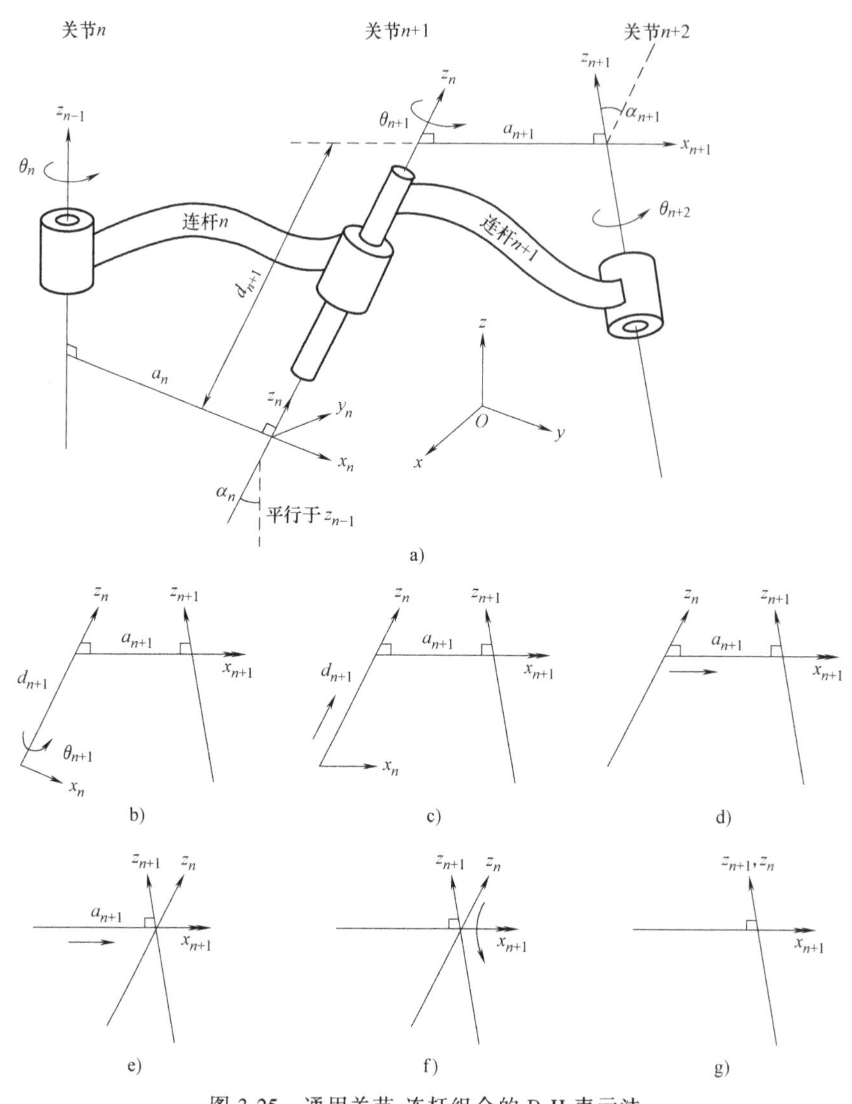

图 3-25　通用关节-连杆组合的 D-H 表示法

为零)。这时可将垂直于两条轴线构成的平面的直线定义为 x 轴。也即公垂线垂直于包含了两条 z 轴的平面的直线，它也相当于选取两条 z 轴的叉积方向作为 x 轴。这也可使模型简化。

在图 3-25a 中，θ 角表示绕 z 轴的旋转角，d 表示在 z 轴上两条相邻的公垂线之间的距离，a 表示每一条公垂线的长度（也叫关节偏移量），角 α 表示两个相邻的 z 轴之间的角度（也叫关节扭转）。通常，只有 θ 和 d 是关节变量。

下一步来完成几个必要的运动，即将一个参考坐标系变换到下一个参考坐标系。假设现在位于本地坐标系 x_n-z_n，那么通过以下 4 步标准运动即可到达下一个本地坐标系 x_{n+1}-z_{n+1}。

① 绕 z_n 轴旋转 θ_{n+1}（图 3-25a、b），使得 x_n 和 x_{n+1} 相互平行，因为 a_n 和 a_{n+1} 都是垂直于 z_n 轴的，因此绕 z_n 轴旋转 θ_{n+1} 使它们平行（并且共面）；

② 沿 z_n 轴平移 d_{n+1} 距离，使 x_n 和 x_{n+1} 共线（图 3-25c）。因为 x_n 和 x_{n+1} 已平行并且垂直于 z_n，所以沿着 z_n 移动就可使它们重叠；

③ 沿 x_n 轴平移 a_{n+1} 的距离，使 x_n 和 x_{n+1} 的原点重合（图 3-25d、e）。这时两个参考坐标系的原点处在同一位置；

④ 将 z_n 轴绕 x_{n+1} 轴旋转 α_{n+1}，使 z_n 轴与 z_{n+1} 轴对准（图 3-25f）。这时坐标系 n 和$n+1$ 完全相同（图 3-25g）。至此，就成功地从一个坐标系变换到了下一个坐标系。

在坐标系 $n+1$ 和 $n+2$ 间，严格地按照同样的 4 个运动顺序就可以将一个坐标变换到下一个坐标系。如有必要，可以重复以上步骤，就可以实现一系列相邻坐标系之间的变换。从参考坐标系开始，我们可以将其转换到机器人的基座，然后到第一个关节，第二个关节，…，直至末端执行器。这里比较好的一点是，在任何两个坐标系之间的变换均可采用与前面相同的运动步骤。

3.8.2　D-H 表示法的坐标变换

通过右乘表示 4 个运动的 4 个矩阵就可以得到变换矩阵 $\boldsymbol{A}$，矩阵 $\boldsymbol{A}$ 表示了 4 个依次进行的运动。由于所有的变换都是相对于当前坐标系的（即它们都是相对于当前的本地坐标系来测量与执行的），因此所有的矩阵都是右乘，从而得到结果如下：

$$
\begin{aligned}
{}^{n}\boldsymbol{T}_{n+1} &= \boldsymbol{A}_{n+1} = \mathbf{Rot}(z,\ \theta_{n+1})\times\mathbf{Trans}(0,0,d_{n+1})\times\mathbf{Trans}(a_{n+1},\ 0,\ 0)\times\mathbf{Rot}(x,\ \alpha_{n+1})\\
&= \begin{bmatrix} C\theta_{n+1} & -S\theta_{n+1} & 0 & 0\\ S\theta_{n+1} & C\theta_{n+1} & 0 & 0\\ 0 & 0 & 1 & 0\\ 0 & 0 & 0 & 1 \end{bmatrix}\begin{bmatrix} 1 & 0 & 0 & 0\\ 0 & 1 & 0 & 0\\ 0 & 0 & 1 & d_{n+1}\\ 0 & 0 & 0 & 1 \end{bmatrix}\times\\
&\quad \begin{bmatrix} 1 & 0 & 0 & a_{n+1}\\ 0 & 1 & 0 & 0\\ 0 & 0 & 1 & 0\\ 0 & 0 & 0 & 1 \end{bmatrix}\times\begin{bmatrix} 1 & 0 & 0 & 0\\ 0 & C\alpha_{n+1} & -S\alpha_{n+1} & 0\\ 0 & S\alpha_{n+1} & C\alpha_{n+1} & 0\\ 0 & 0 & 0 & 1 \end{bmatrix}
\end{aligned}
\tag{3.51}
$$

所以

$$
\boldsymbol{A}_{n+1} = \begin{bmatrix} C\theta_{n+1} & -S\theta_{n+1}\cdot C\alpha_{n+1} & S\theta_{n+1}\cdot S\alpha_{n+1} & a_{n+1}C\theta_{n+1}\\ S\theta_{n+1} & C\theta_{n+1}\cdot C\alpha_{n+1} & -C\theta_{n+1}\cdot S\alpha_{n+1} & a_{n+1}S\theta_{n+1}\\ 0 & S\alpha_{n+1} & C\alpha_{n+1} & d_{n+1}\\ 0 & 0 & 0 & 1 \end{bmatrix}
\tag{3.52}
$$

比如，一般机器人的关节 2 与关节 3 之间的变换可以简化为

$$
{}^{2}\boldsymbol{T}_3 = \boldsymbol{A}_3 = \begin{bmatrix} C\theta_3 & -S\theta_3\cdot C\alpha_3 & S\theta_3\cdot S\alpha_3 & a_3C\theta_3\\ S\theta_3 & C\theta_3\cdot C\alpha_3 & -C\theta_3\cdot S\alpha_3 & a_3S\theta_3\\ 0 & S\alpha_3 & C\alpha_3 & d_3\\ 0 & 0 & 0 & 1 \end{bmatrix}
\tag{3.53}
$$

在机器人的基座上，可以从第一个关节开始变换到第二个关节，然后到第三个，…，再到机械手，最终到末端执行器。若把每个变换定义为 $\boldsymbol{A}_n$，则可以得到许多表示变换的矩阵。在机器人的基座与机械手之间的总变换则为

$$
{}^{R}\boldsymbol{T}_H = {}^{R}\boldsymbol{T}_1^{1}\boldsymbol{T}_2^{2}\boldsymbol{T}_3^{3}\cdots{}^{n-1}\boldsymbol{T}_n = \boldsymbol{A}_1\boldsymbol{A}_2\boldsymbol{A}_3\cdots\boldsymbol{A}_n
\tag{3.54}
$$

其中，n 是关节数。对于一个具有 6 个自由度的机器人而言，有 6 个矩阵 $\boldsymbol{A}$。

为简化矩阵 $\boldsymbol{A}$ 的计算，可制作 D-H 参数表，如表 3-1 所示，其中每个连杆和关节的参数均可从机器人的原理示意图上确定，并且可将这些参数代入矩阵 $\boldsymbol{A}$。表 3-1 可用于这个目的。

表 3-1　D-H 参数表

#	θ	d	a	α
1				
2				
3				
4				
5				
6				

在以下几个例子中，我们将建立必要的坐标系，填写参数表，并将这些数值代入矩阵 $\boldsymbol{A}$。首先，从简单的机器人开始，再考虑复杂的机器人。

例 3.19　对于如图 3-26 所示的机器人，根据 D-H 表示法，建立必要的坐标系，并填写相应的参数表。

解： 为方便起见，假设关节 2，3 和 4 在同一平面内，即它们的 d_n 值均为 0。为建立机器人的坐标系，首先寻找关节（图 3-26）。该机器人有 6 个自由度，所有的关节都是旋转的。第一个关节（关节 1）在连杆 0（固定基座）和连杆 1 之间，关节 2 在连杆 1 和连杆 2 之间。首先，对每个关节建立 z 轴，接着确定 x 轴。观察如图 3-27 和图 3-28 所示的坐标可以发现，图 3-28 是图 3-27 的简化线图。应注意每个坐标系原点在它所在位置的原因。

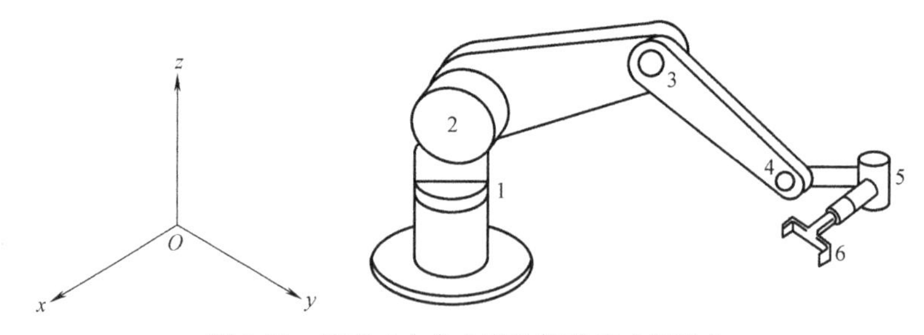

图 3-26　具有 6 个自由度的简单链式机器人

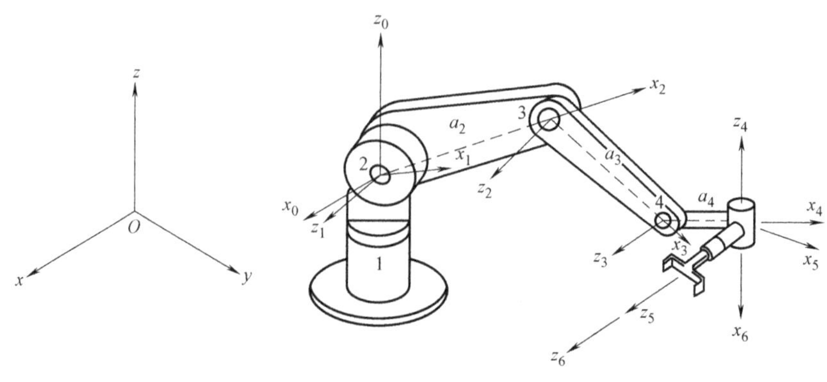

图 3-27　简单 6 自由度链式机器人的参考坐标系

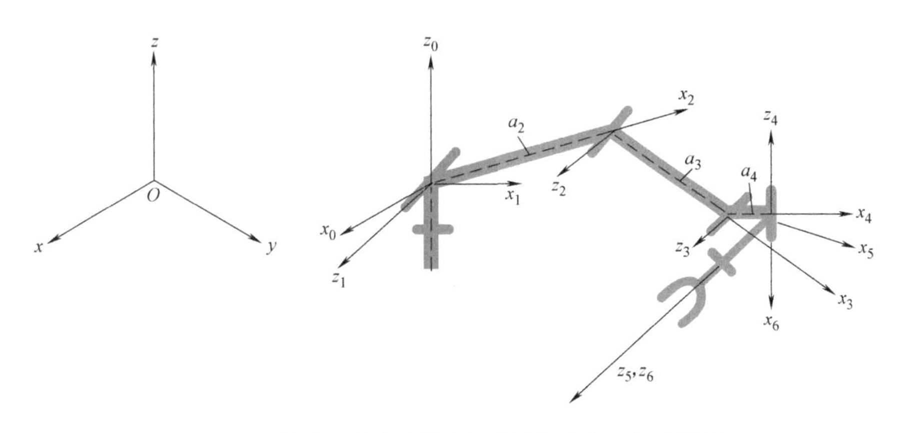

图 3-28　简单 6 自由度链式机器人的参考坐标系线图

从关节 1 开始，z_0 表示第一个关节，它是一个旋转关节。选择 x_0 与参考坐标系的 x 轴平行，这样做仅仅是为了方便，x_0 是一个固定的坐标轴，表示机器人的基座，它是不动的。第一个关节的运动是围绕着 z_0 和 x_0 轴进行的，但这两个轴并不运动。接下来，在关节 2 处设定 z_1，因为坐标轴 z_0 和 z_1 是相交的，所以 x_1 垂直于 z_0 和 z_1。x_2 在 z_1 和 z_2 之间的公垂线方向上，x_3 在 z_2 和 z_3 之间的公垂线方向上，类似地，x_4 在 z_3 和 z_4 之间的公垂线方向上。最后，z_5 和 z_6 是平行且共线的。z_5 表示关节 6 的运动，而 z_6 则表示末端执行器的运动。通常在运动方程中不包含末端执行器，但应包含末端执行器的坐标系，这是因为它可以容许进行从坐标系 z_5-x_5 出发的变换。同时也要注意第一个和最后一个坐标系的原点的位置，它们将决定机器人的总变换方程。可以在第一个和最后一个坐标系之间建立其他的（或不同的）中间坐标系，但只要第一个和最后一个坐标系没有改变，机器人的总变换就是不变的。应注意的是，第一个关节的原点并不在关节的实际位置，但证明这样做是没有问题的，因为无论实际关节是高一点还是低一点，机器人的运动并不会有任何差异。因此，考虑原点位置时可不用考虑基座上关节的实际位置。

接下来，我们将根据已建立的坐标系来填写表 3-2 中的参数。参考前一节中任意两个坐标系之间的 4 个运动的顺序。从坐标系 z_0-x_0 开始，有一个旋转运动将 x_0 转到了 x_1，为使 x_0 与 x_1 轴重合，需要沿 z_1 和沿 x_1 的平移均为零，还需要一个旋转将 z_0 转到 z_1，注意旋转是根据右手规则进行的，即将右手手指按旋转的方向弯曲，大拇指的方向则为旋转坐标轴的方向。到了这时，坐标系 z_0-x_0 就变换到了坐标系 z_1-x_1。

接下来，绕 z_1 轴旋转 θ_2，将 x_1 转到了 x_2，然后沿 x_2 轴移动距离 a_2，使坐标系原点重合。由于前后两个 z 轴是平行的，所以没有必要绕 x 轴旋转。按照这样的步骤继续做下去，就能得到所需要的结果。

必须认识到，与其他机械类似，机器人也不会保持原理图中所示的一种构型不变。尽管机器人的原理图是二维的，但必须要想象出机器人的运动，也就是说，机器人的不同连杆和关节在运动时，与之相连的坐标系也会随之运动。如果这时原理图所示机器人构型的坐标轴处于特殊的位姿状态，那么当机器人移动时它们又会处于其他的点和姿态上。比如，x_3 总是沿着关节 3 与关节 4 之间连线 a_3 的方向。机器人的下臂会绕关节 2 旋转而运动。因此在确定参数时，必须记住这一点。

表 3-2 例 3.19 机器人的参数

#	θ	d	a	α
1	θ_1	0	0	90°
2	θ_2	0	a_2	0
3	θ_3	0	a_3	0
4	θ_4	0	a_4	-90°
5	θ_5	0	0	90
6	θ_6	0	0	0

θ 表示旋转关节的关节变量，d 表示滑动关节的关节变量。因为这个机器人的关节全是旋转的，因此所有关节变量都是角度。

通过简单地从参数表中选取参数代入矩阵 $\boldsymbol{A}$，便可写出每两个相邻关节之间的变换。例如，在坐标系 0 和 1 之间的变换矩阵 $\boldsymbol{A}_1$ 可通过将 α_1($\sin 90°=1$，$\cos 90°=0$，$\alpha_1=90°$) 以及指定 C_1 为 $C\theta_1$、S_1 为 $S\theta_1$ 等代入矩阵 $\boldsymbol{A}$ 得到，对其他关节的矩阵 $\boldsymbol{A}_2 \sim \boldsymbol{A}_6$ 也是这样，最后得

$$
\boldsymbol{A}_1=\begin{bmatrix} C_1 & 0 & S_1 & 0 \\ S_1 & 0 & -C_1 & 0 \\ 0 & 1 & 0 & 0 \\ 0 & 0 & 0 & 1 \end{bmatrix},\ \boldsymbol{A}_2=\begin{bmatrix} C_2 & -S_2 & 0 & C_2a_2 \\ S_2 & C_2 & 0 & S_2a_2 \\ 0 & 0 & 1 & 0 \\ 0 & 0 & 0 & 1 \end{bmatrix}
$$

$$
\boldsymbol{A}_3=\begin{bmatrix} C_3 & -S_3 & 0 & C_3a_3 \\ S_3 & C_3 & 0 & S_3a_3 \\ 0 & 0 & 1 & 0 \\ 0 & 0 & 0 & 1 \end{bmatrix},\ \boldsymbol{A}_4=\begin{bmatrix} C_4 & 0 & -S_4 & C_4a_4 \\ S_4 & 0 & C_4 & S_4a_4 \\ 0 & -1 & 0 & 0 \\ 0 & 0 & 0 & 1 \end{bmatrix} \tag{3.55}
$$

$$
\boldsymbol{A}_5=\begin{bmatrix} C_5 & 0 & S_5 & 0 \\ S_5 & 0 & -C_5 & 0 \\ 0 & 1 & 0 & 0 \\ 0 & 0 & 0 & 1 \end{bmatrix},\ \boldsymbol{A}_6=\begin{bmatrix} C_6 & -S_6 & 0 & 0 \\ S_6 & C_6 & 0 & 0 \\ 0 & 0 & 1 & 0 \\ 0 & 0 & 0 & 1 \end{bmatrix}
$$

特别注意：为简化最后的解，将用到下列三角函数关系式

$$
\begin{cases} S\theta_1 \cdot C\theta_2 \pm C\theta_1 \cdot S\theta_2 = S(\theta_1 \pm \theta_2) = S_{12} \\ C\theta_1 \cdot C\theta_2 \pm S\theta_1 \cdot S\theta_2 = C(\theta_1 \mp \theta_2) = C_{12} \end{cases} \tag{3.56}
$$

机器人的基座和机械手之间的总变换为

$$
{}^R\boldsymbol{T}_H=\boldsymbol{A}_1\boldsymbol{A}_2\boldsymbol{A}_3\boldsymbol{A}_4\boldsymbol{A}_5\boldsymbol{A}_6
$$

$$
=\begin{bmatrix} C_1(C_{234}C_5C_6- & C_1(-C_{234}C_5C_6- & C_1(C_{234}S_5)+ & C_1(C_{234}a_4+ \\ S_{234}S_6)-S_1S_5C_6 & S_{234}C_6)+S_1S_5S_6 & S_1C_5 & C_{23}a_3+C_2a_2) \\ S_1(C_{234}C_5C_6- & S_1(-C_{234}C_5C_6- & S_1(C_{234}S_5)- & S_1(C_{234}a_4+ \\ S_{234}S_6)+C_1S_5S_6 & S_{234}C_6)-C_1S_5S_6 & C_1C_5 & C_{23}a_3+C_2a_2) \\ S_{234}C_5C_6 & -S_{234}C_5C_6+C_{234}C_6 & S_{234}S_5 & S_{234}a_4+S_{23}a_3+S_2a_2 \\ 0 & 0 & 0 & 1 \end{bmatrix} \tag{3.57}
$$

例 3.20 斯坦福机械手臂。在斯坦福机械手臂上指定坐标系（图 3-29），并填写参数表。斯坦福机械手臂是一个球坐标机械手臂，即开始的两个关节是旋转的，第三个关节是滑动的，最后三个腕关节全是旋转关节。

解：在看本题解答之前，请读者先根据自己的理解来做，问题的答案在本章的 3.12 节。建议读者在看解答中建立的坐标系和机械手臂的解之前，先试着自己做。

机器手臂最后的正运动学解是相邻关节之间的 6 个变换矩阵的乘积：

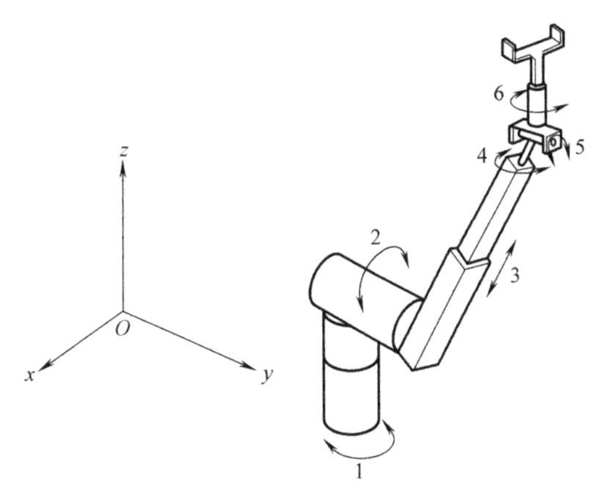

图 3-29 斯坦福机械手臂示意图

$$
{}^{R}\boldsymbol{T}_{H_{\text{STANFORD}}}={}^{0}\boldsymbol{T}_{6}=\begin{bmatrix} n_x & o_x & a_x & p_x \\ n_y & o_y & a_y & p_y \\ n_z & o_z & a_z & p_z \\ 0 & 0 & 0 & 1 \end{bmatrix}
$$

其中，

$$
\begin{aligned}
n_x&=C_1[C_2(C_4C_5C_6-S_4S_6)-S_2S_5C_6]-S_1(S_4C_5C_6+C_4S_6)\\
n_y&=S_1[C_2(C_4C_5C_6-S_4S_6)-S_2S_5C_6]+C_1(S_4C_5C_6+C_4S_6)\\
n_z&=-S_2(C_4C_5C_6-S_4S_6)-C_2S_5C_6\\
o_x&=C_1[-C_2(C_4C_5C_6+S_4S_6)+S_2S_5C_6]-S_1(-S_4C_5C_6+C_4S_6)\\
o_y&=S_1[-C_2(C_4C_5C_6+S_4S_6)+S_2S_5C_6]+C_1(-S_4C_5C_6+C_4S_6)\\
o_z&=S_2(C_4C_5C_6+S_4S_6)+C_2S_5C_6\\
a_x&=C_1(C_2C_4S_5+S_2C_6)-S_1S_4S_5\\
a_y&=S_1(C_2C_4S_5+S_2C_6)+C_1S_4S_5\\
a_z&=-S_2C_4S_5+C_2C_5\\
p_x&=C_1S_2d_3-S_1d_2\\
p_y&=S_1S_2d_3+C_1d_2\\
p_z&=C_2d_3
\end{aligned}
\tag{3.58}
$$

3.9 机器人的逆运动学解

如前所述，这里真正重要的是逆运动学解。为了使机械手臂处于期望的位姿，需要通过求逆运动学解来确定每个关节的值。前面已对特定坐标系的逆运动学解做了介绍。在这一部分，将研究求解逆运动方程的一般步骤。

读者可能已经注意到，前面的运动方程中有许多角度的耦合，比如 C_{234}，这就使得无法从矩阵中提取足够的元素来求解单个的正弦和余弦项以计算角度。为使角度解耦，可例行地用单个矩阵${}^{R}\boldsymbol{T}_{H}$ 左乘矩阵 $\boldsymbol{A}_{n}^{-1}$，使得方程右边不再包括这个角度，于是就可以找到产生角度的正弦值和余弦值的元素，并进而求得相应的角度。

这里概要地给出了这种方法，并将其用于例 3.19 中的简单机械手臂。虽然所给出的解决方法只针对这一给定构型的机器人，但也可以类似地用于其他机器人。正如在例 3.19 中看到的，表示机器人的最后方程为

$$
{}^{R}\boldsymbol{T}_{H}=\boldsymbol{A}_1\boldsymbol{A}_2\boldsymbol{A}_3\boldsymbol{A}_4\boldsymbol{A}_5\boldsymbol{A}_6
$$

$$
=\begin{bmatrix} C_1(C_{234}C_5C_6-S_{234}S_6)- & C_1(-C_{234}C_5C_6-S_{234}C_6)+ & C_1(C_{234}S_5)+ & C_1(C_{234}a_4+ \\ S_1S_5C_6 & S_1S_5S_6 & S_1C_5 & C_{23}a_3+C_2a_2) \\ S_1(C_{234}C_5C_6-S_{234}S_6)+ & S_1(-C_{234}C_5C_6-S_{234}C_6)- & S_1(C_{234}S_5)- & S_1(C_{234}a_4+ \\ C_1S_5S_6 & C_1S_5S_6 & C_1C_5 & C_{23}a_3+C_2a_2) \\ S_{234}C_5C_6+C_{234}C_6 & -S_{234}C_5C_6+C_{234}C_6 & S_{234}S_5 & S_{234}a_4+S_{23}a_3+S_2a_2 \\ 0 & 0 & 0 & 1 \end{bmatrix}
$$

为了书写方便，将上式等号右边的矩阵表示为［RHS］（Right-Hand Side）。这里再次将机器人的期望位姿表示为

$$
{}^{R}\boldsymbol{T}_{H}=\begin{bmatrix} n_x & o_x & a_x & p_x \\ n_y & o_y & a_y & p_y \\ n_z & o_z & a_z & p_z \\ 0 & 0 & 0 & 1 \end{bmatrix} \tag{3.59}
$$

为了求解角度，用 $\boldsymbol{A}_1^{-1}$ 左乘上述两个矩阵，得到

$$
\boldsymbol{A}_1^{-1}\begin{bmatrix} n_x & o_x & a_x & p_x \\ n_y & o_y & a_y & p_y \\ n_z & o_z & a_z & p_z \\ 0 & 0 & 0 & 1 \end{bmatrix}=\boldsymbol{A}_1^{-1}[\mathrm{RHS}]=\boldsymbol{A}_2\boldsymbol{A}_3\boldsymbol{A}_4\boldsymbol{A}_5\boldsymbol{A}_6 \tag{3.60}
$$

$$
\begin{bmatrix} C_1 & S_1 & 0 & 0 \\ 0 & 0 & 1 & 0 \\ S_1 & -C_1 & 0 & 0 \\ 0 & 0 & 0 & 1 \end{bmatrix}\begin{bmatrix} n_x & o_x & a_x & p_x \\ n_y & o_y & a_y & p_y \\ n_z & o_z & a_z & p_z \\ 0 & 0 & 0 & 1 \end{bmatrix}=\boldsymbol{A}_2\boldsymbol{A}_3\boldsymbol{A}_4\boldsymbol{A}_5\boldsymbol{A}_6
$$

$$
\begin{bmatrix} n_xC_1+n_yS_1 & o_xC_1+o_yS_1 & a_xC_1+a_yS_1 & p_xC_1+p_yS_1 \\ n_z & o_z & a_z & p_z \\ n_xS_1-n_yC_1 & o_xS_1-o_yC_1 & a_xS_1-a_yC_1 & p_xS_1-p_yC_1 \\ 0 & 0 & 0 & 1 \end{bmatrix}= \tag{3.61}
$$

$$
\begin{bmatrix} C_{234}C_5C_6-S_{234}S_6 & -C_{234}C_5C_6-S_{234}C_6 & C_{234}S_5 & C_{234}a_4+C_{23}a_3+C_2a_2 \\ S_{234}C_5C_6+C_{234}S_6 & -S_{234}C_5C_6+C_{234}C_6 & S_{234}S_5 & S_{234}a_4+S_{23}a_3+S_2a_2 \\ -S_5C_6 & S_5S_6 & C_5 & 0 \\ 0 & 0 & 0 & 1 \end{bmatrix}
$$

根据元素（3，4），有 $p_xS_1-p_yC_1=0$，所以

$$\theta_1 = \arctan\left(\frac{p_y}{p_x}\right) \text{和} \ \theta_1 = \theta_1 + 180° \tag{3.62}$$

根据元素（1，4）和元素（2，4），可得

$$\begin{cases} p_x C_1 + p_y S_1 = C_{234} a_4 + C_{23} a_3 + C_2 a_2 \\ p_z = S_{234} a_4 + S_{23} a_3 + S_2 a_2 \end{cases} \tag{3.63}$$

整理上面两个方程，并对两边平方

$$\begin{cases} (p_x C_1 + p_y S_1 - C_{234} a_4)^2 = (C_{23} a_3 + C_2 a_2)^2 \\ (p_z - S_{234} a_4)^2 = (S_{23} a_3 + S_2 a_2)^2 \end{cases}$$

然后将平方值相加，得

$$(p_x C_1 + p_y S_1 - C_{234} a_4)^2 + (p_z - S_{234} a_4)^2 = a_2^2 + a_3^2 + 2a_2 a_3 (S_2 S_{23} + C_2 C_{23})$$

根据式（3.56）中的三角函数关系式，等式右边的 $S_2 S_{23} + C_2 C_{23}$

$$S_2 S_{23} + C_2 C_{23} = \cos[(\theta_2 + \theta_3) - \theta_2] = \cos\theta_3$$

于是

$$C_3 = \frac{(p_x C_1 + p_y S_1 - C_{234} a_4)^2 + (p_z - S_{234} a_4)^2 - a_2^2 - a_3^2}{2a_2 a_3} \tag{3.64}$$

在此方程中，除 S_{234} 和 C_{234} 外，每个变量都是已知的，S_{234} 和 C_{234} 将在后面求出。已知：

$$S_3 = \pm\sqrt{1 - C_3^2}$$

于是可得

$$\theta_3 = \arctan\frac{S_3}{C_3} \tag{3.65}$$

因关节 2，3 和 4 是平行的，所以左乘 $\boldsymbol{A}_2$ 和 $\boldsymbol{A}_3$ 的逆不会产生有用的结果。下一步左乘 $\boldsymbol{A}_1 \sim \boldsymbol{A}_4$ 的逆，结果为

$$\boldsymbol{A}_4^{-1}\boldsymbol{A}_3^{-1}\boldsymbol{A}_2^{-1}\boldsymbol{A}_1^{-1}\begin{bmatrix} n_x & o_x & a_x & p_x \\ n_y & o_y & a_y & p_y \\ n_z & o_z & a_z & p_z \\ 0 & 0 & 0 & 1 \end{bmatrix} = \boldsymbol{A}_4^{-1}\boldsymbol{A}_3^{-1}\boldsymbol{A}_2^{-1}\boldsymbol{A}_1^{-1}[\text{RHS}] = \boldsymbol{A}_5\boldsymbol{A}_6 \tag{3.66}$$

矩阵相乘后，可得

$$\begin{bmatrix} C_{234}(C_1 n_x + S_1 n_y) + S_{234} n_z & C_{234}(C_1 o_x + S_1 o_y) + S_{234} o_z & C_{234}(C_1 a_x + S_1 a_y) + S_{234} a_x & C_{234}(C_1 p_x + S_1 p_y) + S_{234} p_z - C_{34} a_2 - C_4 a_3 - a_4 \\ C_1 n_y - S_1 n_x & C_1 o_y - S_1 o_x & C_1 a_y - S_1 a_x & 0 \\ -S_{234}(C_1 n_x + S_1 n_y) + C_{234} n_z & -S_{234}(C_1 o_x + S_1 o_y) + C_{234} o_z & -S_{234}(C_1 a_x + S_1 a_y) + C_{234} a_z & -S_{234}(C_1 p_x + S_1 p_y) + C_{234} p_z + S_{34} a_2 + S_4 a_3 \\ 0 & 0 & 0 & 1 \end{bmatrix}$$

$$= \begin{bmatrix} C_5 C_6 & -C_5 S_6 & S_5 & 0 \\ S_5 C_6 & -S_5 S_6 & -C_5 & 0 \\ S_6 & C_6 & 0 & 0 \\ 0 & 0 & 0 & 1 \end{bmatrix} \tag{3.67}$$

3 CHAPTER

根据式（3.67）中的元素（3，3）：$-S_{234}(C_1a_x+S_1a_y)+C_{234}a_z=0$，可得

$$\theta_{234}=\arctan\left(\frac{a_z}{C_1a_x+S_1a_y}\right) \text{和} \ \theta_{234}=\theta_{234}+180° \tag{3.68}$$

由此可计算 S_{234} 和 C_{234}，如前面所讨论过的，它们可用来计算 θ_3。

再参照式（3.63），并重复计算可得角 θ_2 的正弦和余弦值。具体步骤如下：

$$\begin{cases} p_xC_1+p_yS_1=C_{234}a_4+C_{23}a_3+C_2a_2 \\ p_z=S_{234}a_4+S_{23}a_3+S_2a_2 \end{cases}$$

由于 $C_{23}=C_2C_3-S_2S_3$ 以及 $S_{23}=S_2C_3+C_2S_3$，可得

$$\begin{cases} p_xC_1+p_yS_1-C_{234}a_4=(C_2C_3-S_2S_3)a_3+C_2a_2 \\ p_z-S_{234}a_4=(S_2C_3+C_2S_3)a_3+S_2a_2 \end{cases} \tag{3.69}$$

上面两个方程中包含两个未知数，求解 C_2 和 S_2，可得

$$\begin{cases} S_2=\dfrac{(C_3a_3+a_2)(p_z-S_{234}a_4)-S_3a_3(p_xC_1+p_yS_1-C_{234}a_4)}{(C_3a_3+a_2)^2+S_3^2a_3^2} \\ C_2=\dfrac{(C_3a_3+a_2)(p_xC_1+p_yS_1-C_{234}a_4)+S_3a_3(p_z-S_{234}a_4)}{(C_3a_3+a_2)^2+S_3^2a_3^2} \end{cases} \tag{3.70}$$

尽管这个方程较复杂，但它的所有元素都是已知的，因此可以计算得到

$$\theta_2=\arctan\frac{(C_3a_3+a_2)(p_z-S_{234}a_4)-S_3a_3(p_xC_1+p_yS_1-C_{234}a_4)}{(C_3a_3+a_2)(p_xC_1+p_yS_1-C_{234}a_4)+S_3a_3(p_z-S_{234}a_4)} \tag{3.71}$$

既然 θ_2 和 θ_3 已知，进而可得

$$\theta_4=\theta_{234}-\theta_2-\theta_3 \tag{3.72}$$

因为式（3.68）中的 θ_{234} 有两个解，所以 θ_4 也有两个解。

根据式（3.67）中的元素（1，3）和元素（2，3），可以得到

$$\begin{cases} S_5=C_{234}(C_1a_x+S_1a_y)+S_{234}a_z \\ C_5=-C_1a_y+S_1a_x \end{cases} \tag{3.73}$$

进而可得：

$$\theta_5=\arctan\frac{C_{234}(C_1a_x+S_1a_y)+S_{234}a_z}{S_1a_x-C_1a_y} \tag{3.74}$$

因为对于 θ_6 没有解耦方程，所以必须用 $\boldsymbol{A}_5$ 矩阵的逆左乘式（3.67）来进行解耦。由此可得到

$$\begin{bmatrix} C_5[C_{234}(C_1n_x+S_1n_y)+S_{234}n_z]-S_5(S_1n_x-C_1n_y) & C_5[C_{234}(C_1o_x+S_1o_y)+S_{234}o_z]-S_5(S_1o_x-C_1o_y) & 0 & 0 \\ -S_{234}(C_1n_x+S_1n_y)+C_{234}n_z & -S_{234}(C_1o_x+S_1o_y)+C_{234}o_z & 0 & 0 \\ 0 & 0 & 1 & 0 \\ 0 & 0 & 0 & 1 \end{bmatrix}$$

$$=\begin{bmatrix} C_6 & -S_6 & 0 & 0 \\ S_6 & C_6 & 0 & 0 \\ 0 & 0 & 1 & 0 \\ 0 & 0 & 0 & 1 \end{bmatrix} \tag{3.75}$$

根据式（3.75）中的元素（2，1）和元素（2，2），得到

$$\theta_6=\arctan\frac{-S_{234}(C_1n_x+S_1n_y)+C_{234}n_z}{-S_{234}(C_1o_x+S_1o_y)+C_{234}o_z} \tag{3.76}$$

至此我们已经找到了6个方程，它们合在一起给出了机器人置于任何期望位姿时所需的关节值。虽然这种方法仅适用于给定的机器人，但也可采取类似的方法来处理其他的机器人。

值得注意的是，仅仅因为机器人的最后三个关节交于一个公共点才使得这个方法有可能求解，否则就不能用这个方法来求解，而只能直接求解矩阵或通过计算矩阵的逆来求解未知的量。大多数工业机器人都有相交的腕关节。

3.10 机器人的逆运动学编程

求解机器人逆运动问题所建立的方程可以直接用于驱动机器人到达某一个位置。事实上，正运动学方程一般不能直接用于求解逆运动问题，所用到的仅为计算关节值的6个方程，并反过来用它们驱动机器人到达期望位置。这样做是必不可少的，其实际原因是：计算机计算正运动方程的逆或将值代入正运动方程，并用高斯消去法来求解未知量（关节变量）将花费大量时间。

要使机器人按预定的轨迹运动，譬如说直线，那么在一秒钟内必须多次反复计算关节变量。现假设机器人沿直线从起点 A 运动到终点 B，如果在此期间不采取其他措施，那么机器人从 A 运动到 B 的轨迹将难以预测。机器人将运动它的所有关节直到它们都到达终值，这时机器人便到达了终点 B，然而，机械手在两点间运行的路径是未知的，它取决于机器人每个关节的变化率。为了使机器人按直线运动，必须把这一路径分成如图3-30所示的许多小段，让机器人按照分好的小段路径在两点间依次运动。这就意味着对每一小段路径都必须计算新的逆运动学解。典型情况下，每秒钟要对位置反复计算50~200次。也就是说，如果计算逆解耗时5~20ms，那么机器人将丢失精度或不能按照指定路径运动。用来计算新解的时间越短，机器人的运动越精确。因此，必须尽量减少不必要的计算，从而使计算机控制器能做更多的逆解计算。这也就是为什么设计者必须事先做好所有的数学处理，并仅需通过计算机控制器编程来计算最终的解的原因。

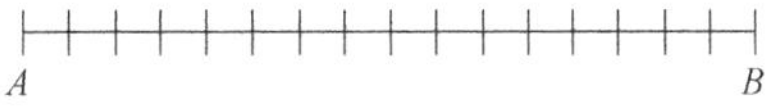

A B

图3-30 直线的小段运动

对于早先讨论过的旋转机器人情况，给定最终的期望位姿为

$$^{R}\boldsymbol{T}_{H_{\mathrm{DESIRED}}}=\begin{bmatrix} n_x & o_x & a_x & p_x \\ n_y & o_y & a_y & p_y \\ n_z & o_z & a_z & p_z \\ 0 & 0 & 0 & 1 \end{bmatrix}$$

为了计算未知角度，控制器所需要的所有计算是如下的一组逆解：

$$
\begin{aligned}
&\theta_1=\arctan\left(\frac{p_y}{p_x}\right) \text{和 } \theta_1=\theta_1+180^\circ\\
&\theta_{234}=\arctan\left(\frac{a_z}{C_1a_x+S_1a_y}\right) \text{和 } \theta_{234}=\theta_{234}+180^\circ\\
&C_3=\frac{(p_xC_1+p_yS_1-C_{234}a_4)^2+(p_z-S_{234}a_4)^2-a_2{}^2-a_3{}^2}{2a_2a_3}\\
&S_3=\pm\sqrt{1-C_3^2}\\
&\theta_3=\arctan\frac{S_3}{C_3}\\
&\theta_2=\arctan\frac{(C_3a_3+a_2)(p_z-S_{234}a_4)-S_3a_3(p_xC_1+p_yS_1-C_{234}a_4)}{(C_3a_3+a_2)(p_xC_1+p_yS_1-C_{234}a_4)+S_3a_3(p_z-S_{234}a_4)}\\
&\theta_4=\theta_{234}-\theta_2-\theta_3\\
&\theta_5=\arctan\frac{C_{234}(C_1a_x+S_1a_y)+S_{234}a_z}{S_1a_x-C_1a_y}\\
&\theta_6=\arctan\frac{-S_{234}(C_1n_x+S_1n_y)+C_{234}n_z}{-S_{234}(C_1o_x+S_1o_y)+C_{234}o_z}
\end{aligned}
\tag{3.77}
$$

虽然以上计算也并不简单，但用这些方程来计算角度要比对矩阵求逆或使用高斯消去法计算要快得多。这里所有的运算都是简单的算术运算和三角运算。

3.11 机器人的退化和灵巧特性

1. 退化

当机器人失去一个自由度，并因此不按所期望的状态运动时即称机器人发生了退化。在两种条件下会发生退化：（1）机器人关节达到其物理极限而不能进一步运动；（2）当两个相似关节的 z 轴共线时，机器人可能会在其工作空间中变为退化状态。这意味此时无论哪个关节运动都将产生同样的运动，结果是控制器将不知道是哪个关节在运动。无论哪一种情况，机器人的自由度总数都小于6，因此机器人的方程无解。在关节共线时，位置矩阵的行列式也为零。图3-31显示了一个处于垂直构型的简单机器人，其中关节1和关节6共线。可以看到，无论是关节1还是关节6旋转，末端执行器的旋转结果都是一样的。实际上，这时指令控制器采取紧急行动是十分重要的，否则机器人将停止运行。应注意，这种情况只在两关节相似时才会发生，反之，如果一个关节是滑动型的，而另一个是旋转型的（例如斯坦福机械手臂

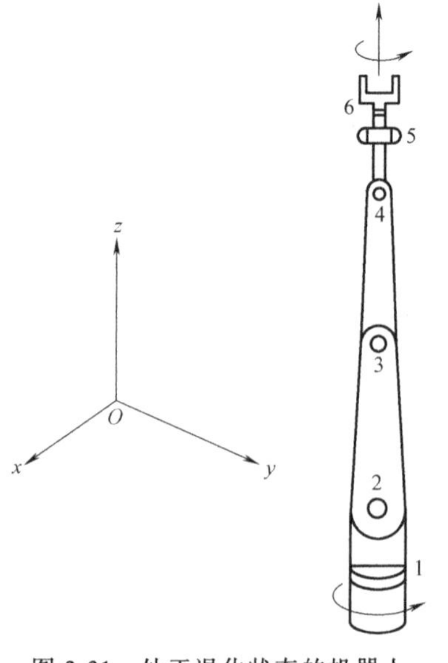

图3-31 处于退化状态的机器人

的关节 3 和关节 4)，那么即使它们的 z 轴共线，机器人也不会出现退化的现象。

如果 $\sin\alpha_4$，$\sin\alpha_5$ 或 $\sin\theta_5$ 为 0，机器人就将退化。显然，可以适当设计 α_4 和 α_5 来防止机器人退化。此外，如果任何时候 θ_5 接近 0°或者 180°，机器人就将变成退化状态。

2. 灵巧

一般认为只要确定了机械手的位姿，就能为具有 6 个自由度的机器人在其工作范围内的任何位置定位和定姿。实际上，随着机器人越来越接近其工作空间的极限，虽然机器人仍可能定位在期望的点上，但却有可能不能定姿在期望的位姿上。能对机器人定位但不能对它定姿的点的区域称为不灵巧区域。

3.12 D-H 表示法的基本问题

虽然 D-H 表示法已广泛用于机器人的运动建模和分析，并已成为解决该问题的标准方法，但它在技术上仍存在着根本的缺陷，很多研究者试图通过改进 D-H 表示法来解决这个问题。其根本问题是：由于所有的运动都是关于 x 和 z 轴的，而无法表示关于 y 轴的运动，因此只要有任何关于 y 轴的运动，此方法就不适用，而且这种情况十分普遍。例如，假设原本应该平行的两个关节轴在安装时有一点小的偏差，由于两轴之间存在小的夹角，因此需要沿 y 轴运动。由于实际的工业机器人在其制造过程中都会存在一定的误差，所以该误差不能用 D-H 法来建模。

例 3.21 （例 3.20 续）图 3-32 显示了例 3.20 中（见图 3-29）斯坦福机械手臂的参考坐标系。表 3-3 所示为斯坦福机械手臂的参数表。

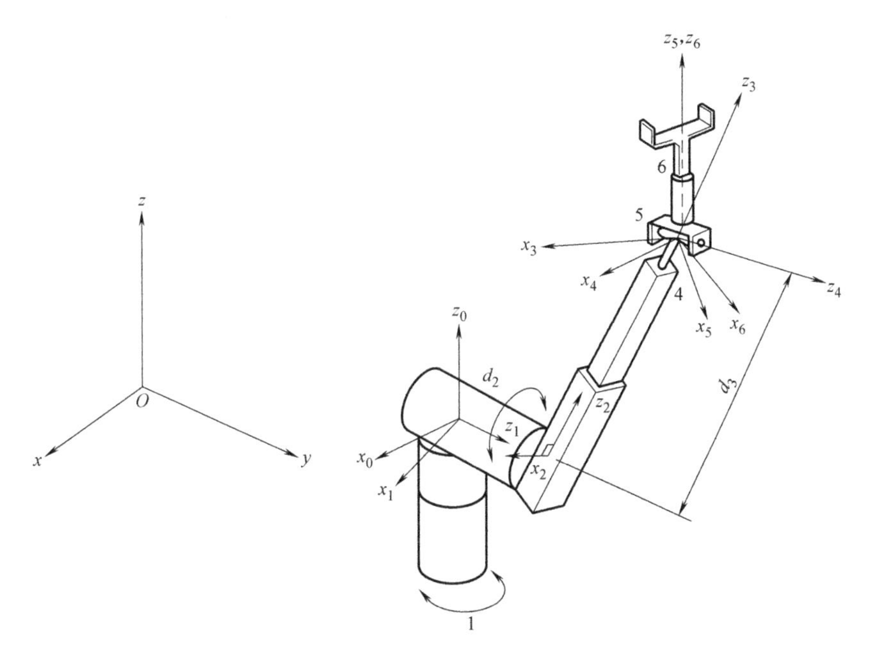

图 3-32 斯坦福机械手臂的参考坐标系

关于斯坦福机械手臂逆运动解的推导，请见参考文献［5，13］。以下是斯坦福机械手臂逆运动学解的结果汇总：

$$\theta_1=\arctan\left(\frac{p_y}{p_x}\right)-\arctan\frac{d_2}{\pm\sqrt{r^2-d_2^2}}。\tag{3.78}$$

其中，$r=\sqrt{p_x^2+p_y^2}$。

$$\theta_2=\arctan\frac{C_1p_x+S_1p_y}{p_z}\tag{3.79}$$

$$d_3=S_2(C_1p_x+S_1p_y)+C_2p_z\tag{3.80}$$

$$\theta_4=\arctan\left(\frac{-S_1a_x+C_1a_y}{C_2(C_1a_x+S_1a_y)-S_2a_z}\right)\text{和 }\theta_4=\theta_4+180°\tag{3.81}$$

$$\theta_5=\arctan\frac{C_4[C_2(C_1a_x+S_1a_y)-S_2a_z]+S_4[-S_1a_x+C_1a_y]}{S_2(C_1a_x+S_1a_y)+C_2a_z}\quad(\theta_5<0)\tag{3.82}$$

$$\theta_6=\arctan\frac{S_6}{C_6}$$

其中

$$\begin{cases}S_6=-C_5\{C_4[C_2(C_1o_x+S_1o_y)-S_2o_z]+S_4[-S_1o_x+C_1o_y]\}+S_5\{S_2(C_1o_x+S_1o_y)+C_2o_z\}\\C_6=-S_4[C_2(C_1o_x+S_1o_y)-S_2o_z]+C_4(-S_1o_x+C_1o_y)\end{cases}\tag{3.83}$$

表 3-3　图 3-32 所示的斯坦福机械手臂的参数表

#	θ	d	a	α
1	θ_1	0	0	−90°
2	θ_2	d_2	0	90
3	0	d_3	0	0
4	θ_4	0	0	−90°
5	θ_5	0	0	90°
6	θ_6	0	0	0

3.13　设计项目：4 自由度机器人

利用本节所介绍的 4 自由度机器人，结合本章所学的知识进行 4 自由度机器人的正逆运动学分析。

SCARA 机器人的运动学模型的建立，包括机器人运动学方程的表示，以及运动学正解、逆解等，这些是研究机器人控制的重要基础，也是开放式机器人系统轨迹规划的重要基础。为了描述 SCARA 型机器人各连杆之间的数学关系，在此采用 Denavit 和 Hertenberg 提出的齐次变换矩阵的方法，即 D-H 法。SCARA 机器人操作臂可以看作是一个开式运动链。它是由一系列连杆通过转动或移动关节串联而成的。为了研究操作臂各连杆之间的位移关系，可在每个连杆上固接一个坐标系，然后描述这些坐标系之间的关系。

3.13.1 SCARA 机器人坐标系的建立

（1）SCARA 机器人坐标系的建立原则 根据 D-H 坐标系建立方法，SCARA 机器人的每个关节坐标系的建立可参照以下三个原则。

1）z_n 轴沿着第 n 个关节的运动轴；基坐标系的选择：当第一关节变量为零时，零坐标系与基坐标重合。

2）x_n 轴垂直于 z_n 轴，并指向离开 z_n 轴的方向。

3）y_n 轴的方向按右手定则确定。

（2）构件参数的确定 根据 D-H 构件坐标系表示法，构件本身的结构参数 a_{n-1}、α_{n-1} 和相对位置参数 d_n、θ_n 可由以下的方法确定。

1）θ_n 为绕 z_n 轴（按右手定则）由 x_{n-1} 轴到 x_n 轴的关节角。

2）d_n 为沿 z_n 轴将 x_{n-1} 轴平移至 x_n 轴的距离。

3）a_{n-1} 为沿 x_{n-1} 轴从 z_{n-1} 轴量至 z_n 轴的距离。

4）α_{n-1} 为绕 x_{n-1} 轴（按右手定则）由 z_{n-1} 轴到 z_n 轴的偏转角。

（3）变换矩阵的建立 全部的连杆规定好坐标系之后，就可以按照下列顺序来建立相邻两连杆 $n-1$ 和 n 之间的相对关系。

1）绕 x_{n-1} 轴转 α_{n-1} 角。

2）沿 x_{n-1} 轴移动 α_{n-1}。

3）绕 z_n 轴转 θ_n 角。

4）沿 z_n 轴移动 d_n。

这种关系可由表示连杆 n 对连杆 $n-1$ 相对位置的齐次变换 ${}^{n-1}T_n$ 来表征，即

$$
{}^{n-1}\boldsymbol{T}_n=\mathbf{Rot}(x_{n-1},\ \alpha_{n-1})\times\mathbf{Trans}(x_{n-1},\ a_{n-1})\times\mathbf{Rot}(z_n,\ \theta_n)\times\mathbf{Trans}(z_n,\ d_n)
$$

展开上式得

$$
{}^{n-1}\boldsymbol{T}_n=\begin{bmatrix}\cos\theta_n & -\sin\theta_n & 0 & a_{n-1}\\ \sin\theta_n\cos\alpha_{n-1} & \cos\theta_n\cos\alpha_{n-1} & -\sin\alpha_{n-1} & -d_n\sin\alpha_{n-1}\\ \sin\theta_n\sin\alpha_{n-1} & \cos\theta_n\sin\alpha_n & \cos\alpha_{n-1} & d_n\cos\alpha_{n-1}\\ 0 & 0 & 0 & 1\end{bmatrix} \tag{3.84}
$$

由于 ${}^{n-1}\boldsymbol{T}_n$ 描述的是第 n 个连杆相对于第 $n-1$ 连杆的位姿，因此对于 SCARA 教学机器人（4 个自由度），其末端装置即为连杆 4 的坐标系，它与基座的关系为

$$
{}^0\boldsymbol{T}_4={}^0\boldsymbol{T}_1^1\boldsymbol{T}_2^2\boldsymbol{T}_3^3\boldsymbol{T}_4
$$

根据如图 3-33 所示的坐标系，可写出连杆 n 相对于连杆 $n-1$ 的变换矩阵 ${}^{n-1}\boldsymbol{T}_n$：

$$
{}^0\boldsymbol{T}_1=\begin{bmatrix}C_1 & -S_1 & 0 & 0\\ S_1 & C_1 & 0 & 0\\ 0 & 0 & 1 & 0\\ 0 & 0 & 0 & 1\end{bmatrix},\quad {}^1\boldsymbol{T}_2=\begin{bmatrix}C_2 & -S_2 & 0 & l_1\\ S_2 & C_2 & 0 & 0\\ 0 & 0 & 1 & 0\\ 0 & 0 & 0 & 1\end{bmatrix},
$$

$$
{}^2\boldsymbol{T}_3=\begin{bmatrix}1 & 0 & 0 & l_2\\ 0 & 1 & 0 & 0\\ 0 & 0 & 1 & -d_3\\ 0 & 0 & 0 & 1\end{bmatrix},\quad {}^3\boldsymbol{T}_4=\begin{bmatrix}C_4 & -S_4 & 0 & 0\\ S_4 & C_4 & 0 & 0\\ 0 & 0 & 1 & 0\\ 0 & 0 & 0 & 1\end{bmatrix} \tag{3.85}
$$

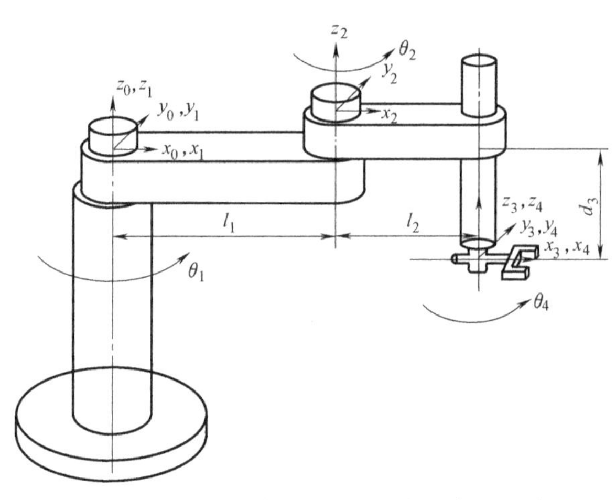

图 3-33　SCARA 机器人的 D-H 连杆坐标系的建立

其中，$C_n=\cos\theta_n$，$S_n=\sin\theta_n$ 以下相同。

相应的连杆初始位置及参数列于表 3-4，表中 θ_n、d_n 为关节变量。

表 3-4　SCARA 机器人的杆件参数

杆件	a_{n-1}	α_{n-1}	d_n	θ_n	$\cos\alpha_{n-1}$	$\sin\alpha_{n-1}$
1	0	0	0	θ_1	1	0
2	l_1	0	0	θ_2	1	0
3	l_2	0	d_3	0	1	0
4	0	0	0	θ_4	1	0

3.13.2　SCARA 机器人的正运动学分析

各连杆变换矩阵相乘，可得到 SCARA 机器人末端执行器的位姿方程（正运动学方程）为

$$^{0}\boldsymbol{T}_4={}^{0}\boldsymbol{T}_1(\theta_1)\times{}^{1}\boldsymbol{T}_2(\theta_2)\times{}^{2}\boldsymbol{T}_3(d_3)\times{}^{3}\boldsymbol{T}_4(\theta_4)=\begin{bmatrix} n_x & o_x & a_x & p_x \\ n_y & o_y & a_y & p_y \\ n_z & o_z & a_z & p_z \\ 0 & 0 & 0 & 1 \end{bmatrix}$$

$$=\begin{bmatrix} C_1C_2C_4-S_1S_2S_4-C_1S_2S_4-S_1C_2S_4 & -C_1C_2S_4+S_1S_2S_4-C_1S_2C_4-S_1C_2C_4 & 0 & C_1C_2l_2-S_1S_2l_2+C_1l_1 \\ S_1C_2C_4+C_1S_2C_4-S_1S_2S_4+C_1C_2S_4 & -S_1C_2S_4-C_1S_2S_4-S_1S_2C_4+C_1C_2C_4 & 0 & S_1C_2l_2+C_1S_2l_2+S_1l_1 \\ 0 & 0 & 1 & -d_3 \\ 0 & 0 & 0 & 0 \end{bmatrix} \tag{3.86}$$

上式表示了 SCARA 机械手臂的变换矩阵$^{0}\boldsymbol{T}_4$，它描述了末端连杆坐标系｛4｝相对基坐标系｛0｝的位姿。

3.13.3 SCARA 机器人的逆运动学分析

（1）求关节变量 θ_1 为了分离变量，对方程的两边同时左乘${}^0\boldsymbol{T}_1^{-1}(\theta_1)$，得

$${}^0\boldsymbol{T}_1^{-1}(\theta_1)\times{}^0\boldsymbol{T}_4={}^1\boldsymbol{T}_2(\theta_2)\times{}^2\boldsymbol{T}_3(d_3)\times{}^3\boldsymbol{T}_4(\theta_4)$$

即

$$\begin{bmatrix} C_1 & S_1 & 0 & 0 \\ -S_1 & C_1 & 0 & 0 \\ 0 & 0 & 1 & 0 \\ 0 & 0 & 0 & 1 \end{bmatrix}\begin{bmatrix} n_x & o_x & a_x & p_x \\ n_y & o_y & a_y & p_y \\ n_z & o_z & a_z & p_z \\ 0 & 0 & 0 & 1 \end{bmatrix}=\begin{bmatrix} C_2C_4-S_2S_4 & -C_2S_4-S_2C_4 & 0 & C_2l_2+l_1 \\ S_2C_4+C_2S_4 & -S_2S_4+C_2C_4 & 0 & S_2l_2 \\ 0 & 0 & 1 & -d_3 \\ 0 & 0 & 0 & 1 \end{bmatrix}$$

根据左右矩阵中的第一行第四个元素（1，4）、第二行第四个元素（2，4）分别相等，有

$$\begin{cases}\cos\theta_1\cdot p_x+\sin\theta_1\cdot p_y=\cos\theta_2\cdot l_2+l_1\\ -\sin\theta_1\cdot p_x+\cos\theta_1\cdot p_y=\sin\theta_2\cdot l_2\end{cases} \tag{3.87}$$

将以上两式联立可得

$$\theta_1=\arctan\left(\frac{\pm\sqrt{1-A^2}}{A}\right)+\varphi \tag{3.88}$$

式中，$A=\dfrac{l_1^2-l_2^2+p_x^2+p_y^2}{2l_1\cdot\sqrt{p_x^2+p_y^2}}$；$\varphi=\arctan\dfrac{p_y}{p_x}$。

（2）求关节变量 θ_2 由式（3.87），可得

$$\theta_2=\arctan\left[-\frac{r\sin(\theta_1-\varphi)}{r\cos(\theta_1-\varphi)-l_1}\right] \tag{3.89}$$

式中，$r=\sqrt{p_x^2+p_y^2}$；$\varphi=\arctan\dfrac{p_y}{p_x}$。

（3）求关节变量 d_3 令左、右矩阵中的第三行第四个元素（3，4）相等，可得

$$d_3=-p_z \tag{3.90}$$

（4）求关节变量 θ_4 令左、右矩阵中的第一行第一个元素（1，1）、第二行第一个元素（2，1）分别相等，即

$$\cos\theta_1\cdot n_x+\sin\theta_1\cdot n_y=\cos\theta_2\cdot\cos\theta_4-\sin\theta_2\cdot\sin\theta_4$$
$$-\sin\theta_1\cdot n_x+\cos\theta_1\cdot n_y=\sin\theta_2\cdot\cos\theta_4+\cos\theta_2\cdot\sin\theta_4$$

由上两式可求得

$$\theta_4=\arctan\left(\frac{-\sin\theta_1\cdot n_x+\cos\theta_1\cdot n_y}{\cos\theta_1\cdot n_x+\sin\theta_1\cdot n_y}\right)-\theta_2 \tag{3.91}$$

至此，机器人的所有运动学逆解都已求出。在逆解的求解过程中只进行了一次矩阵逆乘，从而使计算过程大为简化，从 θ_1 的表达式中可以看出它有两个解，所以 SCARA 机器人应该存在两组解。运动学分析提供了机器人运动规划和轨迹控制的理论基础。

本章小结

本章讨论了用矩阵表示点、向量、坐标系及变换的方法，并利用矩阵讨论了几种特定类型机器人的正逆运动方程以及欧拉角和 RPY 姿态角，这些特定类型机器人包括直角坐标、圆柱坐标和球坐标机器人。然而，本章的主旨是学习如何表示多自由度机器人在空间中的运动，以及如何用 Denavit-Hartenberg 表示法推导出机器人的正逆运动学方程。这种方法可用于表示任何一种机器人的构型，而不必考虑关节的数量和类型，以及关节和连杆的偏移和扭转。

思考与练习

一、填空题

1）机器人运动学问题可分为__________和__________。

2）在机器人坐标系中，运动时相对于连杆不动的坐标系称为__________，跟随连杆运动的坐标系称__________。

3）当机器人处在__________形位时会产生退化现象，丧失一个或更多的自由度。

二、判断题

1）给定机器人末端执行器相对于参考坐标系的期望位置和姿态，求解关节矢量的问题称为运动学正问题。（ ）

2）关节驱动力和力矩与末端执行器施加的力和力矩之间的关系是机器人操作臂力控制的基础。（ ）

3）工业机器人的运动学影响其定位精度，动力学影响其运动稳定性。（ ）

三、简答题

1）工业机器人的力的雅可比矩阵和速度的雅可比矩阵有何关系？

2）简述二自由度平面关节型机械手的动力学方程主要包含哪些项？它们各有何物理意义？

3）什么是机械臂连杆之间的耦合作用？

四、计算题

1）如图 3-34 所示，已知点 u 的坐标为（7，3，2），对点 u 依次进行如下的变换：①绕 z 轴旋转 90°得到点 v；②绕 y 轴旋转 90°得到点 w；③沿 x 轴平移 4 个单位，再沿 y 轴平移−3 个单位，最后沿 z 轴平移 7 个单位得到点 t。求 u，v，w，t 各点的齐次坐标。

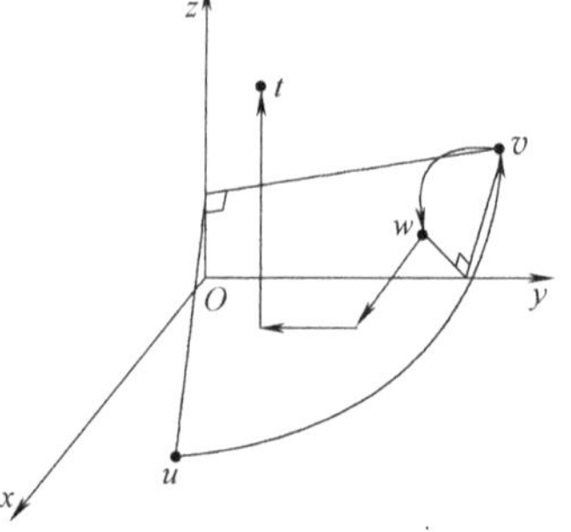

图 3-34　计算题第 1 题图

2）如图 3-35 所示为具有三个旋转关节的 3R 机械手，求末端机械手在基坐标系 $\{x_0, y_0\}$ 下的运动学方程。

3）用齐次矩阵表示如下顺序的运动：①绕 z 轴转动 90°；②绕 x 轴转动−90°；③移动到点（3，7，9）处。

4）如图 3-36 所示为平面内具有两个旋转关节的机械手，已知机器人末端的执行器坐标值为（x，y），试求其关节旋

转变量 θ_1 和 θ_2。

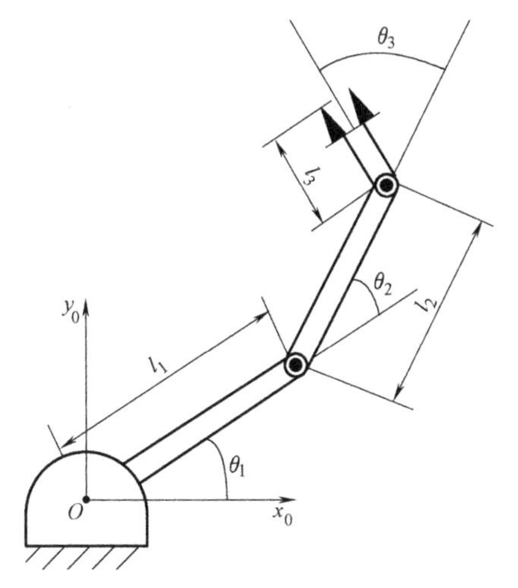

图 3-35 计算题第 2 题图

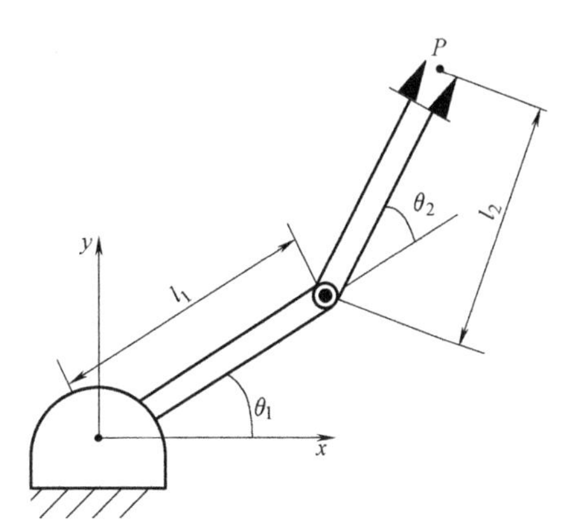

图 3-36 计算题第 4 题图

第4章 工业机器人静力学及动力学分析

4.1 引言

上一章讨论了工业机器人各关节的位置坐标关系，但并未涉及力、速度、加速度。由理论力学的知识可知，力学研究的是物体的运动和受力之间的关系。要对工业机器人进行合理的设计与性能分析，在使用中实现动态性能良好的实时控制，就需要对工业机器人的动力学进行分析。本章将介绍工业机器人在实际作业中遇到的静力学和动力学问题，以便为后续章节的学习打下基础。

在后面的叙述中，我们所说的力或力矩都是“广义的”，包括力和力矩。

工业机器人作业时，在工业机器人与环境之间存在着相互作用力。外界对手部（或末端操作器）的作用力将导致各关节产生相应的作用力。假定工业机器人各关节“锁住”，关节的“锁定用”力与外界环境施加给手部的作用力取得静力学平衡。工业机器人静力学就是分析手部上的作用力与各关节“锁定用”力之间的平衡关系，从而根据外界环境在手部上的作用力求出各关节的“锁定用”力，或者根据已知的关节驱动力求解手部的输出力。

关节的驱动力与手部施加的力之间的关系是工业机器人操作臂力控制的基础，也是利用达朗贝尔原理解决工业机器人动力学问题的基础。

工业机器人动力学问题主要分两类：（1）动力学正问题——已知关节的驱动力，求工业机器人系统相应的运动参数，包括关节位移、速度和加速度。（2）动力学逆问题——已知运动轨迹点上的关节位移、速度和加速度，求出相应的关节力矩。

研究工业机器人动力学的目的是多方面的。动力学正问题对工业机器人运动仿真是非常有用的。而动力学逆问题则对实现工业机器人的实时控制相当有用。利用动力学模型，可以实现最优控制，以期达到良好的动态性能和最优指标。

工业机器人动力学模型主要用于工业机器人的设计和离线编程。在设计中需根据连杆质量、运动学和动力学参数，以及传动机构特征和负载大小进行动态仿真，并对其性能进行分析，从而确定工业机器人的结构参数和传动方案，验算设计方案的合理性和可行性。在离线编程时，为了估计工业机器人高速运动引起的动载荷和路径偏差，要进行路径控制仿真和动态模型的仿真。这些都必须以工业机器人动力学模型为基础。

工业机器人是一个非线性的、复杂的动力学系统。动力学问题的求解比较困难，而且需要较长的运算时间。因此，简化求解过程，最大限度地减少工业机器人动力学在线计算的时间是一个备受关注的研究课题。

在这一章里，我们将首先讨论与工业机器人速度和静力学有关的雅可比矩阵，然后介绍工业机器人的静力学问题和动力学问题。

4.2 工业机器人速度雅可比与速度分析

4.2.1 工业机器人速度雅可比

数学中的雅可比矩阵（Jacobian matrix）是一个多元函数的偏导矩阵。

假设有 6 个函数，每个函数又有 6 个变量，即

$$\begin{cases} y_1 = f_1(x_1, x_2, x_3, x_4, x_5, x_6) \\ y_2 = f_2(x_1, x_2, x_3, x_4, x_5, x_6) \\ \vdots \\ y_6 = f_6(x_1, x_2, x_3, x_4, x_5, x_6) \end{cases} \tag{4.1}$$

可写成

$$\boldsymbol{Y} = F(\boldsymbol{X})$$

将上式微分，得

$$\begin{cases} dy_1 = \dfrac{\partial f_1}{\partial x_1}dx_1 + \dfrac{\partial f_1}{\partial x_2}dx_2 + \cdots + \dfrac{\partial f_1}{\partial x_6}dx_6 \\ dy_2 = \dfrac{\partial f_2}{\partial x_1}dx_1 + \dfrac{\partial f_2}{\partial x_2}dx_2 + \cdots + \dfrac{\partial f_2}{\partial x_6}dx_6 \\ \vdots \\ dy_6 = \dfrac{\partial f_6}{\partial x_1}dx_1 + \dfrac{\partial f_6}{\partial x_2}dx_2 + \cdots + \dfrac{\partial f_6}{\partial x_6}dx_6 \end{cases} \tag{4.2}$$

也可简写成

$$d\boldsymbol{Y} = \frac{\partial \boldsymbol{F}}{\partial \boldsymbol{X}} d\boldsymbol{X} \tag{4.3}$$

式（4.3）中的 6×6 阶矩阵$\dfrac{\partial \boldsymbol{F}}{\partial \boldsymbol{X}}$叫作**雅可比矩阵**。

在工业机器人速度分析和以后的静力学分析中都将遇到类似的矩阵，我们称之为工业机器人雅可比矩阵，或简称雅可比。一般用符号 $\boldsymbol{J}$ 表示。

图 4-1 所示为二自由度平面关节型工业机器人（2R 工业机器人），其端点位置 x，y 与关节变量 θ_1，θ_2 的关系为

$$\begin{cases} x = l_1\cos\theta_1 + l_2\cos(\theta_1+\theta_2) \\ y = l_1\sin\theta_1 + l_2\sin(\theta_1+\theta_2) \end{cases} \tag{4.4}$$

即

$$\begin{cases} x = x(\theta_1, \theta_2) \\ y = y(\theta_1, \theta_2) \end{cases} \tag{4.5}$$

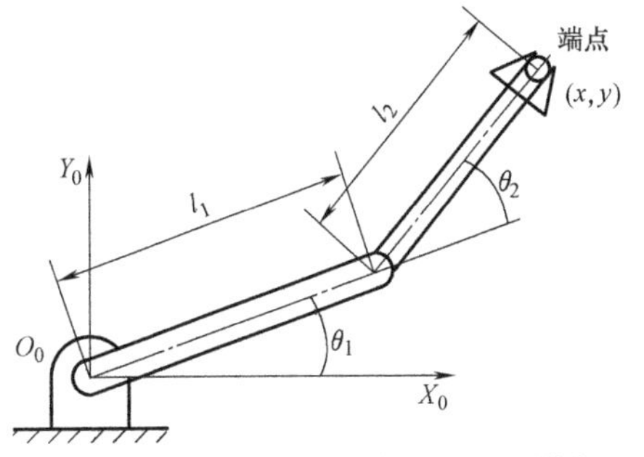

图 4-1 二自由度平面关节工业机器人

将其微分，得

$$\begin{cases} dx = \dfrac{\partial x}{\partial \theta_1} d\theta_1 + \dfrac{\partial x}{\partial \theta_2} d\theta_2 \\ dy = \dfrac{\partial y}{\partial \theta_1} d\theta_1 + \dfrac{\partial y}{\partial \theta_2} d\theta_2 \end{cases}$$

将上式写成矩阵形式为

$$\begin{bmatrix} dx \\ dy \end{bmatrix} = \begin{bmatrix} \dfrac{\partial x}{\partial \theta_1} & \dfrac{\partial x}{\partial \theta_2} \\ \dfrac{\partial y}{\partial \theta_1} & \dfrac{\partial y}{\partial \theta_2} \end{bmatrix} \begin{bmatrix} d\theta_1 \\ d\theta_2 \end{bmatrix} \tag{4.6}$$

令

$$\boldsymbol{J} = \begin{bmatrix} \dfrac{\partial x}{\partial \theta_1} & \dfrac{\partial x}{\partial \theta_2} \\ \dfrac{\partial y}{\partial \theta_1} & \dfrac{\partial y}{\partial \theta_2} \end{bmatrix} \tag{4.7}$$

则式（4.6）可简写为

$$d\boldsymbol{X} = \boldsymbol{J} d\boldsymbol{\theta} \tag{4.8}$$

式中，$d\boldsymbol{X} = \begin{bmatrix} dx \\ dy \end{bmatrix}$；$d\boldsymbol{\theta} = \begin{bmatrix} d\theta_1 \\ d\theta_2 \end{bmatrix}$。

我们将 $\boldsymbol{J}$ 称为图 4-1 所示二自由度平面关节型工业机器人的速度雅可比，它反映了关节空间微小运动 $d\boldsymbol{\theta}$ 与手部作业空间微小位移 $d\boldsymbol{X}$ 之间的关系。注意：$d\boldsymbol{X}$ 此时表示微小线位移。

若对式（4.7）进行运算，则 2R 工业机器人的雅可比写为

$$\boldsymbol{J} = \begin{bmatrix} -l_1\sin\theta_1 - l_2\sin(\theta_1+\theta_2) & -l_2\sin(\theta_1+\theta_2) \\ l_1\cos\theta_1 + l_2\cos(\theta_1+\theta_2) & l_2\cos(\theta_1+\theta_2) \end{bmatrix} \tag{4.9}$$

从 $\boldsymbol{J}$ 中元素的组成可见，矩阵 $\boldsymbol{J}$ 的值是 θ_1 及 θ_2 的函数。

对于有 n 个自由度的工业机器人，其关节变量可以用广义关节变量 $\boldsymbol{q}$ 表示，$\boldsymbol{q} = [q_1 \quad q_2 \cdots \quad q_n]^{\mathrm{T}}$，当关节为转动关节时，$q_i = \theta_i$；当关节为移动关节时，$q_i = d_i$。$d\boldsymbol{q} = [dq_1 \quad dq_2 \quad \cdots \quad dq_n]^{\mathrm{T}}$ 反映了**关节空间**的微小运动。工业机器人手部在操作空间的运动参数用 $\boldsymbol{X}$ 表示，它是关节变量的函数，即 $\boldsymbol{X} = \boldsymbol{X}(\boldsymbol{q})$，并且它是一个 6 维列矢量（因为表达空间刚体的运动需要 6 个参数，即 3 个沿坐标轴的独立移动和 3 个绕坐标轴的独立转动）。因此，$d\boldsymbol{X} = [dx \quad dy \quad dz \quad \delta\phi_x \quad \delta\phi_y \quad \delta\phi_z]^{\mathrm{T}}$ 反映了操作空间的微小运动，它由工业机器人手部微小线位移和微小角位移（微小转动）组成，符号 d 和 δ 没差别，因为在数学上，$dx = \delta x$。于是，参照式（4.8）可写出类似的方程式，即

$$d\boldsymbol{X} = \boldsymbol{J}(\boldsymbol{q}) d\boldsymbol{q} \tag{4.10}$$

式中，$\boldsymbol{J}(\boldsymbol{q})$ 是 $6 \times n$ 阶的偏导数矩阵，称为 n 自由度工业机器人的速度雅可比矩阵。它反映了**关节空间**微小运动 $d\boldsymbol{q}$ 与手部**作业空间**微小运动 $d\boldsymbol{X}$ 之间的关系。它的第 i 行第 j 列元素为

$$J_{ij}(q)=\frac{\partial x_i(q)}{\partial q_j} \quad (i=1,\ 2,\ \cdots,\ 6;\ j=1,\ 2,\ \cdots,\ n) \tag{4.11}$$

4.2.2 工业机器人速度分析

式（4.10）的左、右两边各除以 dt，得

$$\frac{\mathrm{d}\boldsymbol{X}}{\mathrm{d}t}=\boldsymbol{J}(\boldsymbol{q})\frac{\mathrm{d}\boldsymbol{q}}{\mathrm{d}t} \tag{4.12}$$

即

$$\boldsymbol{V}=\boldsymbol{J}(\boldsymbol{q})\dot{\boldsymbol{q}} \tag{4.13}$$

式中，$\boldsymbol{V}$ 是工业机器人手部在操作空间中的广义速度，$\boldsymbol{V}=\dot{\boldsymbol{X}}$；$\dot{\boldsymbol{q}}$ 是工业机器人关节在关节空间中的关节速度；$\boldsymbol{J}(\boldsymbol{q})$ 是确定关节空间速度 $\dot{\boldsymbol{q}}$ 与操作空间速度 $\boldsymbol{V}$ 之间关系的雅可比矩阵。

对于图 4-1 所示的 2R 工业机器人来说，$\boldsymbol{J}(\boldsymbol{q})$ 是式（4.9）所示的 2×2 阶矩阵。若令 $\boldsymbol{J}_1$、$\boldsymbol{J}_2$ 分别为式（4.9）所示雅可比的第一列矢量和第二列矢量，则式（4.13）可写成

$$\boldsymbol{V}=\boldsymbol{J}_1\dot{\theta}_1+\boldsymbol{J}_2\dot{\theta}_2$$

式中右边第一项表示仅由第一个关节运动引起的端点速度；右边第二项表示仅由第二个关节运动引起的端点速度；总的端点速度为这两个速度矢量的合成。因此，工业机器人速度雅可比的每一列表示其他关节不动而某一关节运动产生的端点速度。

图 4-1 所示的二自由度平面关节型工业机器人手部的速度为

$$\boldsymbol{V}=\begin{bmatrix} v_x \\ v_y \end{bmatrix}=\begin{bmatrix} -l_1\sin\theta_1-l_2\sin(\theta_1+\theta_2) & -l_2\sin(\theta_1+\theta_2) \\ l_1\cos\theta_1+l_2\cos(\theta_1+\theta_2) & l_2\cos(\theta_1+\theta_2) \end{bmatrix}\begin{bmatrix} \dot{\theta}_1 \\ \dot{\theta}_2 \end{bmatrix}$$

$$=\begin{bmatrix} -[l_1\sin\theta_1+l_2\sin(\theta_1+\theta_2)]\dot{\theta}_1-l_2\sin(\theta_1+\theta_2)\dot{\theta}_2 \\ [l_1\cos\theta_1+l_2\cos(\theta_1+\theta_2)]\dot{\theta}_1+l_2\cos(\theta_1+\theta_2)\dot{\theta}_2 \end{bmatrix}$$

假如 θ_1 及 θ_2 是时间的函数，即 $\theta_1=f_1(t)$，$\theta_2=f_2(t)$，则可求出该工业机器人手部在某一时刻的速度 $V=f(t)$，即手部瞬时速度。

反之，假如给定工业机器人手部速度，则可由式（4.13）解出相应的关节速度，即：

$$\dot{\boldsymbol{q}}=\boldsymbol{J}^{-1}\boldsymbol{V} \tag{4.14}$$

式中，$\boldsymbol{J}^{-1}$ 称为工业机器人的逆速度雅可比。

式（4.14）是一个很重要的关系式。例如，我们希望工业机器人手部在空间按规定的速度进行作业，那么用式（4.14）就可以计算出沿路径上每一瞬时相应的关节速度。但是，一般来说，求逆速度雅可比 $\boldsymbol{J}^{-1}$ 是比较困难的，有时还会出现奇异解，此时就无法解出关节速度。

通常我们可以看到工业机器人逆速度雅可比 $\boldsymbol{J}^{-1}$ 出现奇异解的情况有下面两种：

（1）工作域边界上奇异　当工业机器人的机械臂全部伸展开或全部折回，而使手部处于工业机器人工作域的边界上或边界附近时，出现逆雅可比奇异，这时工业机器人相应的形位叫作奇异形位。

（2）工作域内部奇异　奇异并不一定发生在工作域边界上，也可以是由两个或更多个

关节轴线重合而引起的。

当工业机器人处在奇异形位时，就会产生退化现象，丧失一个或更多自由度。这意味着在空间某个方向（或子域）上，不管怎样选择工业机器人关节速度，也不可能实现手部的移动。

例 4.1 如图 4-2 所示为二自由度平面关节型机械手。某瞬时手部沿固定坐标系 X_0 轴的正向以 1.0m/s 速度移动，杆长为 $l_1=l_2=0.5\text{m}$。假设该瞬时 $\theta_1=30°$，$\theta_2=-60°$。求相应瞬时的关节速度。

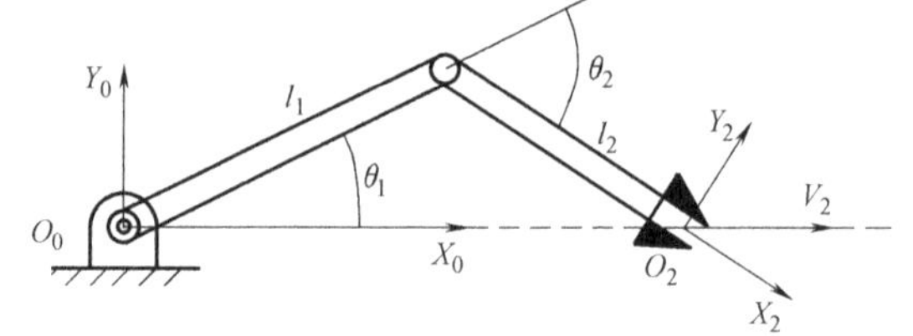

图 4-2 二自由度机械手手爪沿 X_0 方向运动

解： 由式（4.9）知，二自由度机械手的速度雅可比为

$$\boldsymbol{J}=\begin{bmatrix} -l_1\sin\theta_1-l_2\sin(\theta_1+\theta_2) & -l_2\sin(\theta_1+\theta_2) \\ l_1\cos\theta_1+l_2\cos(\theta_1+\theta_2) & l_2\cos(\theta_1+\theta_2) \end{bmatrix}$$

因此，逆速度雅可比为

$$\boldsymbol{J}^{-1}=\frac{1}{l_1l_2\sin\theta_2}\begin{bmatrix} l_2\cos(\theta_1+\theta_2) & l_2\sin(\theta_1+\theta_2) \\ -l_1\cos\theta_1-l_2\cos(\theta_1+\theta_2) & -l_1\sin\theta_1-l_2\sin(\theta_1+\theta_2) \end{bmatrix} \tag{4.15}$$

由于 $\boldsymbol{V}=\begin{bmatrix} v_x \\ v_y \end{bmatrix}=\begin{bmatrix} 1 \\ 0 \end{bmatrix}$，因此，由式（4.14）可得

$$\dot{\boldsymbol{\theta}}=\begin{bmatrix} \dot{\theta}_1 \\ \dot{\theta}_2 \end{bmatrix}=\boldsymbol{J}^{-1}\boldsymbol{V}=\frac{1}{l_1l_2\sin\theta_2}\begin{bmatrix} l_2\cos(\theta_1+\theta_2) & l_2\sin(\theta_1+\theta_2) \\ -l_1\cos\theta_1-l_2\cos(\theta_1+\theta_2) & -l_1\sin\theta_1-l_2\sin(\theta_1+\theta_2) \end{bmatrix}\begin{bmatrix} 1 \\ 0 \end{bmatrix}$$

所以

$$\dot{\theta}_1=\frac{\cos(\theta_1+\theta_2)}{l_1\sin\theta_2}=\frac{\cos(30°-60°)}{0.5\times\sin(-60°)}=-\frac{\sqrt{3}/2}{0.5\times\sqrt{3}/2}=-2\text{rad/s}$$

$$\dot{\theta}_2=-\frac{\cos\theta_1}{l_2\sin\theta_2}-\frac{\cos(\theta_1+\theta_2)}{l_1\sin\theta_2}=-\frac{\cos30°}{0.5\times\sin(-60°)}-\frac{\cos(30°-60°)}{0.5\times\sin(-60°)}=2\times\frac{\sqrt{3}/2}{0.5\times\sqrt{3}/2}=4\text{rad/s}$$

从以上可知，在该瞬时两关节的位置和速度分别为 $\theta_1=30°$，$\theta_2=-60°$，$\dot{\theta}_1=-2\text{rad/s}$，$\dot{\theta}_2=4\text{rad/s}$，手部瞬时速度为 1m/s。

奇异讨论：从式（4.15）知，当 $l_1l_2\sin\theta_2=0$ 时，式（4.15）无解。因为 $l_1\neq0$，$l_2\neq0$，所以，在 $\theta_2=0°$或 $\theta_2=180°$时，二自由度工业机器人的逆速度雅可比 $\boldsymbol{J}^{-1}$ 奇异。这时，该工业机器人二臂完全伸直，或完全折回，即两杆重合，工业机器人处于奇异形位。在这种奇异形位下，手部正好处在工作域的边界上，该瞬时手部只能沿着一个方向（即与臂垂直的方向）运动，不能沿其他方向运动，退化了一个自由度。

对于在三维空间中作业的一般 6 自由度工业机器人，其速度雅可比 $\boldsymbol{J}$ 是一个 6×6 阶的矩阵，$\dot{\boldsymbol{q}}$ 和 $\boldsymbol{V}$ 分别是 6×1 的列阵，即 $\boldsymbol{V}_{(6\times1)}=\boldsymbol{J}(\boldsymbol{q})_{(6\times6)}\dot{\boldsymbol{q}}_{(6\times1)}$。手部速度矢量 $\boldsymbol{V}$ 是由 3×1 的线速度矢量和 3×1 的角速度矢量组合而成的 6 维列矢量。关节速度矢量 $\dot{\boldsymbol{q}}$ 是由 6 个关节速度组合而成的 6 维列矢量。雅可比矩阵 $\boldsymbol{J}$ 的前三行代表手部线速度与关节速度的传递比；后三

行代表手部角速度与关节速度的传递比。而雅可比矩阵 $\boldsymbol{J}$ 的第 i 列则代表第 i 个关节速度 $\dot{q}_i$ 对手部线速度和角速度的传递比。

4.3 工业机器人力雅可比与静力学分析

工业机器人在作业过程中，当手部（或末端执行器）与环境接触时，会引起各个关节产生相应的作用力。工业机器人各关节的驱动装置提供关节力矩，通过连杆传递到手部，克服外界作用力。本节讨论操作臂在静止状态下的力的平衡关系。我们假定各关节“锁住”，工业机器人成为一个结构体。关节的“锁定用”力与手部所支持的载荷或受到外界环境作用的力取得静力学平衡。求解这种“锁定用”的关节力矩，或求解在已知驱动力作用下手部的输出力就是对工业机器人操作臂进行静力学分析。

4.3.1 操作臂中的静力学

这里以操作臂中单个杆件为例分析受力情况，如图 4-3 所示，杆件 i 通过关节 i 和关节 $i+1$ 分别与杆件 $i-1$ 和杆件 $i+1$ 相连接，两个坐标系 $\{i-1\}$ 和 $\{i\}$ 分别如图所示。

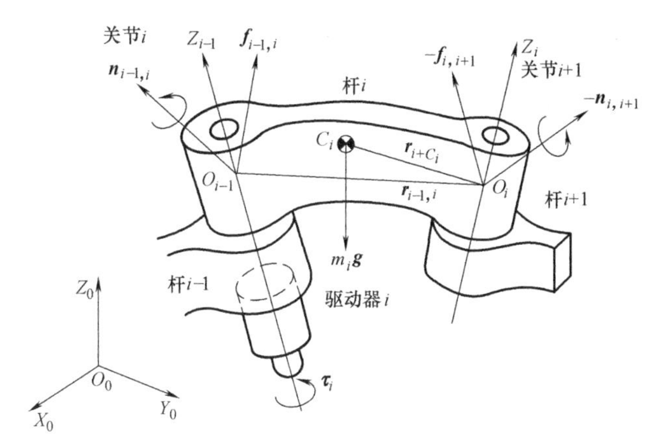

图 4-3 杆 i 上的力和力矩

其中：

$\boldsymbol{f}_{i-1,i}$ 及 $\boldsymbol{n}_{i-1,i}$ 分别表示杆 $i-1$ 通过关节 i 作用在杆 i 上的力和力矩；

$\boldsymbol{f}_{i,i+1}$ 及 $\boldsymbol{n}_{i,i+1}$ 分别表示杆 i 通过关节 $i+1$ 作用在杆 $i+1$ 上的力和力矩；

$-\boldsymbol{f}_{i,i+1}$ 及 $-\boldsymbol{n}_{i,i+1}$ 分别表示杆 $i+1$ 通过关节 $i+1$ 作用在杆 i 上的反作用力和反作用力矩；

$\boldsymbol{f}_{n,n+1}$ 及 $\boldsymbol{n}_{n,n+1}$ 分别表示工业机器人手部端点对外界环境的作用力和力矩；

$-\boldsymbol{f}_{n,n+1}$ 及 $-\boldsymbol{n}_{n,n+1}$ 分别表示外界环境对工业机器人手部端点的作用力和力矩；

$\boldsymbol{f}_{0,1}$ 及 $\boldsymbol{n}_{0,1}$ 分别表示工业机器人底座对杆 1 的作用力和力矩；

$m_i\boldsymbol{g}$ 表示连杆 i 的重量，它作用在质心 C_i 上。

连杆 i 的静力学平衡条件为其上所受的合力和合力矩为零，因此力和力矩平衡方程式为

$$\boldsymbol{f}_{i-1,\ i}+(-\boldsymbol{f}_{i,\ i+1})+m_i\boldsymbol{g}=\boldsymbol{0} \tag{4.16}$$

$$\boldsymbol{n}_{i-1,\ i}+(-\boldsymbol{n}_{i,\ i+1})+(\boldsymbol{r}_{i-1,\ i}+\boldsymbol{r}_{i,\ Ci})\times\boldsymbol{f}_{i-1,\ i}+(\boldsymbol{r}_{i,\ Ci})\times(-\boldsymbol{f}_{i,\ i+1})=\boldsymbol{0} \tag{4.17}$$

式中，$\boldsymbol{r}_{i-1,i}$ 是坐标系 $\{i\}$ 的原点相对于坐标系 $\{i-1\}$ 的位置矢量；$\boldsymbol{r}_{i,Ci}$ 是质心相对于坐

标系 $\{i\}$ 的位置矢量。

假如已知外界环境对工业机器人最末杆的作用力和力矩，那么就可以由最后一个连杆向第零号连杆（基座）依次递推，从而计算出每个连杆上的受力情况。

为了便于表示工业机器人手部端点对外界环境的作用力和力矩（简称为端点力 $\boldsymbol{F}$），可将 $\boldsymbol{f}_{n,n+1}$ 和 $\boldsymbol{n}_{n,n+1}$ 合并写成一个 6 维矢量：

$$\boldsymbol{F}=\begin{bmatrix}\boldsymbol{f}_{n,\ n+1}\\ \boldsymbol{n}_{n,\ n+1}\end{bmatrix} \tag{4.18}$$

各关节驱动器的驱动力或力矩可写成一个 n 维矢量的形式，即

$$\boldsymbol{\tau}=\begin{bmatrix}\tau_1\\ \tau_2\\ \vdots\\ \tau_n\end{bmatrix} \tag{4.19}$$

式中，n 为关节的个数；$\boldsymbol{\tau}$ 为关节力矩（或关节力）矢量，简称广义关节力矩，对于转动关节，τ_i 表示关节驱动力矩；对于移动关节，τ_i 表示关节驱动力。

4.3.2 工业机器人力雅可比

假定关节无摩擦，并忽略各杆件的重力，则广义关节力矩 $\boldsymbol{\tau}$ 与工业机器人手部端点力 $\boldsymbol{F}$ 的关系可用下式描述：

$$\boldsymbol{\tau}=\boldsymbol{J}^{\mathrm{T}}\boldsymbol{F} \tag{4.20}$$

式中，$\boldsymbol{J}^{\mathrm{T}}$ 为 $n\times6$ 阶工业机器人力雅可比矩阵或力雅可比。

上式可用下述虚功原理证明。

证明 考虑各个关节的虚位移为 δq_i，手部的虚位移为 $\delta \boldsymbol{X}$，如图 4-4 所示。

$$\delta\boldsymbol{X}=\begin{bmatrix}\boldsymbol{d}\\ \boldsymbol{\delta}\end{bmatrix}\text{及 }\delta\boldsymbol{q}=[\delta q_1\quad \delta q_2\quad \cdots\quad \delta q_n]^{\mathrm{T}} \tag{4.21}$$

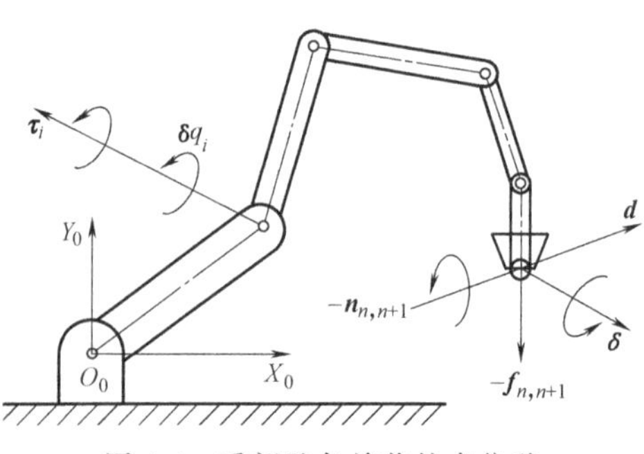

图 4-4 手部及各关节的虚位移

式中，$\boldsymbol{d}=[d_x\quad d_y\quad d_z]^{\mathrm{T}}$ 和 $\boldsymbol{\delta}=[\delta\phi_x\quad \delta\phi_y\quad \delta\phi_z]^{\mathrm{T}}$ 分别对应于手部的线虚位移和角虚位移（作业空间）；$\delta\boldsymbol{q}$ 是由各关节的虚位移 δq_i 组成的工业机器人关节虚位移矢量（关节空间）。

假设发生上述虚位移时，各关节的力矩为 τ_i（$i=1, 2, \cdots, n$），环境作用在工业机器人手部端点上的力和力矩分别为 $-f_{n,n+1}$ 和 $-n_{n,n+1}$。由上述力和力矩所做的虚功可以由下式求出：

$$\delta W=\tau_1\delta q_1+\tau_2\delta q_2+\cdots+\tau_n\delta q_n-\boldsymbol{f}_{n,\ n+1}\boldsymbol{d}-\boldsymbol{n}_{n,n+1}\boldsymbol{\delta}$$

或写成

$$\delta W=\boldsymbol{\tau}^{\mathrm{T}}\delta\boldsymbol{q}-\boldsymbol{F}^{\mathrm{T}}\delta\boldsymbol{X} \tag{4.22}$$

根据虚位移原理，机器人处于平衡状态的充要条件是对任意符合几何约束的虚位移，有

$$\delta W=0$$

4 CHAPTER

注意到虚位移 $\delta\boldsymbol{q}$ 和 $\delta\boldsymbol{X}$ 并不是独立的，而是符合杆件的几何约束条件的。利用 $\mathrm{d}\boldsymbol{X}=\boldsymbol{J}\mathrm{d}\boldsymbol{q}$，将式（4.22）改写成

$$\delta W=\boldsymbol{\tau}^{\mathrm{T}}\mathrm{d}\boldsymbol{q}-\boldsymbol{F}^{\mathrm{T}}\boldsymbol{J}\delta\boldsymbol{q}=(\boldsymbol{\tau}-\boldsymbol{J}^{\mathrm{T}}\boldsymbol{F})^{\mathrm{T}}\delta\boldsymbol{q} \tag{4.23}$$

式中的 $\delta\boldsymbol{q}$ 表示几何上允许位移的关节独立变量，对于任意的 $\delta\boldsymbol{q}$，欲使 $\delta W=0$，必有

$$\boldsymbol{\tau}=\boldsymbol{J}^{\mathrm{T}}\boldsymbol{F}$$

证毕。

式（4.23）表示在静力平衡状态下，手部端点力 $\boldsymbol{F}$ 向广义关节力矩 $\boldsymbol{\tau}$ 映射的线性关系。式中 $\boldsymbol{J}^{\mathrm{T}}$ 与手部端点力 $\boldsymbol{F}$ 和广义关节力矩 $\boldsymbol{\tau}$ 之间的力传递有关，故叫作工业机器人力雅可比。很明显，力雅可比 $\boldsymbol{J}^{\mathrm{T}}$ 正好是工业机器人速度雅可比 $\boldsymbol{J}$ 的转置。

4.3.3 工业机器人静力学的两类问题

从操作臂手部端点力 $\boldsymbol{F}$ 与广义关节力矩 $\boldsymbol{\tau}$ 之间的关系式 $\boldsymbol{\tau}=\boldsymbol{J}^{\mathrm{T}}\boldsymbol{F}$ 可知，操作臂静力学可分为两类问题：

1）已知外界环境对工业机器人手部作用力 $\boldsymbol{F}'$（即手部端点力 $\boldsymbol{F}=-\boldsymbol{F}'$），求相应的满足静力学平衡条件的关节驱动力矩 $\boldsymbol{\tau}$。

2）已知关节驱动力矩 $\boldsymbol{\tau}$，确定工业机器人手部对外界环境的作用力 $\boldsymbol{F}$ 或负荷的质量。

第二类问题是第一类问题的逆解。这时

$$\boldsymbol{F}=(\boldsymbol{J}^{\mathrm{T}})^{-1}\boldsymbol{\tau}$$

但是，由于工业机器人的自由度可能不是6，比如 $n>6$，此时的力雅可比矩阵就有可能不是一个方阵，则 $\boldsymbol{J}^{\mathrm{T}}$ 就没有逆解。所以，对这类问题的求解就要困难得多，在一般情况下不一定能得到唯一的解。如果 $\boldsymbol{F}$ 的维数比 $\boldsymbol{\tau}$ 的维数低，且 $\boldsymbol{J}$ 是满秩的话，则可利用最小二乘法求得 $\boldsymbol{F}$ 的估值。

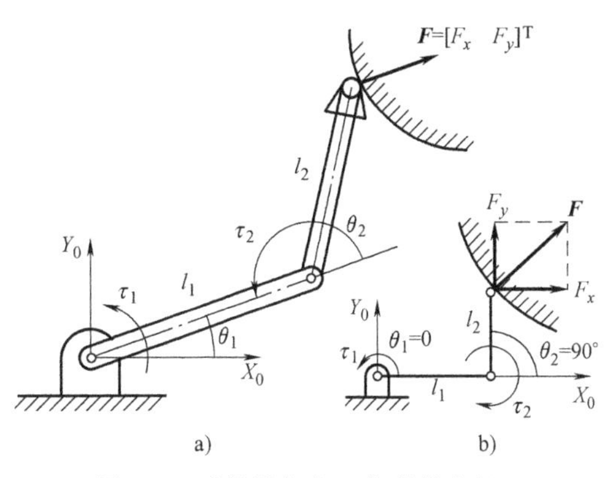

图 4-5 手部端点力 $\boldsymbol{F}$ 与关节力矩 $\boldsymbol{\tau}$

例 4.2 图 4-5a 所示为一个二自由度平面关节型机械手，已知手部端点力 $\boldsymbol{F}=[F_x \ F_y]^{\mathrm{T}}$，求相应于端点力 $\boldsymbol{F}$ 的关节力矩（不考虑摩擦）。

解： 已知该机械手的速度雅可比为

$$\boldsymbol{J}=\begin{bmatrix}-l_1\sin\theta_1-l_2\sin(\theta_1+\theta_2) & -l_2\sin(\theta_1+\theta_2)\\ l_1\cos\theta_1+l_2\cos(\theta_1+\theta_2) & l_2\cos(\theta_1+\theta_2)\end{bmatrix}$$

则该机械手的力雅可比为

$$\boldsymbol{J}^{\mathrm{T}}=\begin{bmatrix}-l_1\sin\theta_1-l_2\sin(\theta_1+\theta_2) & l_1\cos\theta_1+l_2\cos(\theta_1+\theta_2)\\ -l_2\sin(\theta_1+\theta_2) & l_2\cos(\theta_1+\theta_2)\end{bmatrix}$$

根据 $\boldsymbol{\tau}=\boldsymbol{J}^{\mathrm{T}}\boldsymbol{F}$，得

$$\boldsymbol{\tau}=\begin{bmatrix}\tau_1\\ \tau_2\end{bmatrix}=\begin{bmatrix}-l_1\sin\theta_1-l_2\sin(\theta_1+\theta_2) & l_1\cos\theta_1+l_2\cos(\theta_1+\theta_2)\\ -l_2\sin(\theta_1+\theta_2) & l_2\cos(\theta_1+\theta_2)\end{bmatrix}\begin{bmatrix}F_x\\ F_y\end{bmatrix}$$

所以

$$\tau_1=-[l_1\sin\theta_1+l_2\sin(\theta_1+\theta_2)]F_x+[l_1\cos\theta_1+l_2\cos(\theta_1+\theta_2)]F_y$$

$$\tau_2=-l_2\sin(\theta_1+\theta_2)F_x+l_2\cos(\theta_1+\theta_2)F_y$$

若如图 4-5b 所示，在某瞬时 $\theta_1=0$，$\theta_2=90°$，则在该瞬时与手部端点力相对应的关节力矩为

$$\tau_1=-l_2F_x+l_1F_y,\ \tau_2=-l_2F_x$$

4.4 工业机器人动力学分析

工业机器人动力学研究的是各杆件的运动和作用力之间的关系。工业机器人动力学分析是工业机器人设计、运动仿真和动态实时控制的基础。本章开头曾介绍过，工业机器人动力学问题有两类：

1）动力学正问题——已知关节的驱动力矩，求工业机器人系统相应的运动参数（包括关节位移、速度和加速度）。也就是说，给出关节力矩矢量 $\boldsymbol{\tau}$，求工业机器人所产生的运动参数 θ、$\dot{\theta}$ 及 $\ddot{\theta}$。

2）动力学逆问题——已知运动轨迹点上的关节位移、速度和加速度，求出所需要的关节力矩。即给出 θ、$\dot{\theta}$ 及 $\ddot{\theta}$，求相应的关节力矩矢量 $\boldsymbol{\tau}$。

工业机器人是由多个连杆和多个关节组成的复杂的动力学系统，具有多个输入和多个输出。存在着错综复杂的耦合关系和严重的非线性。因此，对于工业机器人动力学的研究，引起了人们十分广泛的重视，所采用的方法也很多，有拉格朗日（Lagrange）方法、牛顿-欧拉方程（Newton-Euler）方法、高斯（Gauss）方法、凯恩（Kane）方法、旋量对偶数方法、罗伯逊-魏登堡（Roberson-Wittenburg）方法等。拉格朗日方法不仅能以最简单的形式求得非常复杂的系统动力学方程，而且具有显式结构，物理意义比较明确，对理解工业机器人动力学比较方便。因此，本节只介绍拉格朗日方法，而且通过简单实例进行分析。

工业机器人动力学问题的求解比较困难，而且需要较长的运算时间。因此，简化求解的过程，最大限度地减少工业机器人动力学的在线计算时间是一个受到关注的研究课题。

4.4.1 拉格朗日方程

1. 拉格朗日函数

拉格朗日函数 L 的定义是一个机械系统的动能 E_k 和势能 E_q 之差，即

$$L=E_k-E_q \tag{4.24}$$

令 $q_i(i=1, 2, \cdots, n)$ 是使系统具有完全确定位置的广义关节变量，$\dot{q}_i$ 是相应的广义关节速度。由于系统动能 E_k 是 q_i 和 $\dot{q}_i$ 的函数，系统势能 E_q 是 q_i 的函数，因此拉格朗日函数也是 q_i 和 $\dot{q}_i$ 的函数。

2. 拉格朗日方程

系统的拉格朗日方程为

$$F_i=\frac{\mathrm{d}}{\mathrm{d}t}\frac{\partial L}{\partial \dot{q}_i}-\frac{\partial L}{\partial q_i}\quad (i=1, 2, \cdots, n) \tag{4.25}$$

式中，F_i 称为关节 i 的广义驱动力。如果是移动关节，则 F_i 为驱动力；如果是转动关节，则 F_i 为驱动力矩。

3. 用拉格朗日法建立工业机器人动力学方程的步骤

1）选取坐标系，选定完全而且独立的广义关节变量 $q_i(i=1,\ 2,\ \cdots,\ n)$。

2）选定相应关节上的广义力 F_i：当 q_i 是位移变量时，则 F_i 为力；当 q_i 是角度变量时，则 F_i 为力矩。

3）求出工业机器人各构件的动能和势能，构造拉格朗日函数。

4）代入拉格朗日方程求得工业机器人系统的动力学方程。

4.4.2　二自由度平面关节型工业机器人动力学方程

1. 广义关节变量及广义力的选定

选取笛卡儿坐标系如图 4-6 所示。连杆 1 和连杆 2 的关节变量分别为转角 θ_1 和 θ_2，相应的关节 1 和关节 2 的力矩是 τ_1 和 τ_2。连杆 1 和连杆 2 的质量分别是 m_1 和 m_2，杆长分别为 l_1 和 l_2，质心分别在 C_1 和 C_2 处，离相应关节中心的距离分别为 p_1 和 p_2。

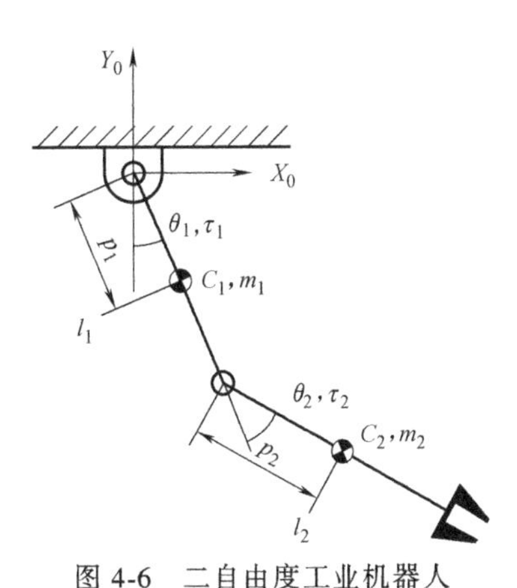

图 4-6　二自由度工业机器人动力学方程的建立

因此，杆 1 质心 C_1 的位置坐标为

$$x_1=p_1\sin\theta_1,\ y_1=-p_1\cos\theta_1$$

杆 1 质心 C_1 的速度平方为

$$\dot{x}_1^2+\dot{y}_1^2=(p_1\dot{\theta}_1)^2$$

杆 2 质心 C_2 的位置坐标为

$$x_2=l_1\sin\theta_1+p_2\sin(\theta_1+\theta_2),\ y_2=-l_1\cos\theta_1-p_2\cos(\theta_1+\theta_2)$$

杆 2 质心 C_2 的速度以及速度平方为

$$\dot{x}_2=l_1\cos\theta_1\cdot\dot{\theta}_1+p_2\cos(\theta_1+\theta_2)(\dot{\theta}_1+\dot{\theta}_2)$$

$$\dot{y}_2=l_1\sin\theta_1\cdot\dot{\theta}_1+p_2\sin(\theta_1+\theta_2)(\dot{\theta}_1+\dot{\theta}_2)$$

$$\dot{x}_2^2+\dot{y}_2^2=l_1^2\dot{\theta}_1^2+p_2^2(\dot{\theta}_1+\dot{\theta}_2)^2+2l_1p_2(\dot{\theta}_1^2+\dot{\theta}_1\dot{\theta}_2)\cos\theta_2$$

2. 系统动能

$$E_{k1}=\frac{1}{2}m_1p_1^2\dot{\theta}_1^2$$

$$E_{k2}=\frac{1}{2}m_2l_1^2\dot{\theta}_1^2+\frac{1}{2}m_2p_2^2(\dot{\theta}_1+\dot{\theta}_2)^2+m_2l_1p_2(\dot{\theta}_1^2+\dot{\theta}_1\dot{\theta}_2)\cos\theta_2$$

$$E_k=\sum_{i=1}^{2}E_{ki}=\frac{1}{2}(m_1p_1^2+m_2l_1^2)\dot{\theta}_1^2+\frac{1}{2}m_2p_2^2(\dot{\theta}_1+\dot{\theta}_2)^2+m_2l_1p_2(\dot{\theta}_1^2+\dot{\theta}_1\dot{\theta}_2)\cos\theta_2$$

3. 系统势能（以质心处于最低位置为势能零点）

$$E_{p1}=m_1gp_1(1-\cos\theta_1)$$

$$E_{p2}=m_2gl_1(1-\cos\theta_1)+m_2gp_2[1-\cos(\theta_1+\theta_2)]$$

$$E_{\mathrm{p}}=\sum_{i=1}^{2}E_{\mathrm{p}i}=(m_1p_1+m_2l_1)g(1-\cos\theta_1)+m_2gp_2[1-\cos(\theta_1+\theta_2)]$$

4. 拉格朗日函数

$$\begin{aligned}L&=E_{\mathrm{k}}-E_{\mathrm{p}}\\&=\frac{1}{2}(m_1p_1^2+m_2l_1^2)\dot{\theta}_1^2+\frac{1}{2}m_2p_2^2(\dot{\theta}_1+\dot{\theta}_2)^2+m_2l_1p_2(\dot{\theta}_1^2+\dot{\theta}_1\dot{\theta}_2)\cos\theta_2-\\&\quad(m_1p_1+m_2l_1)g(1-\cos\theta_1)-m_2gp_2[1-\cos(\theta_1+\theta_2)]\end{aligned}$$

5. 系统动力学方程

根据拉格朗日方程

$$F_i=\frac{\mathrm{d}}{\mathrm{d}t}\frac{\partial L}{\partial\dot{q}_i}-\frac{\partial L}{\partial q_i}\quad(i=1,\ 2,\ \cdots,\ n)$$

可计算各关节上的力矩，得到系统动力学方程。

计算关节 1 上的力矩 τ_1：

$$\frac{\partial L}{\partial\dot{\theta}_1}=(m_1p_1^2+m_2l_1^2)\dot{\theta}_1+m_2p_2^2(\dot{\theta}_1+\dot{\theta}_2)+m_2l_1p_2(2\dot{\theta}_1+\dot{\theta}_2)\cos\theta_2$$

$$\frac{\partial L}{\partial\theta_1}=-(m_1p_1+m_2l_1)g\sin\theta_1-m_2gp_2\sin(\theta_1+\theta_2)$$

所以

$$\begin{aligned}\tau_1&=\frac{\mathrm{d}}{\mathrm{d}t}\frac{\partial L}{\partial\dot{\theta}_1}-\frac{\partial L}{\partial\theta_1}\\&=(m_1p_1^2+m_2p_2^2+m_2l_1^2+2m_2l_1p_2\cos\theta_2)\ddot{\theta}_1+(m_2p_2^2+m_2l_1p_2\cos\theta_2)\ddot{\theta}_2+\\&\quad(-2m_2l_1p_2\sin\theta_2)\dot{\theta}_1\dot{\theta}_2+(-m_2l_1p_2\sin\theta_2)\dot{\theta}_2^2+(m_1p_1+m_2l_1)g\sin\theta_1+m_2gp_2\sin(\theta_1+\theta_2)\end{aligned}$$

上式可简写为

$$\tau_1=D_{11}\ddot{\theta}_1+D_{12}\ddot{\theta}_2+D_{112}\dot{\theta}_1\dot{\theta}_2+D_{122}\dot{\theta}_2^2+D_1 \tag{4.26}$$

由此可得

$$\begin{cases}D_{11}=m_1p_1^2+m_2p_2^2+m_2l_1^2+2m_2l_1p_2\cos\theta_2\\D_{12}=m_2p_2^2+m_2l_1p_2\cos\theta_2\\D_{112}=-2m_2l_1p_2\sin\theta_2\\D_{122}=-m_2l_1p_2\sin\theta_2\\D_1=(m_1p_1+m_2l_1)g\sin\theta_1+m_2gp_2\sin(\theta_1+\theta_2)\end{cases} \tag{4.27}$$

计算关节 2 上的力矩 τ_2：

$$\frac{\partial L}{\partial\dot{\theta}_2}=m_2p_2^2(\dot{\theta}_1+\dot{\theta}_2)+m_2l_1p_2\dot{\theta}_1\cos\theta_2$$

$$\frac{\partial L}{\partial\theta_2}=-m_2l_1p_2(\dot{\theta}_1^2+\dot{\theta}_1\dot{\theta}_2)\sin\theta_2-m_2gp_2\sin(\theta_1+\theta_2)$$

所以

$$\tau_2=\frac{\mathrm{d}}{\mathrm{d}t}\frac{\partial L}{\partial\dot{\theta}_2}-\frac{\partial L}{\partial\theta_2}$$

$$=(m_2p_2^2+m_2l_1p_2\cos\theta_2)\ddot{\theta}_1+m_2p_2^2\ddot{\theta}_2+[(-m_2l_1p_2+m_2l_1p_2)\sin\theta_2]\dot{\theta}_1\dot{\theta}_2+$$

$$(m_2l_1p_2\sin\theta_2)\dot{\theta}_1^2+m_2gp_2\sin(\theta_1+\theta_2)$$

上式可简写为

$$\tau_2=D_{21}\ddot{\theta}_1+D_{22}\ddot{\theta}_2+D_{212}\dot{\theta}_1\dot{\theta}_2+D_{211}\dot{\theta}_1^2+D_2 \tag{4.28}$$

由此可得

$$\begin{cases}D_{21}=m_2p_2^2+m_2l_1p_2\cos\theta_2\\D_{22}=m_2p_2^2\\D_{212}=(-m_2l_1p_2+m_2l_1p_2)\sin\theta_2=0\\D_{211}=m_2l_1p_2\sin\theta_2\\D_2=m_2gp_2\sin(\theta_1+\theta_2)\end{cases} \tag{4.29}$$

式（4.26）~式（4.29）分别表示了关节驱动力矩与关节位移、速度、加速度之间的关系，即力和运动之间的关系，称为图4-6所示二自由度工业机器人的动力学方程。对其进行分析，可得到如下结论。

1）含有 $\ddot{\theta}_1$ 或 $\ddot{\theta}_2$ 的项表示由于加速度引起的关节力矩项，其中：

含有 D_{11} 和 D_{22} 的项分别表示由于关节1加速度和关节2加速度引起的惯性力矩项；

含有 D_{12} 的项表示关节2的加速度对关节1的耦合惯性力矩项；

含有 D_{21} 的项表示关节1的加速度对关节2的耦合惯性力矩项。

2）含有 $\dot{\theta}_1^2$ 和 $\dot{\theta}_2^2$ 的项表示由于向心力引起的关节力矩项，其中：

含有 D_{122} 的项表示关节2的速度引起的向心力对关节1的耦合力矩项；

含有 D_{211} 的项表示关节1的速度引起的向心力对关节2的耦合力矩项。

3）含有 $\dot{\theta}_1\dot{\theta}_2$ 的项表示由于科氏力引起的关节力矩项，其中：

含有 D_{112} 的项表示科氏力对关节1的耦合力矩项；

含有 D_{212} 的项表示科氏力对关节2的耦合力矩项。

4）只含关节变量 θ_1、θ_2 的项表示重力引起的关节力矩项。其中：

含有 D_1 的项表示连杆1、连杆2的质量对关节1引起的重力矩项；

含有 D_2 的项表示连杆2的质量对关节2引起的重力矩项。

从上面的推导可以看出，很简单的二自由度平面关节型工业机器人其动力学方程已经很复杂了，包含很多因素，这些因素都在影响工业机器人的动力学特性。对于更为复杂一些的多自由度工业机器人，其动力学方程更庞杂了，推导过程也更为复杂。不仅如此，这给工业机器人的实时控制也带来了不小的麻烦。通常，有一些简化问题的方法：

1）当杆件质量不是很大，重量很轻时，动力学方程中的重力矩项可以省略。

2）当关节速度不是很大，工业机器人不是高速工业机器人时，含有 $\dot{\theta}_1^2$、$\dot{\theta}_2^2$、$\dot{\theta}_1\dot{\theta}_2$ 的项可以省略。

3）当关节加速度是不很大，也就是关节电机的升降速不是很突然时，那么含 $\ddot{\theta}_1$、$\ddot{\theta}_2$ 的项有可能给予省略。当然，关节加速度的减少，会引起速度升降的时间增加，从而延长了工业机器人作业循环的时间。

4.4.3 关节空间和操作空间动力学

1. 关节空间和操作空间

n 个自由度操作臂的手部位姿 $\boldsymbol{X}$ 由 n 个关节变量所决定，这 n 个关节变量也叫作 n 维关节矢量 $\boldsymbol{q}$，所有关节矢量 $\boldsymbol{q}$ 构成了关节空间。而手部的作业是在直角坐标空间中进行的，即操作臂手部位姿又是在直角坐标空间中描述的，因此把这个空间叫作操作空间。运动学方程 $\boldsymbol{X}=\boldsymbol{X}(\boldsymbol{q})$ 就是关节空间向操作空间的映射；而运动学逆解则是由映射求其在关节空间中的原像。操作臂动力学方程在关节空间和操作空间中有不同的表示形式，并且两者之间存在着一定的对应关系。

2. 关节空间动力学方程

将式（4.26）~式（4.29）写成矩阵形式，则

$$\boldsymbol{\tau}=\boldsymbol{D}(\boldsymbol{q})\ddot{\boldsymbol{q}}+\boldsymbol{H}(\boldsymbol{q},\dot{\boldsymbol{q}})+\boldsymbol{G}(\boldsymbol{q}) \tag{4.30}$$

式中，$\boldsymbol{\tau}=\begin{bmatrix}\tau_1\\ \tau_2\end{bmatrix}$；$\boldsymbol{q}=\begin{bmatrix}\theta_1\\ \theta_2\end{bmatrix}$；$\dot{\boldsymbol{q}}=\begin{bmatrix}\dot{\theta}_1\\ \dot{\theta}_2\end{bmatrix}$；$\ddot{\boldsymbol{q}}=\begin{bmatrix}\ddot{\theta}_1\\ \ddot{\theta}_2\end{bmatrix}$。

所以

$$\boldsymbol{D}(\boldsymbol{q})=\begin{bmatrix}m_1p_1^2+m_2(l_1^2+p_2^2+2l_1p_2\cos\theta_2) & m_2(p_2^2+l_1p_2\cos\theta_2)\\ m_2(p_2^2+l_1p_2\cos\theta_2) & m_2p_2^2\end{bmatrix} \tag{4.31}$$

$$\boldsymbol{H}(\boldsymbol{q},\dot{\boldsymbol{q}})=m_2l_1p_2\sin\theta_2\begin{bmatrix}\dot{\theta}_2^2+2\dot{\theta}_1\dot{\theta}_2\\ \dot{\theta}_1^2\end{bmatrix} \tag{4.32}$$

$$\boldsymbol{G}(\boldsymbol{q})=\begin{bmatrix}(mp_1+m_2l_1)g\sin\theta_1+m_2p_2g\sin(\theta_1+\theta_2)\\ m_2p_2g\sin(\theta_1+\theta_2)\end{bmatrix} \tag{4.33}$$

式（4.30）就是操作臂在关节空间中的动力学方程的一般结构形式，它反映了关节力矩与关节变量、速度、加速度之间的函数关系。对于有 n 个关节的操作臂，$\boldsymbol{D}(\boldsymbol{q})$ 是 $n\times n$ 阶的正定对称矩阵，是 q 的函数，称为操作臂的惯性矩阵；$\boldsymbol{H}(\boldsymbol{q},\dot{\boldsymbol{q}})$ 是 $n\times1$ 的离心力和科氏力矢量；$\boldsymbol{G}(\boldsymbol{q})$ 是 $n\times1$ 的重力矢量，与操作臂的自由度 n 有关。

3. 操作空间动力学方程

与关节空间动力学方程相对应，在笛卡儿操作空间中，可以用直角坐标变量即手部位姿的矢量 $\boldsymbol{X}$ 来表示工业机器人动力学方程。因此，操作力量与手部加速度 $\ddot{\boldsymbol{X}}$ 之间的关系可表示为

$$\boldsymbol{F}=\boldsymbol{M}_x(\boldsymbol{q})\ddot{\boldsymbol{X}}+\boldsymbol{U}_x(\boldsymbol{q},\dot{\boldsymbol{q}})+\boldsymbol{G}_x(\boldsymbol{q}) \tag{4.34}$$

式中，$\boldsymbol{M}_x(\boldsymbol{q})$、$\boldsymbol{U}_x(\boldsymbol{q},\dot{\boldsymbol{q}})$ 和 $\boldsymbol{G}_x(\boldsymbol{q})$ 分别为操作空间中的惯性矩阵、离心力和科氏力矢量、重力矢量，它们都是在操作空间中表示的；$\boldsymbol{F}$ 是广义操作力矢量。

关节空间动力学方程和操作空间动力学方程之间的对应关系可以通过广义操作力 $\boldsymbol{F}$ 与广义关节力矩 $\boldsymbol{\tau}$ 之间的关系

$$\boldsymbol{\tau}=\boldsymbol{J}^{\mathrm{T}}(\boldsymbol{q})\boldsymbol{F} \tag{4.35}$$

和操作空间与关节空间之间的速度、加速度的关系

$$\begin{cases}\dot{\boldsymbol{X}}=\boldsymbol{J}(\boldsymbol{q})\dot{\boldsymbol{q}}\\ \ddot{\boldsymbol{X}}=\boldsymbol{J}(\boldsymbol{q})\ddot{\boldsymbol{q}}+\dot{\boldsymbol{J}}(\boldsymbol{q})\dot{\boldsymbol{q}}\end{cases} \tag{4.36}$$

求出。

本章小结

本章主要学习了工业机器人的静力学与动力学知识，讲解了速度与力的关系，介绍了速度雅克比、力雅克比矩阵。读者需要熟练掌握静力学、动力学、关节空间与操作空间之间的转换关系。

思考与练习

1）图4-7所示二自由度机械手，杆长为 $l_1=l_2=0.5\text{m}$，试求下面三种情况时的关节瞬时速度 $\dot{\theta}_1$ 和 $\dot{\theta}_2$。

v_x/(m/s)	-1.0	0	1.0
v_y/(m/s)	0	1.0	1.0
θ_1/(°)	30	30	30
θ_2/(°)	-60	120	-30

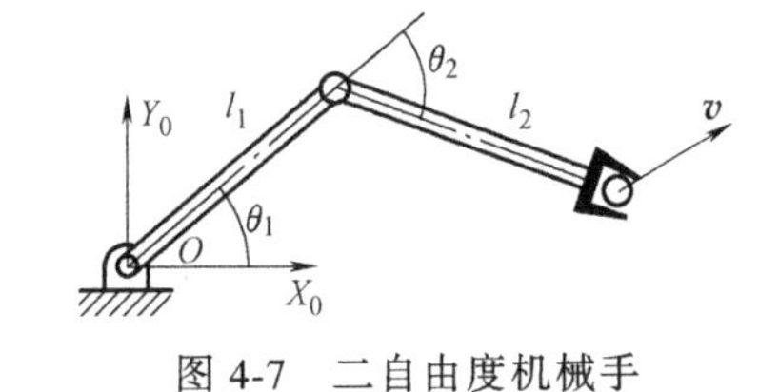

图4-7　二自由度机械手

2）已知二自由度机械手的雅可比矩阵为

$$\boldsymbol{J}=\begin{bmatrix}-l_1s_1-l_2s_{12} & -l_2s_{12}\\ l_1c_1+l_2c_{12} & l_2c_{12}\end{bmatrix}$$

若忽略重力，当手部端点力 $\boldsymbol{F}=[1\quad 0]^{\mathrm{T}}$ 时，求与此力相应的关节力矩。

3）图4-7所示二自由度机械手，杆长为 $l_1=l_2=0.5\text{m}$，手部中心受到外界环境的作用力为 F'_x 及 F'_y，试求在下面三种情况下，机械手取得静力学平衡时的关节力矩 τ_1 和 τ_2。

F'_x/N	-10.0	0	10.0
F'_y/N	0	-10.0	10.0
θ_1/(°)	30	30	30
θ_2/(°)	-60	120	-30

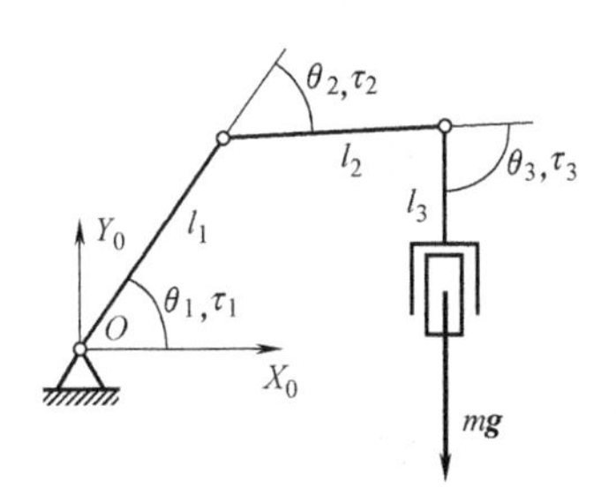

图4-8　三自由度机械手

4 CHAPTER

4）如图 4-8 所示，一个三自由度机械手，其手部夹持一质量 $m=10\text{kg}$ 的重物，$l_1=l_2=0.8\text{m}$，$l_3=0.4\text{m}$，$\theta_1=60°$，$\theta_2=-60°$，$\theta_3=-90°$。若不计机械手的重量，求机械手处于平衡状态时各关节的力矩。

5）图 4-9 所示三自由度平面关节机械手，关节 1 为转动关节 θ_1；关节 2 为移动关节 d_2。

① 按下表参数计算手部中心的线速度 v_x 及 v_y。表中 $\dot{\theta}_1$ 和 v_2 分别为关节 1 的角速度和关节 2 的线速度。

$\theta_1/(°)$	0	30	60	90
d_2/m	0.50	0.80	1.00	0.70
$\dot{\theta}_1$/(rad/s)	1	1.5	1.5	1
v_2/(m/s)	1	1.5	1.5	1

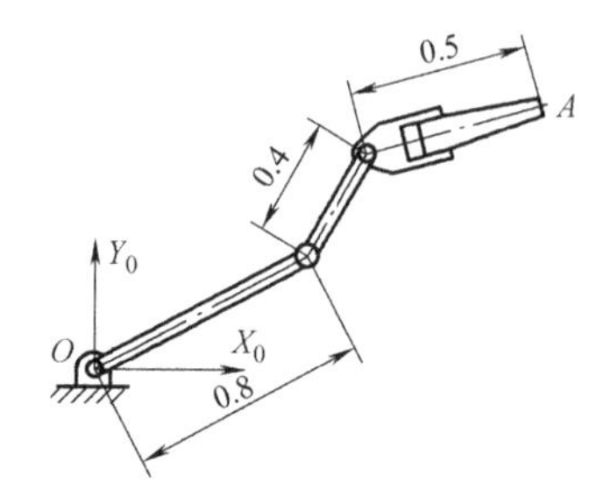

图 4-9　三自由度平面关节机械手

② 按下表参数计算机械手静力学平衡时关节 1 的力矩 τ_1 和关节 2 的驱动力 P_2。表中 F'_x、F'_y 分别为手部中心受到外界环境的作用力。

$\theta_1/(°)$	0	30	60	90
d_2/m	0.50	0.80	1.00	0.70
F'_x/N	-40	-40	-40	40
F'_y/N	0	25	40	0

6）图 4-9 所示三自由度平面关节型机械手，手部握有焊接工具。已知：

$$\theta_1=30°,\ \dot{\theta}_1=0.04\text{rad/s}$$

$$\theta_2=45°,\ \dot{\theta}_2=0$$

$$\theta_3=15°,\ \dot{\theta}_3=0.1\text{rad/s}$$

求焊接工具手部 A 点的线速度 v_x 及 v_y。

7）如图 4-10 所示二自由度机械手在如图位置时（$\theta_1=0$，$\theta_2=\pi/2$），生成手爪力 $\boldsymbol{F}_A=[f_x\quad 0]^{\mathrm{T}}$ 或 $\boldsymbol{F}_B=[0\quad f_y]^{\mathrm{T}}$。求对应的驱动力矩 τ_A 和 τ_B。

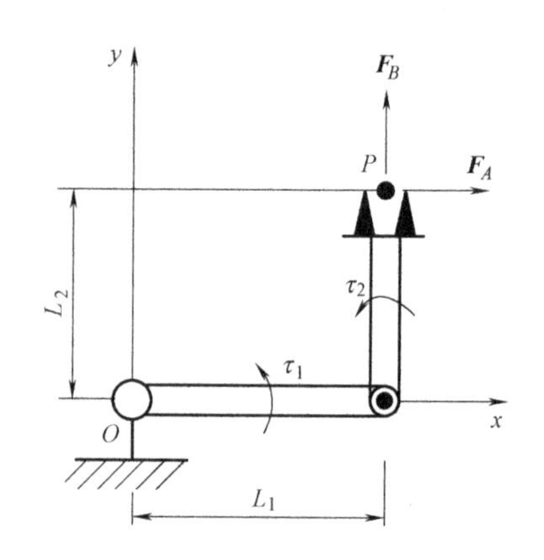

图 4-10　二自由度机械手

8）什么是拉格朗日函数和拉格朗日方程？

9）简述二自由度平面关节型机械手动力学方程主要包含哪些项？这些项各自都有何物理意义？

10）什么是机械臂连杆之间的耦合作用？

11）在什么情况下可以简化动力学方程的计算？

12）试论述机器人静力学、动力学、运动学的关系。

13）工业机器人力雅可比矩阵和速度雅可比矩阵有何关系？

第5章 工业机器人运动轴与坐标系

5.1 工业机器人运动轴

六轴串联型机器人本体上有6个可活动的关节（轴）。图5-1所示为四大家族机器人运动轴的定义。FANUC机器人的六个轴定义为J1轴、J2轴、J3轴、J4轴、J5轴、J6轴；ABB机器人的六个轴定义为轴1、轴2、轴3、轴4、轴5和轴6；KUKA机器人的六个轴定义为A1、A2、A3、A4、A5和A6；YASKAWA机器人的六个轴定义为S轴、L轴、U轴、R轴、B轴、T轴，如图5-1所示。其中，前三轴称为基本轴或主轴，用于保证末端执行器达到工作空间的任意位置；后三轴称为腕部轴或次轴，用于实现末端执行器的任意空间姿态的控制。

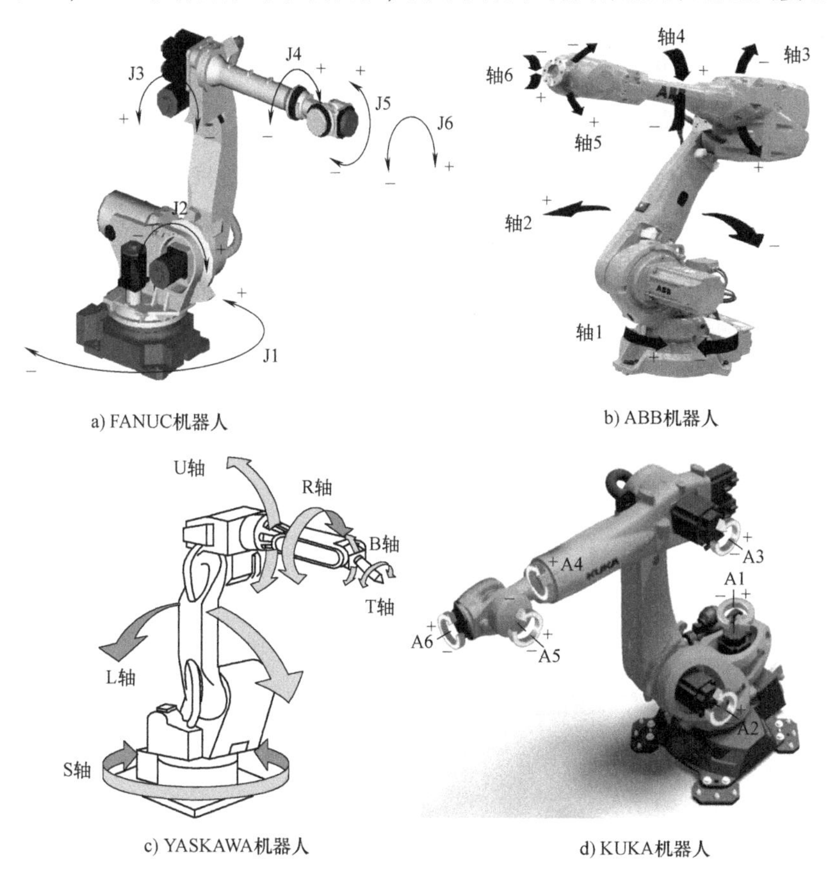

a) FANUC机器人　b) ABB机器人　c) YASKAWA机器人　d) KUKA机器人

图5-1　四大家族机器人运动轴的定义

为了扩大机器人的运动范围，有时会给机器人增加扩展轴，形成第 7 轴或更多轴，扩展轴与本体六个轴之间可以协调联动，因此也叫协调轴或外部轴。图 5-2 所示的机座轴（也称行走轴）、工装轴（也称回转轴）都属于机器人的外部轴，外部轴的动作也通过机器人示教器进行运动编程示教。

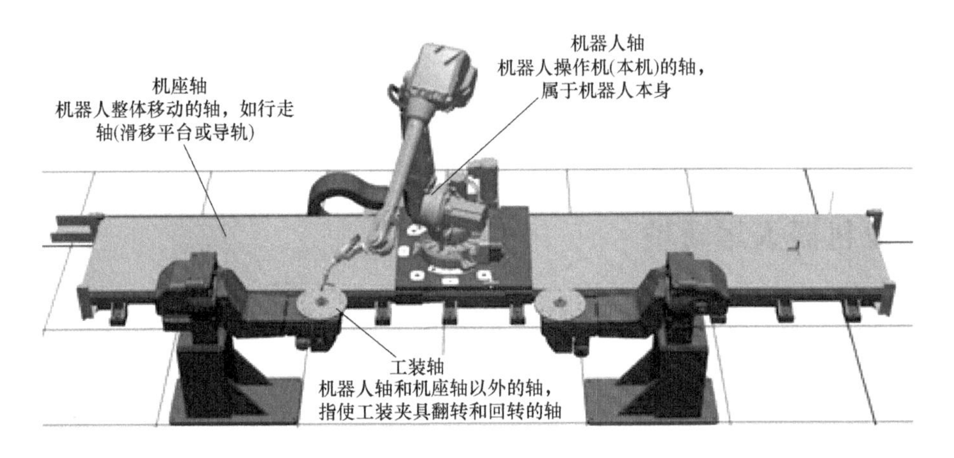

图 5-2　机器人外部轴

5.2　坐标系

工业机器人主要包括四种类型的坐标系：世界坐标系（机座坐标系）、关节坐标系、工具坐标系、用户（或工件）坐标系。工业机器人的运动实质是根据不同作业内容、轨迹的要求，在各种坐标系下的运动。图 5-3 所示为一个工业机器人本体与外部环境关联的坐标系情况。理解机器人的各个坐标系的含义，是进行工业机器人编程的基础。

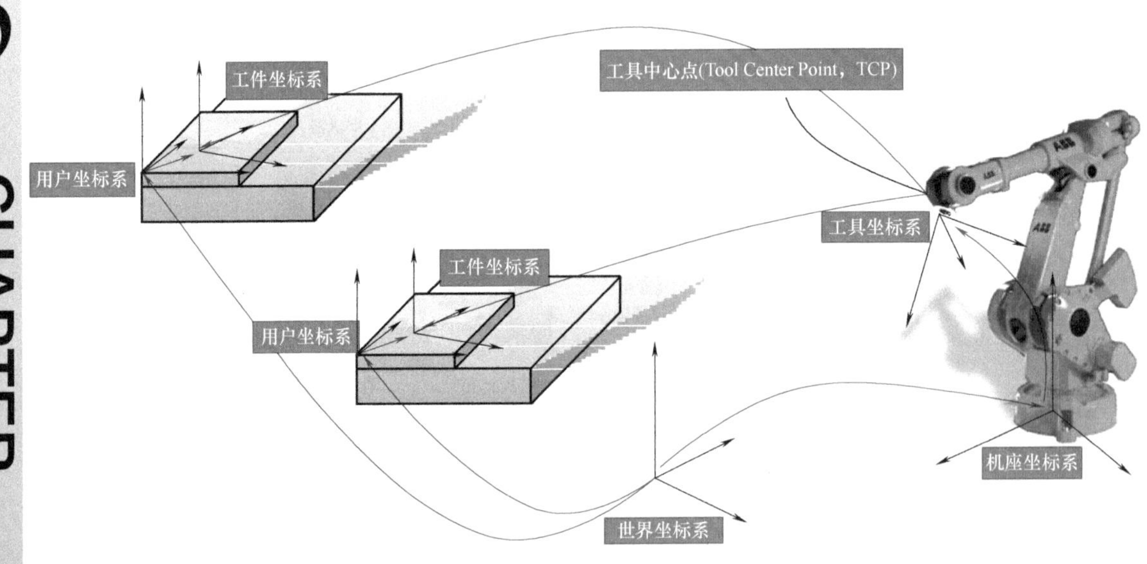

图 5-3　工业机器人常用坐标系的空间关系

5.2.1　世界坐标系

世界坐标系也即通用坐标系，以大地为参考。串联工业机器人的世界坐标系是被固定在空间上的标准直角坐标系，也称为工业机器人机座坐标系，是由机器人开发人员事先确定的标准参考位置。其原点定义在机器人的安装面与第一转动轴的交点处，*X*+轴向前，*Z*+轴向上，*Y*+轴按右手规则确定，如图 5-4 所示。

5.2.2　关节坐标系

关节坐标系是设定在机器人的关节中的坐标系。关节坐标系中的机器人的位置和姿势，以各关节的底座侧的关节坐标系 为基准而确定。在关节坐标系下，机器人各轴均可实现单独的正向或反向运动。对于大范围运动，且不要求机器人工具中心点（TCP）姿态的，可选择关节坐标系。图 5-5 所示的关节坐标系的关节值，处在所有轴都为 0°的状态。

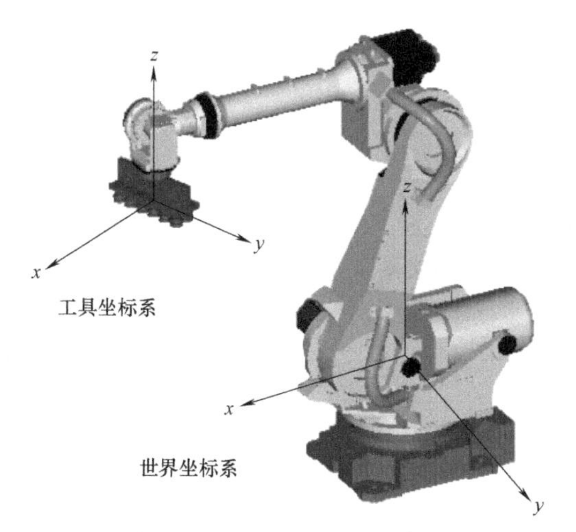

图 5-4　工业机器人世界坐标系

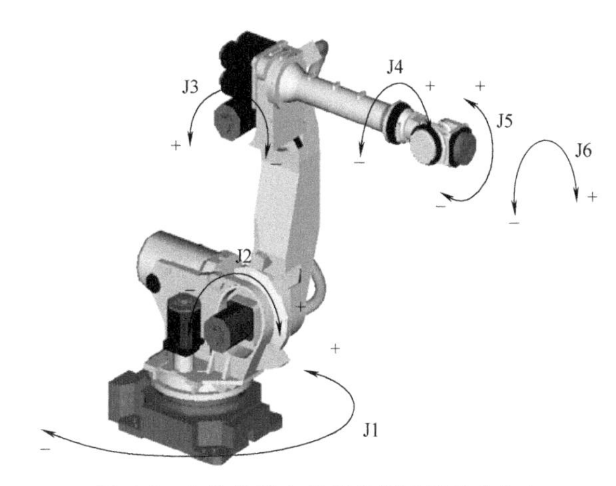

图 5-5　六轴机器人关节坐标系及运动方向

5.2.3　机械接口坐标系

在机器人的机械接口（第六轴手腕法兰盘面）中定义的标准直角坐标系中，坐标系被固定在机器人所事先确定的位置。工具坐标系基于该坐标系而设定。机械接口坐标系的空间位姿（*x*，*y*，*z*，*w*，*p*，*r*）在出厂前已经标定，且不会因用户使用而变化，因此机械接口坐标系在机器人中是一个固定的坐标系。

5.2.4　工具坐标系

工具坐标系是表示工具中心点和工具姿势的直角坐标系。在工业生产线上，通常在工业机器人的末端执行器上固定特殊的部件作为工具，如夹具、焊钳等装置，在这些工具上的某个固定位置上通常要建立一个坐标系，即工具坐标系，机器人的轨迹规划通常是在添加了上述的工具之后，针对工具的某一点进行规划，通常这一点被称为工具中心点（Tool Center Point，TCP）。一般情况下，工具坐标系的原点就是 TCP，工具在被安装在机器人末端执行器上之后，除非人为地改变其安装位置，否则工具坐标系相对于机器人末端坐标系的关系是固定不变的。正确的工具坐标系标定对机器人的轨迹规划具有重要影响，而且机器人的工具可能会针对不同的应用场景需要经常更换机器人的工具坐标系，因此一种快速、准确的机器人工具坐标系标定方法是迫切需求的。工具坐标系通常以 TCP 为原点，将工具方向取为 Z 轴。

未定义工具坐标系时，将由机械接口坐标系（第六轴法兰中心点）来替代该坐标系。

工具坐标系由工具中心点的位置（x，y，z）和姿势（w，p，r）构成。TCP 的位置通过相对机械接口坐标系的工具中心点的坐标值 x、y、z 来定义，如图 5-6 所示。工具的姿势通过机械接口坐标系的 X 轴、Y 轴、Z 轴周围的回转角 w、p、r 来定义。工具中心点用来对位置数据的位置进行示教。在进行工具的姿势控制时，需要用上工具姿势。

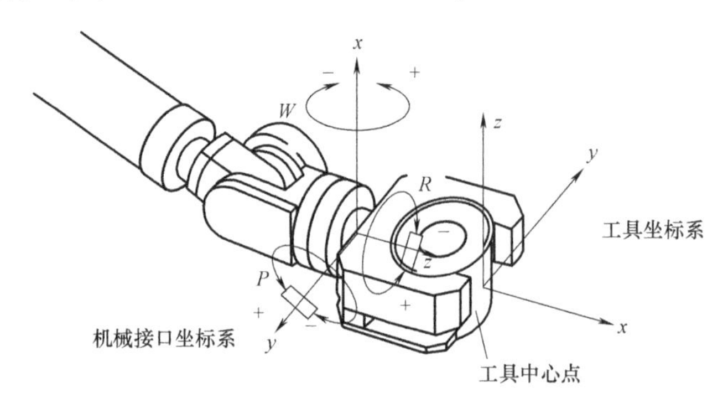

图 5-6　TCP 与机械接口坐标系的位置关系

5.2.5　用户坐标系

在工业机器人的使用过程中，为了方便任务的完成，一般在操作的工件（或台面）上建立一个工件坐标系，也称为用户坐标系，绝大部分的操作定义在用户坐标系上。然而工件的位置可能会因为操作任务的不同而改变，通常需要重新建立用户坐标系，并标定出用户坐标系相对于机器人机座坐标系的转换关系，因此在实际的生产中经常需要快速实现工件坐标系的标定。

如上所述的五类坐标系中，工具坐标系和用户坐标系将随着机器人的工具、加工工件的不同而不同，需要用户进行针对性的标定。接下来将重点介绍工具坐标系和用户坐标系的作用原理及标定方法。

5.3　工具坐标系

为了分析工具坐标系在工业机器人使用过程中的作用，进行如下探索：

探索　研究对象和参考对象

运动学中，在研究物体运动过程时，需要选定参考对象和研究对象。

思考　机器人在实际应用过程中做些什么？图 5-7 所示的三种典型工业机器人应用中的参考对象和研究对象又会是什么？

从机器人不同应用领域来看，机器人大多是拿着工具（焊钳、手爪等）去工作台上固定的位置加工工件。人们习惯性地取静止的物体为参考对象，取运动的物体为研究对象。因

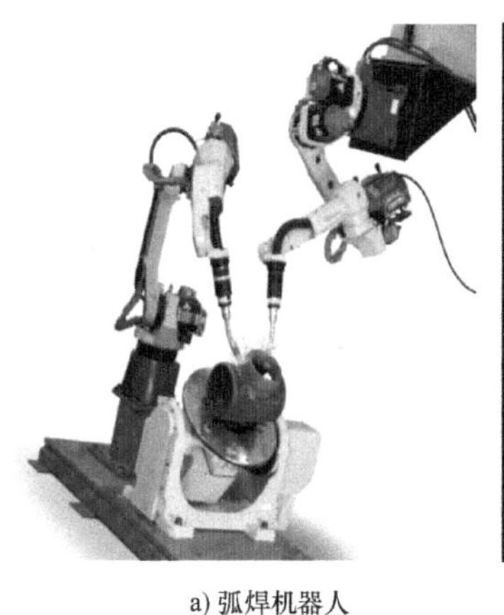

a) 弧焊机器人

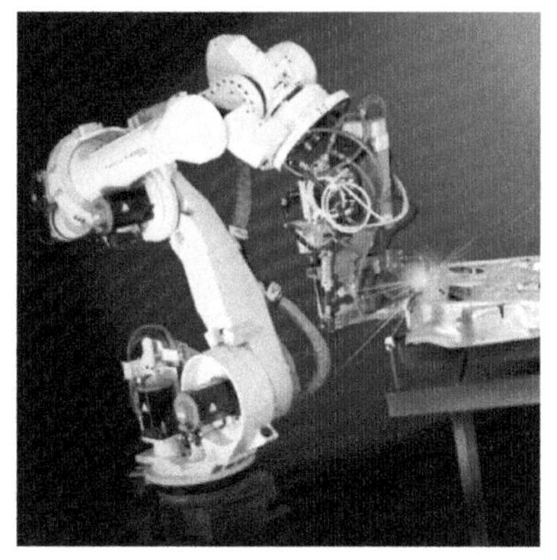

b) 点焊机器人

c) 搬运机器人

图 5-7 工业机器人的典型应用案例

此，这里可以取工具为研究对象，取工作台为参考对象。机器人实际上就是建立了工具和工作台的关系，这个关系也称为位置点位，如图 5-8 所示。

机器人为了表达工具和工作台的相对位置关系，引入工具坐标系和用户坐标系。

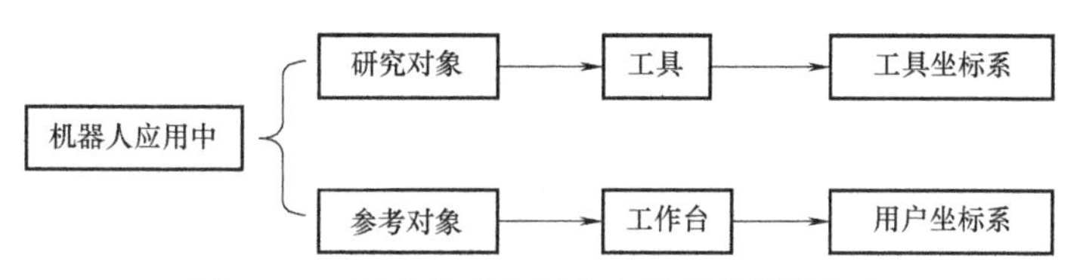

图 5-8 工具坐标系和用户坐标系的关联关系

由图 5-8 可看出，机器人的当前位置表达了工具坐标系相对于用户坐标系的对应关系。

5.3.1 工具坐标系的作用

1. 默认的工具坐标系

一般将法兰盘中心定义为工具坐标系的原点，法兰盘中心指向法兰盘定位孔方向定义为+*X* 方向，垂直法兰向外为+*Z* 方向，最后根据右手规则即可判定 *Y*+方向。新的工具坐标系都是相对默认的工具坐标系变化得到的，如图 5-9 所示。

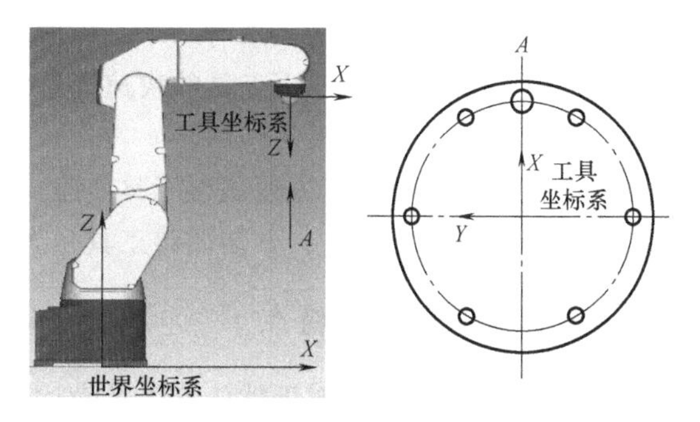

图 5-9 工具坐标系

2. 工具中心点（TCP）

对于工业机器人来说，机器人轨迹及速度是指 TCP 的轨迹和速度。TCP 一般设置在工具的末端，如手爪中心、焊丝端部、点焊静臂前端等。

为了说明工具坐标系和用户坐标系的作用，可做如下思考：从探索 1 中，已经知道工具坐标系是运动中的一个研究对象，但是它在实际调试过程中，又起到什么作用呢？

以图 5-10a 为例，手爪如何能以最方便的方式调整姿态以抓取水平台面上的工件呢？同样，手爪如何以最方便的方式调整姿态以抓取图 5-11a 所示的斜台面上的工件呢？

推测 通过大家的思考，可以得出以下两个推测。

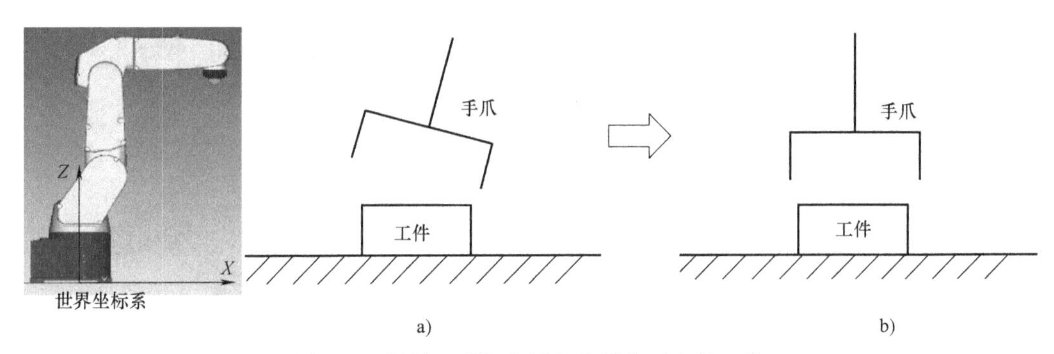

图 5-10　调整工具姿态抓取水平台面上的工件

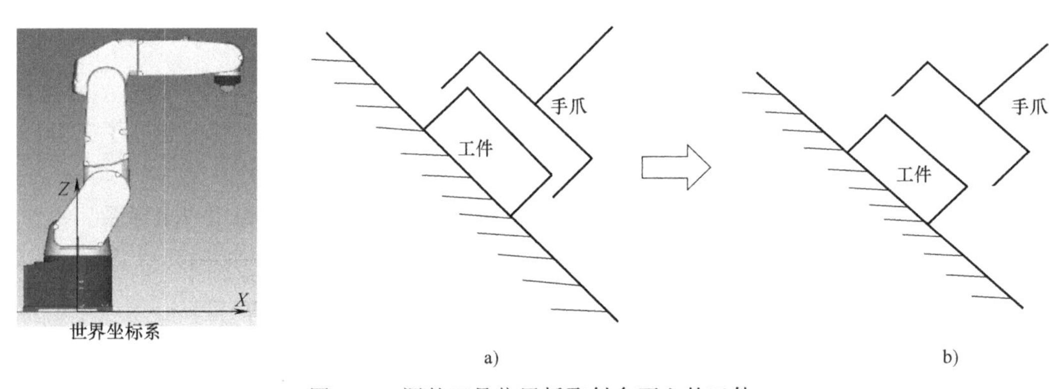

图 5-11　调整工具位置抓取斜台面上的工件

推测 1：若图 5-10 中的手爪有一个旋转点，使手爪直接绕着这个旋转点旋转就可以实现姿态调整。

推测 2：若图 5-11 中的手爪有一个与斜面垂直的前进方向，就可以直接移动过去了。

为了实现上述两种情况下工具的快速姿态调整，工业机器人提供了工具坐标系。

结论　建立工具坐标系的作用：

1）确定工具中心点，方便调整工具姿态。

2）确定工具进给方向，方便调整工具位置。

5.3.2　工具坐标系的特点

新的工具坐标系是相对于默认的工具坐标系变化得到的，新的工具坐标系的位置和方向始终同法兰盘保持绝对的位置和姿态关系，但在空间上是一直变化的。图 5-12 所示为不同形状工具的 TCP。其中，图 5-12a 所示为垂直于法兰盘的垂直卡爪，TCP 由机械工具坐标系平移即可，无角度变化；图 5-12b 所示为带弧形的工具，其 TCP 由机械工具坐标系平移或旋转获得。这两种形式的 TCP 均与机械工具坐标系之间存在绝对位姿关系。

本书将以 FANUC 机器人为例介绍工业机器人工具坐标系的标定方法，其他品牌机器人工具坐标系的标定步骤有所差别，但原理是一致的。

5.3.3　工具坐标系的标定

工具坐标系需要在编程前先行设定。如果未定义工具坐标系，将使用默认工具坐标系。

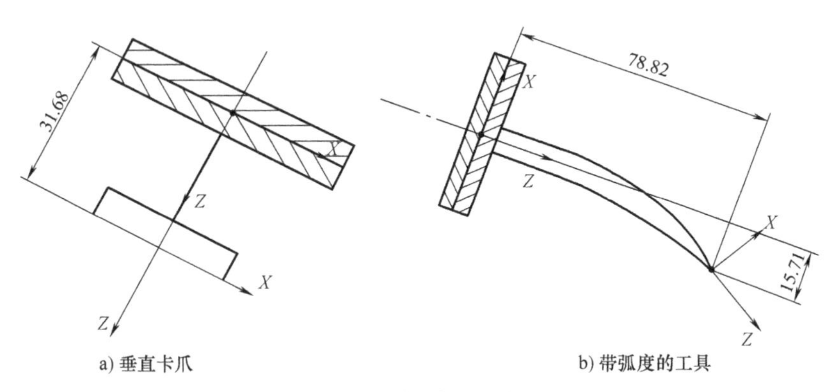

a) 垂直卡爪　　b) 带弧度的工具

图 5-12　不同形状工具的 TCP

对于 FANUC 机器人，用户最多可以设置 10 个工具坐标系。一般一个工具对应一个工具坐标系。工具坐标系的设置方法有三点法、六点法和直接输入法。

1. 三点法原理及设置步骤

（1）基本方法　设定工具中心点，进行示教，使参考点 1、2、3 以不同的姿势指向 1 点，如图 5-13 所示。

由此，机器人控制器自动计算 TCP 的位置。要进行正确设定，应尽量使三个趋近方向各不相同。三点法中，只能设定工具中心点位置坐标（x，y，z），工具姿势坐标（w，p，r）中输入标准值（0，0，0）。在设定完位置坐标后，以六点示教法或直接示教法来定义工具姿势。

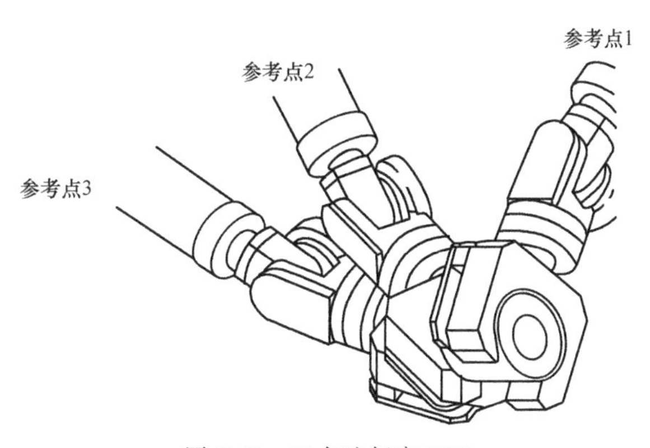

图 5-13　三点法标定 TCP

（2）三点法设置步骤

1）依次按键操作：【MENU】（菜单）→【SETUP】（设置）→F1【TYPE】（类型）→【FRAMES】（坐标系），进入坐标系设置界面，如图 5-14 所示。

2）按 F3【OTHER】（坐标），选择【TOOL FRAME】（工具坐标系），进入工具坐标系设置界面。如图 5-15 所示。

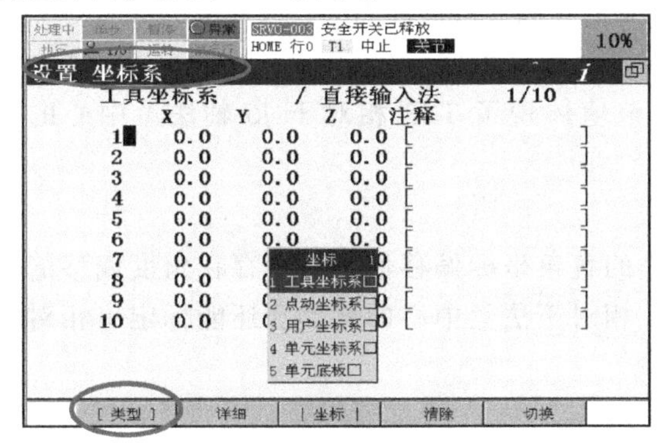

图 5-14　坐标系设置界面

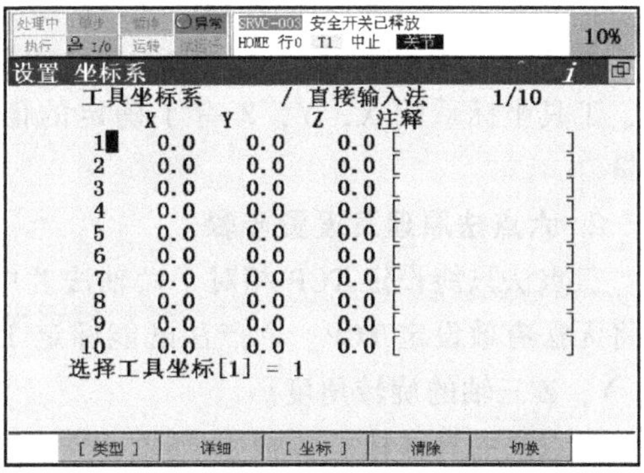

图 5-15　工具坐标系设置界面

3）移动光标到所需设置的工具坐标系号处，按 F2【DETAIL】(详细)，进入详细界面。

4）按 F2【METHOD】（方法），移动光标，选择所用的设置方法【THREE POINT】(三点法)，按【ENTER】（回车）确认，进入图 5-16 所示界面。

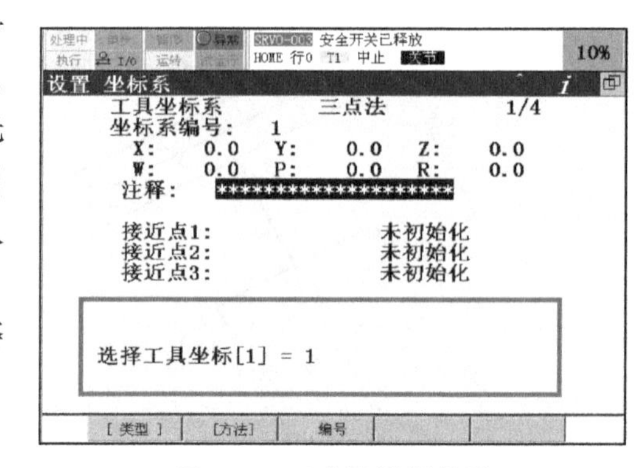

图 5-16　三点法设置界面

之后对每个接近点分三步操作：①调姿态；②点对点；③记录。

① 记录接近点 1：

a. 移动光标到接近点 1（APPROACH POINT 1）。

b. 把示教坐标系切换成世界坐标系（WORLD）后移动机器人，使工具尖端接触到基准点。

c. 按【SHIFT】+F5【RECORD】（记录）记录。

② 记录接近点 2：

a. 沿世界坐标系（WORLD）的+Z 方向移动机器人 50mm 左右。

b. 移动光标到接近点 2（APPROACH POINT 2）。

c. 把示教坐标系切换成关节坐标系（JOINT），旋转 J6 轴（法兰面）至少 90°，但不要超过 180°。

d. 把示教坐标系切换成世界坐标系（WORLD）后移动机器人，使工具尖端接触到基准点。

e. 按【SHIFT】+F5【RECORD】（记录）记录。

f. 沿世界坐标系（WORLD）的+Z 方向移动机器人 50mm 左右。

③ 记录接近点 3：

a. 移动光标到接近点 3（APPROACH POINT 3）。

b. 把示教坐标系切换成关节坐标系（JOINT），旋转 J4 轴和 J5 轴，不要超过 90°。

c. 把示教坐标系切换成世界坐标系（WORLD），移动机器人，使工具尖端接触到基准点。

d. 按【SHIFT】+F5【RECORD】（记录）记录。

e. 沿世界坐标系（WORLD）的+Z 方向移动机器人 50mm 左右。

④ 当三个点记录完成，新的工具坐标系被自动计算生成，如图 5-17 所示。三点法标定后，工具坐标系的 X，Y，Z 有了确定的值，该值体现了 TCP 相对于 J6 轴法兰中心的偏移量。

2. 六点法原理及设置步骤

三点法只能设定 TCP 相对于六轴法兰中心的直角坐标偏移值，对于存在角度偏移的工具将无法有效设定 TCP。六点法既能标定 TCP 相对于法兰中心的移动，还能标定出相对于 X，Y，Z 三轴的旋转角度。

六点法的具体标定步骤如下：

1）依次按键操作：【MENU】(菜单)→【SETUP】(设置)→F1【TYPE】(类型)→

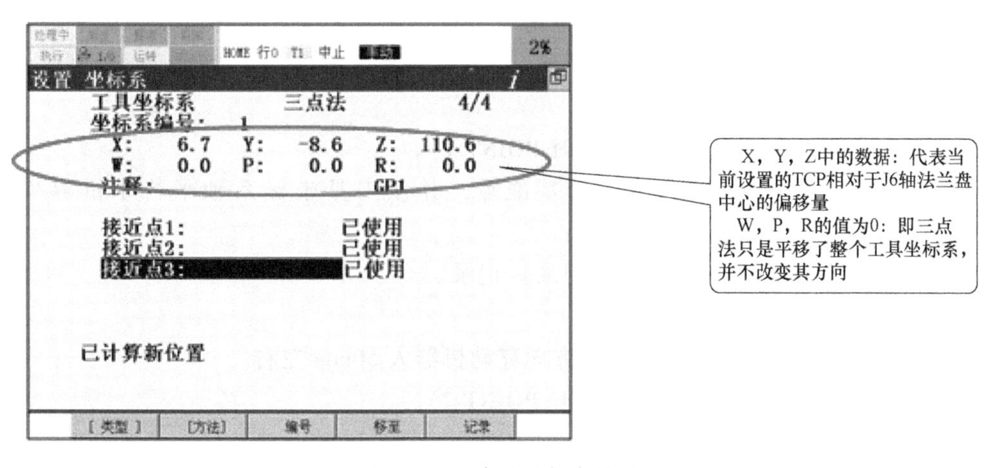

图 5-17　三点法的标定结果

【FRAMES】(坐标系)，进入坐标系设置界面，如图 5-18 所示。

2）按 F3【OTHER】（坐标），选择【TOOL FRAME】（工具坐标系），进入工具坐标系设置界面，如图 5-19 所示。

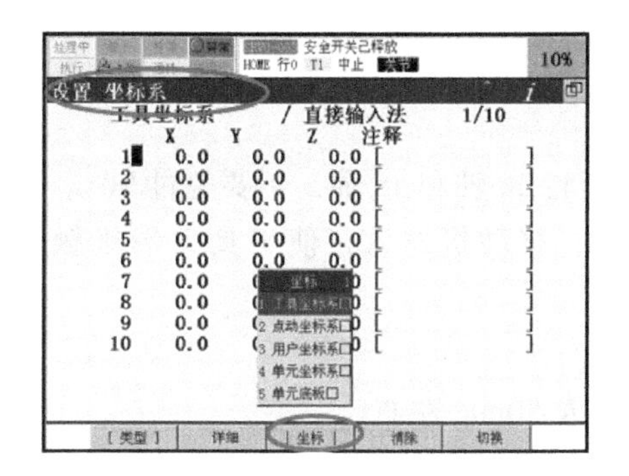

图 5-18　坐标系设置界面

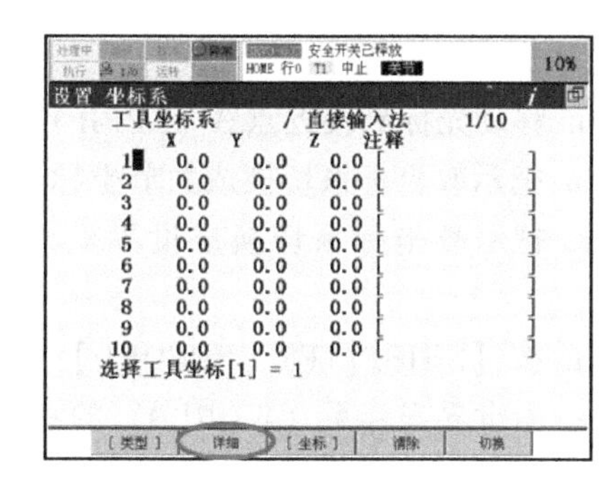

图 5-19　工具坐标系设置界面

3）在图 5-19 中移动光标到所需设置的工具坐标号上，按 F2【DETAIL】（详细），进入详细界面。

4）按 F2【METHOD】(方法)，如图 5-20 所示，选择所用的设置方法【SIX POINT (XZ)】[六点法（XZ)]，按【ENTER】（回车）确认，进入图 5-21 所示界面。

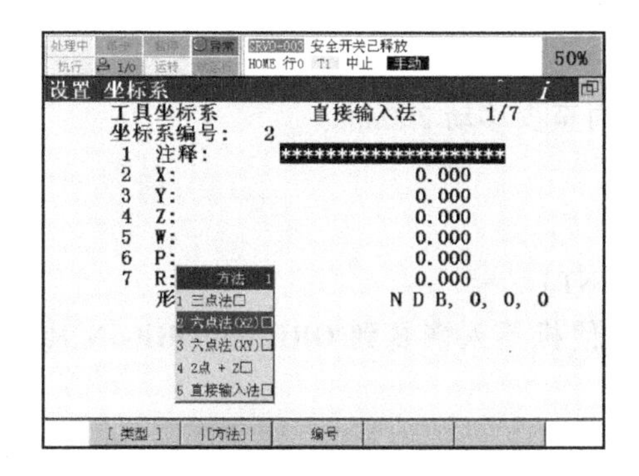

图 5-20　方法选择界面

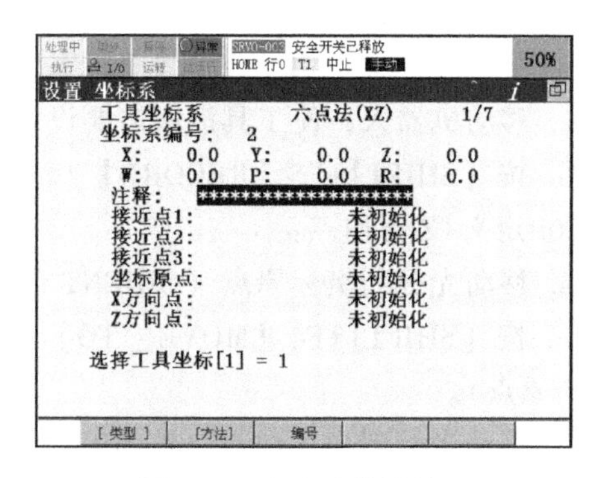

图 5-21　六点法设置界面

注意：记录工具坐标的 X 和 Z 方向点时，可以通过将所要设定的工具坐标系的 X 和 Z 轴平行于世界坐标系（WORLD）轴的方向，可以使操作简单化。

① 记录接近点 1：

a. 移动光标到接近点 1（APPROACH POINT 1）。

b. 移动机器人使工具尖端接触到基准点，并使工具坐标系轴平行于世界坐标系（WORLD）轴。

c. 按【SHIFT】+F5【RECORD】（记录）记录。

② 记录接近点 2：

a. 沿世界坐标系（WORLD）的+Z 方向移动机器人 50mm 左右。

b. 移动光标到接近点 2（APPROACH POINT 2）。

c. 把示教坐标系切换成关节坐标系（JOINT），旋转 J6 轴（法兰面）至少 90°，不要超过 180°。

d. 把示教坐标系切换成世界坐标系（WORLD）后移动机器人，使工具尖端接触到基准点。

e. 按【SHIFT】+F5【RECORD】（记录）记录。

f. 沿世界坐标系（WORLD）的+Z 方向移动机器人 50mm 左右。

③ 记录接近点 3：

a. 移动光标到接近点 3（APPROACH POINT 3）。

b. 把示教坐标系切换成关节坐标系（JOINT），旋转 J4 轴和 J5 轴，不要超过 90°。

c. 把示教坐标系切换成世界坐标系（WORLD），移动机器人，使工具尖端接触到基准点。

d. 按【SHIFT】+F5【RECORD】（记录）记录。

e. 沿世界坐标系（WORLD）的+Z 方向移动机器人 50mm 左右。

④ 记录 ORIENT ORIGIN POINT（坐标原点）：

a. 移动光标到接近点 1（APPROACH POINT 1）。

b. 按【SHIFT】+F4【MOVE_ TO】（移至），使机器人回到接近点 1。

c. 移动光标到坐标原点（ORIENT ORIGIN POINT）。

d. 按【SHIFT】+F5【RECORD】（记录）记录。

⑤ 定义+X 方向点：

a. 移动光标到 X 方向点（X DIRECTION POINT）。

b. 把示教坐标系切换成世界坐标系（WORLD）。

c. 移动机器人，使工具沿所需要设定的+X 方向至少移动 250mm。

d. 按【SHIFT】+F5【RECORD】（记录）记录。

⑥ 定义+Z 方向点：

a. 移动光标到坐标原点（ORIENT ORIGIN POINT）。

b. 按【SHIFT】+F4【MOVE_ TO】（移至），使机器人恢复到 ORIENT ORIGIN POINT（方向原点）。

c. 移动光标到 Z 方向点（Z DIRECTION POINT）。

d. 移动机器人，使工具沿所需要设定的+Z 方向［以世界坐标系（WORLD）方式］至少移动 250mm。

e. 按【SHIFT】+F5【RECORD】(记录) 记录。

当六个点记录完成后，新的工具坐标系被自动计算生成，以弧焊工具为例得到的 TCP 坐标数据如图 5-22 所示，坐标在空间的情况如图 5-23 所示。该 TCP 相比于六轴法兰中心既有平移又有旋转，符合弧焊工具 TCP 的实际情况。

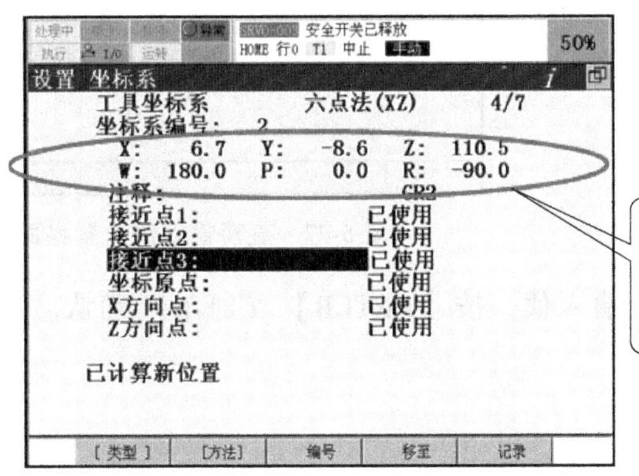

X，Y，Z中的数据：代表当前设置的TCP相对于J6轴法兰盘中心的偏移量

W，P，R中的数据：代表当前设置的工具坐标系与默认工具坐标系的旋转量

图 5-22 六点法的标定结果

3. 直接输入法设置步骤

1) 依次按键操作：MENU (菜单)→【SETUP】(设置)→F1【TYPE】(类型)→【FRAMES】(坐标系)，进入坐标系设置界面，如图 5-24 所示。

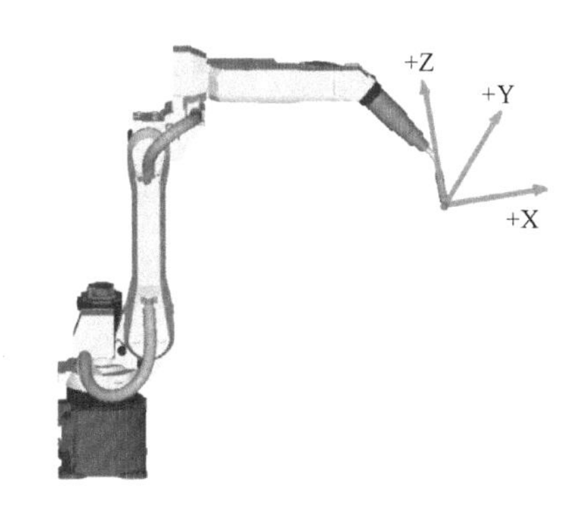

图 5-23 弧焊工具六点法标定结果

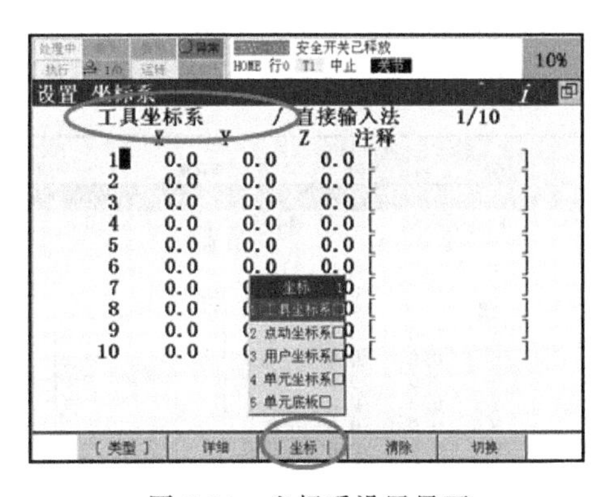

图 5-24 坐标系设置界面

2) 按 F3【OTHER】(坐标)，选择【TOOL FRAME】(工具坐标系)，进入工具坐标系设置界面，如图 5-25 所示。

3) 在图 5-25 中移动光标到所需设置的工具坐标号上，按 F2【DETAIL】(详细)，进入详细界面，如图 5-26 所示。

4) 按 F2【METHOD】(方法)，移动光标，选择所用的设置方法【DIRECT ENTRY】(直接输入法)，按【ENTER】(回车) 确认，进入图 5-27 所示界面。

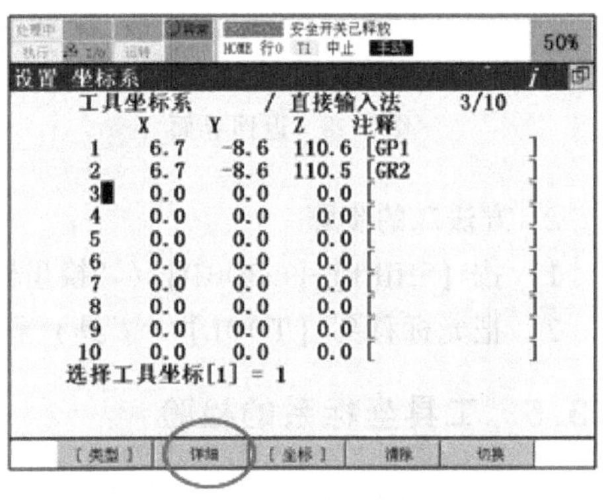

图 5-25 工具坐标系设置界面

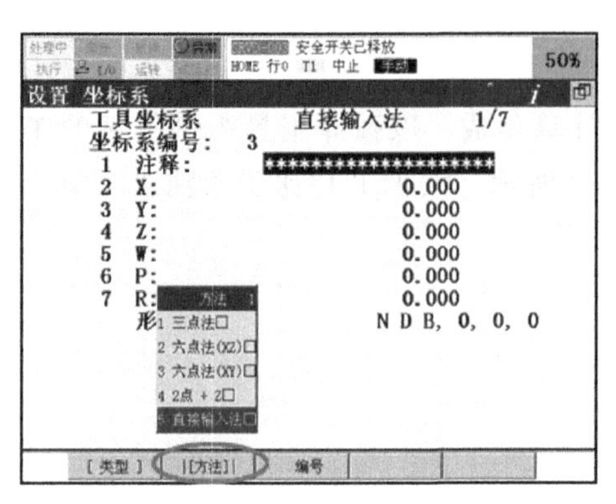

图 5-26 详细界面

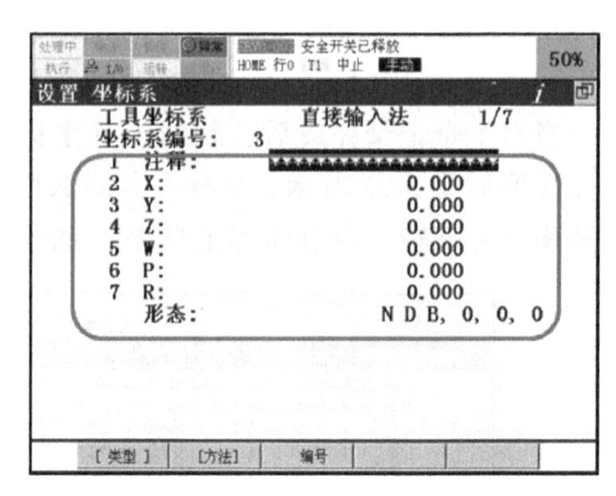

图 5-27 直接输入法设置界面

5）移动光标到相应的项，用数字键输入值，按【ENTER】（回车）确认。重复该步骤，完成所有项输入。

5.3.4 工具坐标系的激活

1. 方法一的步骤

1）按【PREV】（返回）回到图 5-28 所示界面。

2）按 F5【SETIND】（切换），屏幕中出现：“ENTER FRAME NUMBER：（输入坐标系编号：）”，如图 5-29 所示。

3）用数字键输入所需激活的工具坐标系号，按【ENTER】（回车）确认，如图 5-30 所示；屏幕中将显示被激活的工具坐标系号，即当前有效工具坐标系号。

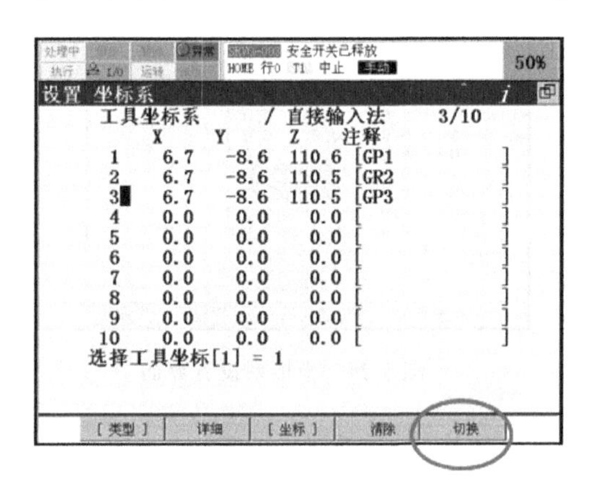

图 5-28 返回界面

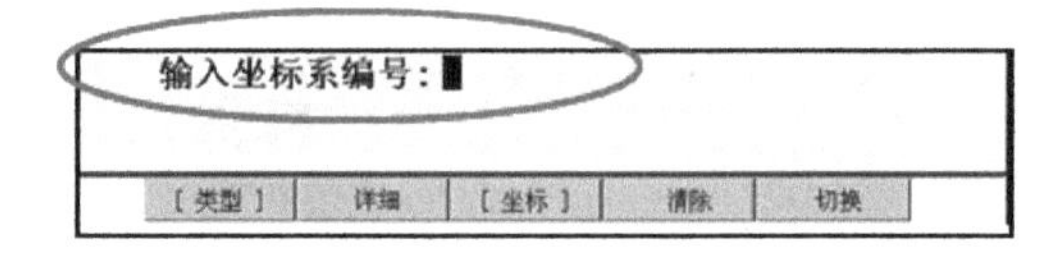

图 5-29 输入坐标系编号

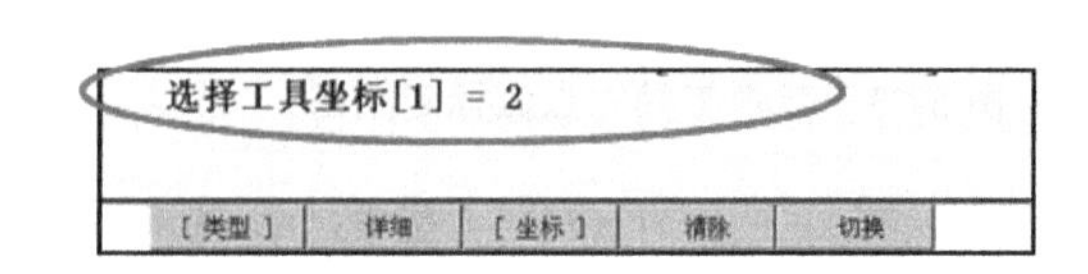

图 5-30 输入所需激活的工具坐标系号

2. 方法二的步骤

1）按【SHIFT】+【COORD】（切换坐标系），弹出工具坐标系激活对话框，如图 5-31 所示。

2）把光标移到【TOOL】（工具）行，用数字键输入所要激活的工具坐标系号。

5.3.5 工具坐标系的检验

工具坐标系检验的具体步骤如下：

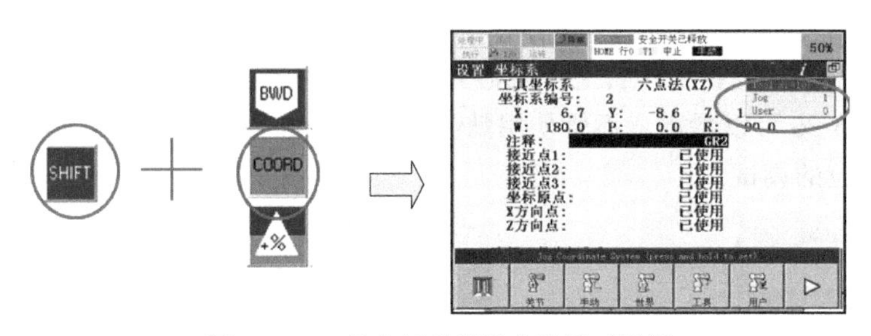

图 5-31 工具坐标系激活方法及对话框

1. 检验 X，Y，Z 方向

1）将机器人的示教坐标系通过【COORD】键切换成工具（TOOL）坐标系，如图 5-32 所示。

2）示教机器人分别沿 X，Y，Z 方向运动，检查工具坐标系的方向设定是否符合要求，按键组合如图 5-33 所示。

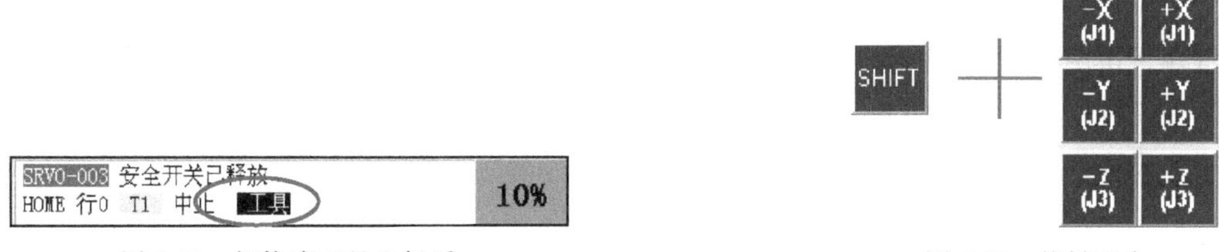

图 5-32 切换成工具坐标系

图 5-33 按键组合

2. 检验 TCP 的位置

1）将机器人的示教坐标系通过【COORD】键切换成世界坐标系，如图 5-34 所示。

2）移动机器人对准基准点，示教机器人绕 X，Y，Z 轴旋转，检查 TCP 的位置是否符合要求，按键组合如图 5-35 所示。

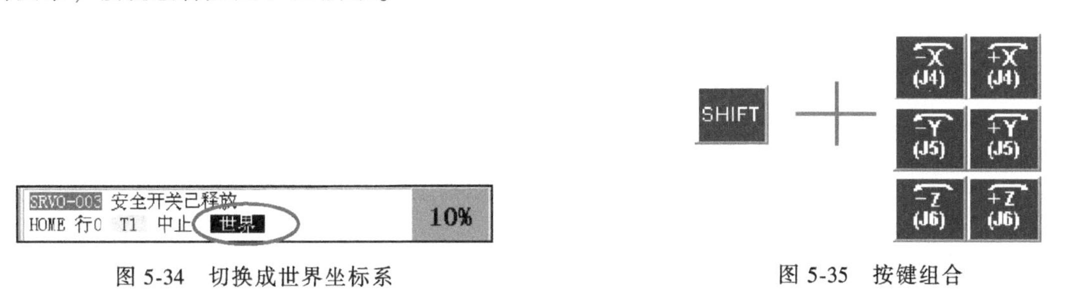

图 5-34 切换成世界坐标系

图 5-35 按键组合

注意：以上检验如果偏差不符合要求，则重复设置步骤。

5.4 用户坐标系

探索 用户坐标系的作用

定义 默认的用户坐标系：默认的用户坐标系 User0 和 WORLD（世界）坐标系重合。新的用户坐标系都是基于默认的用户坐标系变化得到的。

思考 由上文可知，用户坐标系是运动中的一个参考对象，但是它在实际调试过程中，又起到了什么作用呢？

如果把五个工件放置在工作台上，机器人该如何最快地完成每个工件抓取点位的调试？

推测 由图 5-36 可以看出，不管使用默认的用户坐标系 User0 还是 WORLD 坐标系，都能顺利地完成点位的调试。

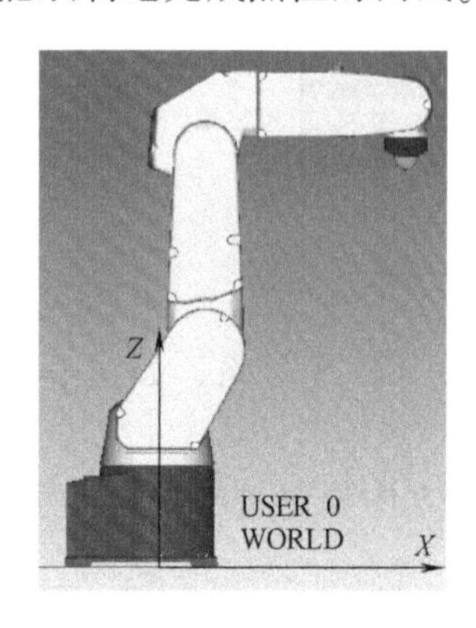

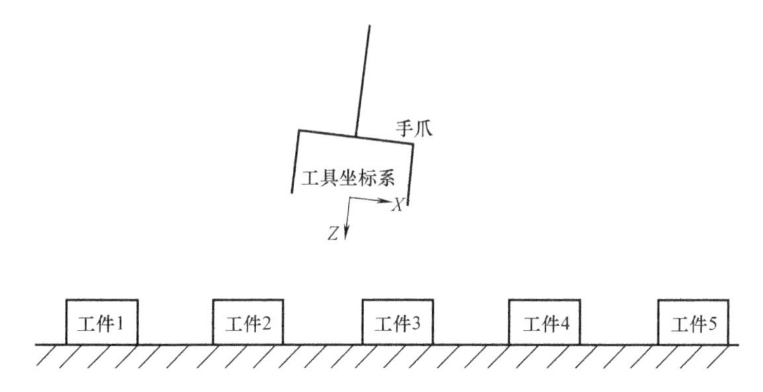

图 5-36 在水平工作台面上抓取工件

推测 由图 5-37 可以看出，如果使用默认的用户坐标系 User0 或者 WORLD 坐标系将很难对每个工件的位置进行调试，但如果存在某个坐标系的两个方向正好平行于工作台面，则调试将会更方便。

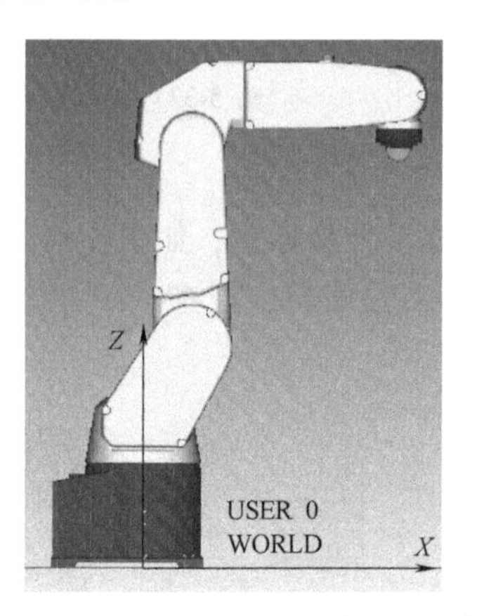

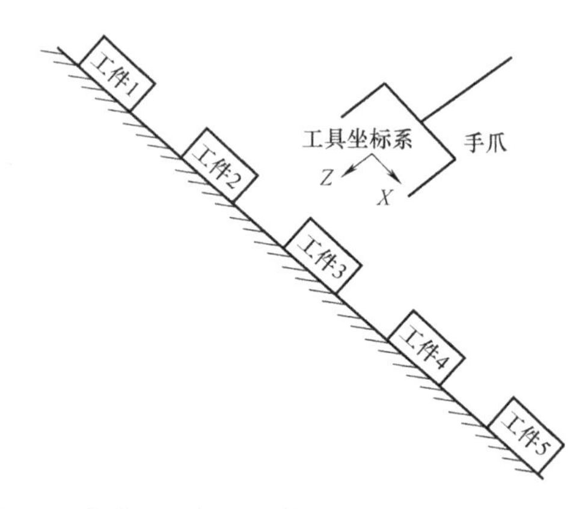

图 5-37 在倾斜的工作台面上抓取工件

5.4.1 用户坐标系的作用

1）确定参考坐标系。

2）确定工作台上的运动方向，方便调试。

5.4.2 用户坐标系的特点

新的用户坐标系是根据默认的用户坐标系 User0 变化得到的，新的用户坐标系的位置和姿态相对空间是不变化的。

下文将以 FANUC 机器人为例介绍工业机器人用户坐标系的标定方法，其他品牌机器人用户坐标系的标定步骤有所差别，但原理是一致的。

5.4.3　用户坐标系的标定

用户坐标系是用户对每个作业空间进行定义的笛卡儿坐标系。

最多可以设置 9 个用户坐标系。其设置方法有三点法、四点法和直接输入法。

其中，三点法的设置步骤如下：

1）依次按键操作：【MENU】(菜单)→【SETUP】(设置)→F1【TYPE】(类型)→【FRAMES】(坐标系)，进入坐标系设置界面，如图 5-38 所示。

2）按 F3【OTHER】（坐标），选择【USER FRAME】（用户坐标系），如图 5-39 所示，进入用户坐标系设置界面。

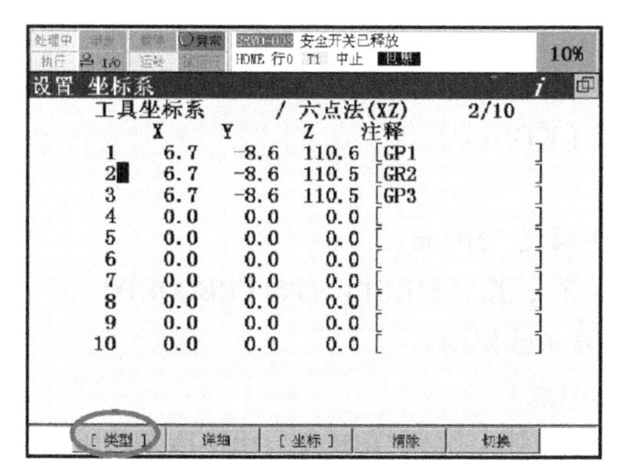

图 5-38　坐标系设置界面

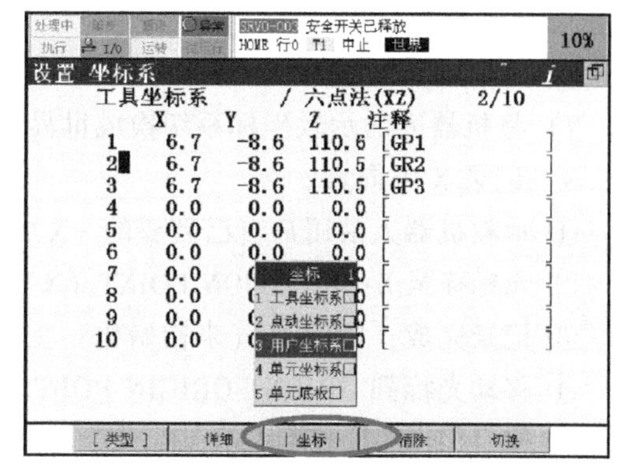

图 5-39　用户坐标系设置界面

3）移动光标至需要设置的用户坐标系，如图 5-40 所示，按 F2【DETAIL】（详细），进入详细界面。

4）按 F2【METHOD】（方法），选择所用的设置方法【THREE POINT】（三点法），如图 5-41 所示。

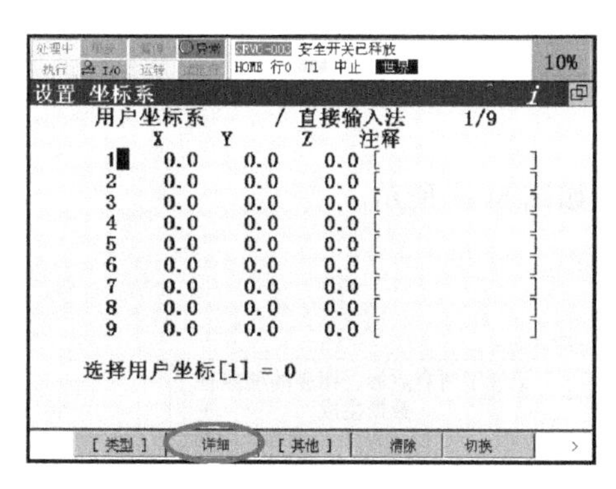

图 5-40　详细界面

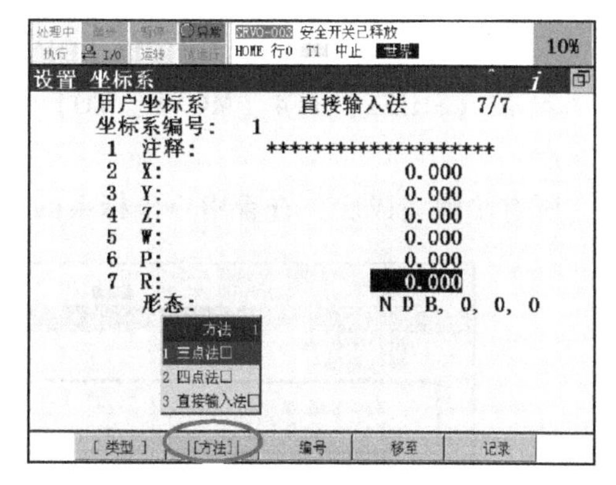

图 5-41　选择设置方法

5）按【ENTER】（回车）确认，进入具体设置界面，如图 5-42 所示。

6）记录 ORIENT ORIGIN POINT（坐标原点）。

① 光标移至 ORIENT ORIGIN POINT（坐标原点），按【SHIFT】+F5【RECORD】记录。

② 当记录完成，UNINIT（未初始化）变成 RECORDED（已记录），如图 5-43 所示。

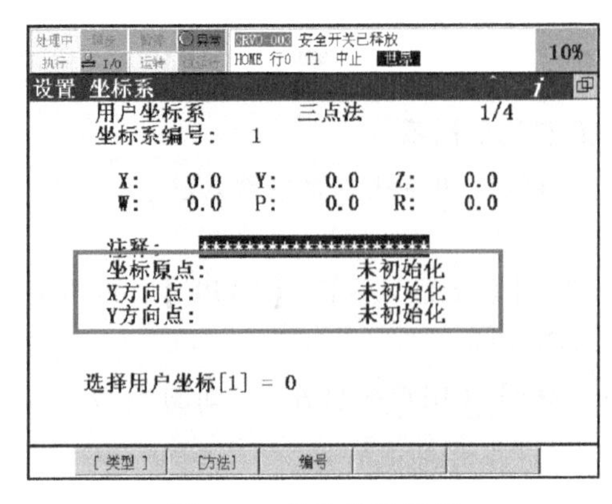

图 5-42　具体设置界面

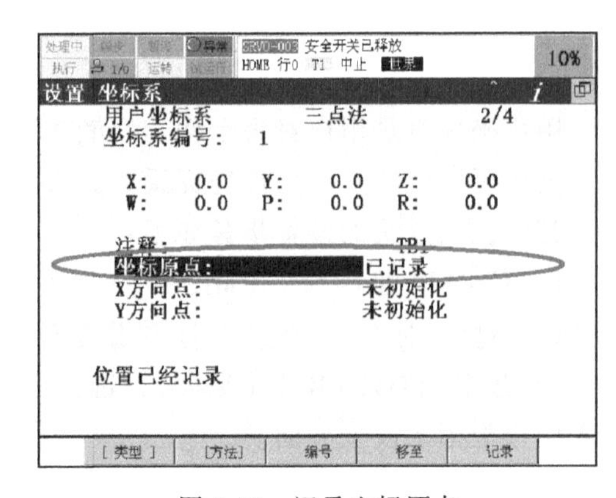

图 5-43　记录坐标原点

7）将机器人的示教坐标系切换成世界坐标系（WORLD）。

8）记录 X 方向点。

① 示教机器人沿用户自己需要的 +X 方向至少移动 250mm。

② 光标移至 X DIRECTION POINT（X 轴方向）行，按【SHIFT】+F5【RECORD】记录。

③ 记录完成，UNINIT（未初始化）变为 USED（已使用）。

④ 移动光标到 ORIENT ORIGIN POINT（坐标原点）。

⑤ 按【SHIFT】+F4【MOVE_ TO】（移至）使示教点回到 ORIENT ORIGIN POINT（坐标原点）。

9）记录 Y 方向点：

① 示教机器人沿用户自己需要的+Y 方向至少移动 250mm。

② 光标移至 Y DIRECTION POINT（Y 轴方向）行，按【SHIFT】+F5【RECORD】记录。

③ 记录完成，UNINIT（未初始化）变为 USED（已使用）。

④ 移动光标到 ORIENT ORIGIN POINT（坐标原点）。

⑤ 按【SHIFT】+F4【MOVE_ TO】（移至）使示教点回到 ORIENT ORIGIN POINT（坐标原点）。

所有步骤完成后，查看用户坐标系的标定结果，如图 5-44 所示。

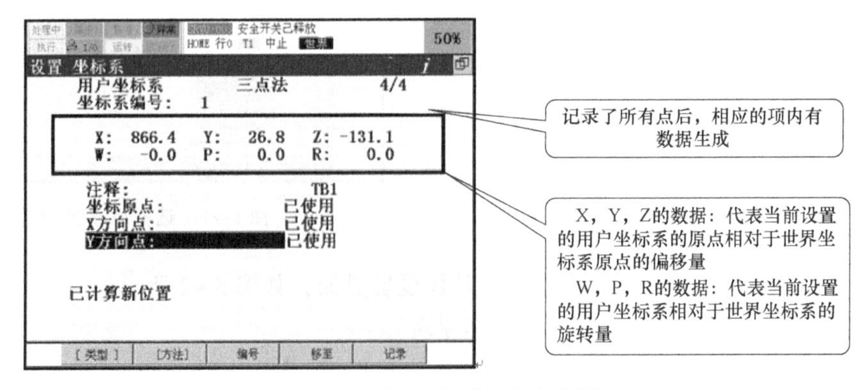

图 5-44　用户坐标系的标定结果

5.4.4 用户坐标系的激活

1. 方法一的步骤

1）按【PREV】（返回）回到图 5-45 所示界面。

2）按 F5【SETIND】（切换），屏幕中出现：“ENTER FRAME NUMBER：(输入坐标系编号:)”，如图 5-46 所示。

3）用数字键输入所需激活用户坐标系号，按【ENTER】（回车）确认，如图 5-47 所示。

4）屏幕中将显示被激活的用户坐标系号，即当前有效用户坐标系号，如图 5-48 所示。

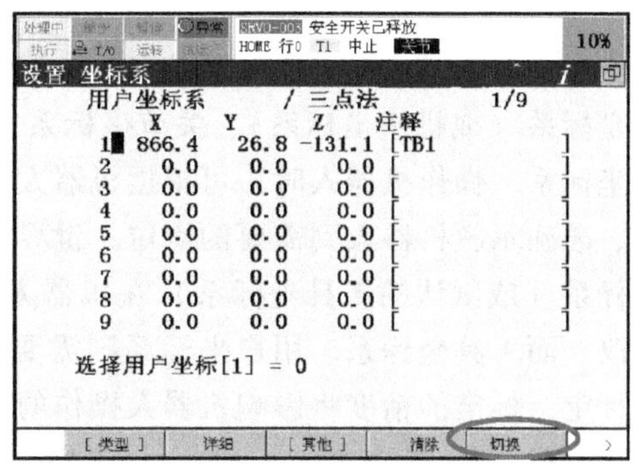

图 5-45 返回界面

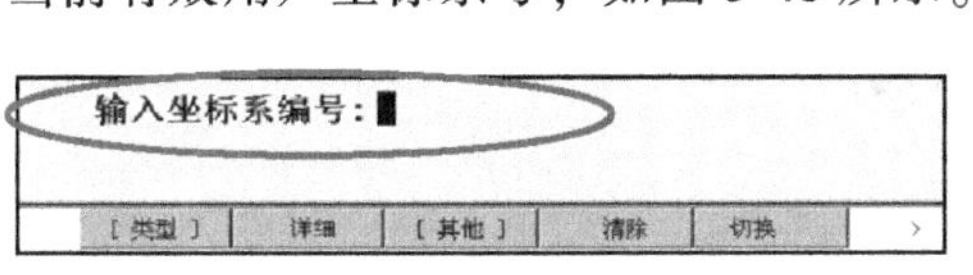

图 5-46 输入坐标系编号

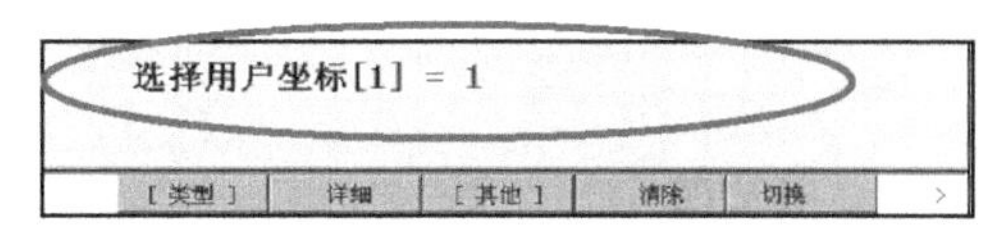

图 5-47 输入所需激活的用户坐标系号

2. 方法二的步骤

1）按【SHIFT】+【COORD】（切换坐标系），弹出用户坐标系激活对话框，如图 5-49 所示。

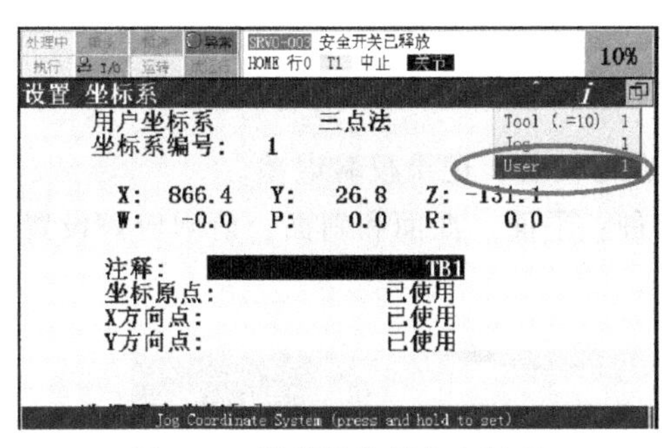

图 5-48 被激活的用户坐标系

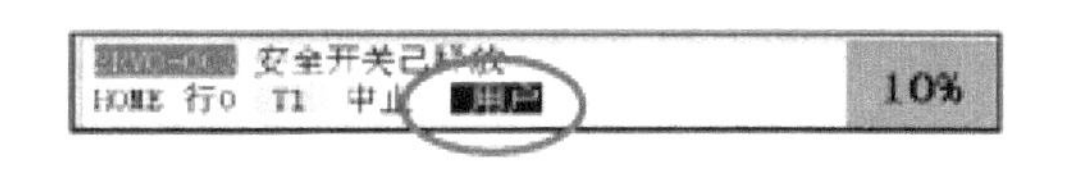

图 5-49 用户坐标系激活对话框

2）把光标移到 USER（用户）行，用数字键输入所要激活的用户坐标系号。

5.4.5 用户坐标系的检验

用户坐标系检验的具体步骤如下：

1）将机器人的示教坐标系通过【COORD】键切换成用户坐标系。

2）采用图 5-50 所示的按键组合，示教机器人分别沿 X，Y，Z 方向运动，检查用户坐标系的方向设定是否有偏差，若偏差不符合要求，则重复以上所有步骤重新设置。

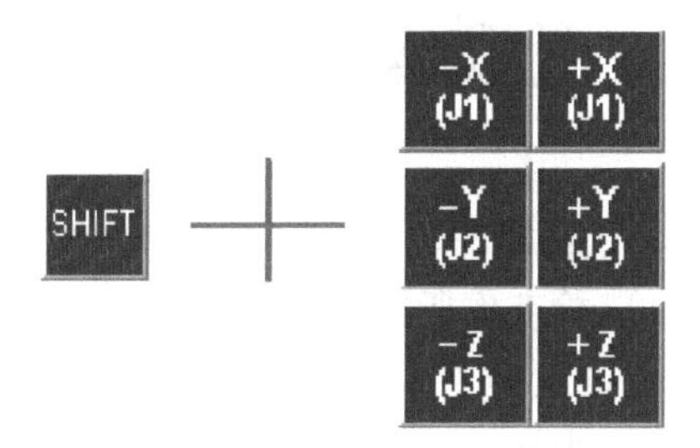

图 5-50 检验用户坐标系的 X，Y，Z 方向

本章小结

通用的串联工业机器人通常由六个运动轴组成，每个运动轴都对应一个关节坐标系。世界坐标系（或机座坐标系）、关节坐标系、工具坐标系、用户坐标系是示教机器人运动的常用坐标系。操作机器人时，可根据机器人的姿态、轨迹的要求选择不同的坐标系，以达到快速、准确示教机器人到需要的点位。世界坐标系（或机座坐标系）、关节坐标系、机械接口坐标系（或默认的工具坐标系）在机器人出厂前已经做了绝对位置标定，且在用户端无需修改。而工具坐标系、用户坐标系则需要由用户根据工具、工作台（或工件）进行针对性的标定，标定的精度将影响机器人操作的准确度。不同品牌机器人的标定步骤有所区别，但原理类似。

思考与练习

一、填空题

1）与工业机器人相关的坐标系有__________、__________、__________、__________和__________。其中，__________、__________需要根据用户实际情况进行针对性的标定。

2）工业机器人的运动轴包括__________和__________两种类型。其中，__________包括移动轴和回转轴两种类型。

3）设置工具坐标系的目的是________________；设置用户坐标系的目的是________________。

二、综合应用

1）以氩弧焊枪为工具，请标定其坐标系，并进行校验，记录校验误差。

2）以图 5-51 所示的操作平台为对象，包括三种：平面、曲面和斜面，请问应该设置几种用户坐标系？请写出斜面用户坐标系的标定过程。

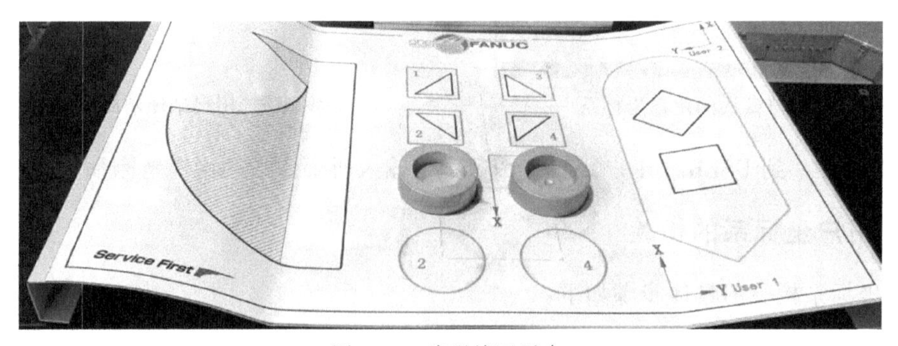

图 5-51　编程练习平台

三、实操练习题

1）检查你所操作的设备是否配有 TCP 基准，并将该基准摆放到机器人可达到的位置。注意：设置 TCP 的过程中，不允许移动基准。

2）观察机器人手爪上的弯针，确定设置工具坐标系采用方法为____________。

① 开机，将模式开关置于 T1 档。

② 根据步骤 2）所确定的方法设置工具坐标系（工具坐标系编号的选择：班级 1 使用**奇数**，班级 2 使用**偶数**）。

③ 请记录生成的 X，Y，Z，W，P，R 数据：____________________。

④ 将所设置的工具坐标系的数值以直接输入法的方式输入另一工具坐标系。

⑤ 如何激活工具坐标系？

注意：当所设置的工具坐标系被激活后，机器人的执行点即为所设置的工具坐标系的 TCP；当把示教坐标系切换成工具坐标系后，点动机器人即按所设置的工具坐标系的方向运动。

⑥ 如何检验工具坐标系（将示教坐标系切换至工具坐标系）？

a. 检验 X，Y，Z 方向：检查所设置的工具坐标系的方向是否符合要求：______________。

b. 检验 TCP 的位置精度：检查所设工具坐标系的误差是否在±5mm 之内：______________。

⑦ 操作结束，请培训老师检查。

⑧ 将机器人恢复至 HOME 位置，即

J1 = 0.000　　J2 = 0.000　　J3 = 0.000

J4 = 0.000　　J5 = -90.000　　J6 = 0.000

第6章 工业机器人程序管理

6.1 创建程序

6.1.1 创建程序的流程

程序的创建主要执行如下处理：

(1) 记录程序　记录程序时，创建一个新名称的空程序。

(2) 设定程序的详细消息　设定程序的详细消息时，设定程序的属性。

(3) 修改标准指令语句　修改标准指令语句时，重新设定动作指令示教时要使用的标准指令。

(4) 示教动作指令　示教动作指令时，对动作指令和动作附加指令进行示教。

(5) 示教控制指令　示教控制指令时，对码垛堆积指令等控制指令进行示教。

程序的创建或修改过程如图6-1所示。要通过示教器进行程序的创建或修改，通常情况下示教器应设定在有效状态（背景编辑有效时除外）。

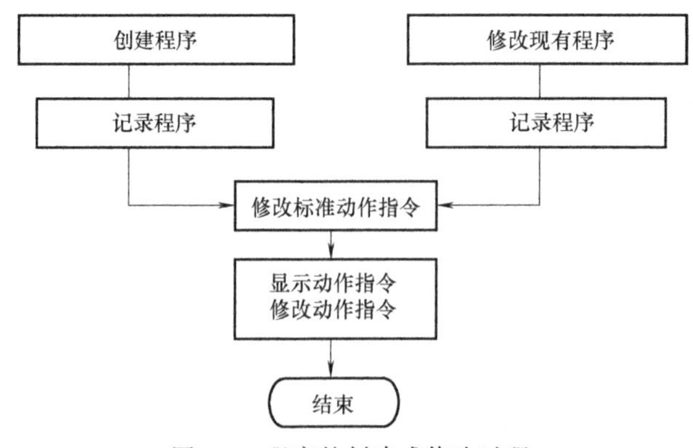

图6-1　程序的创建或修改过程

6.1.2 创建程序的步骤

1）任何时候按下示教器上的【SELECT】（程序选择）键，显示程序目录界面，如图6-2所示。

2）按F2【CREATE】（创建），则进入创建TP程序界面。

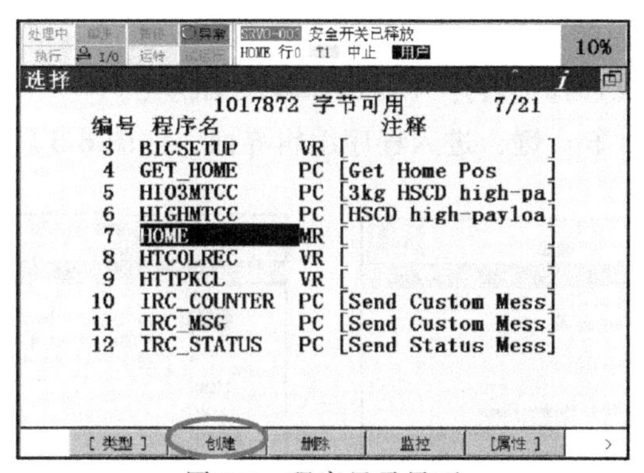

图 6-2　程序目录界面

3）移动光标选择程序名命名方式，再使用功能键（F1~F5）输入程序名，如图 6-3 所示。

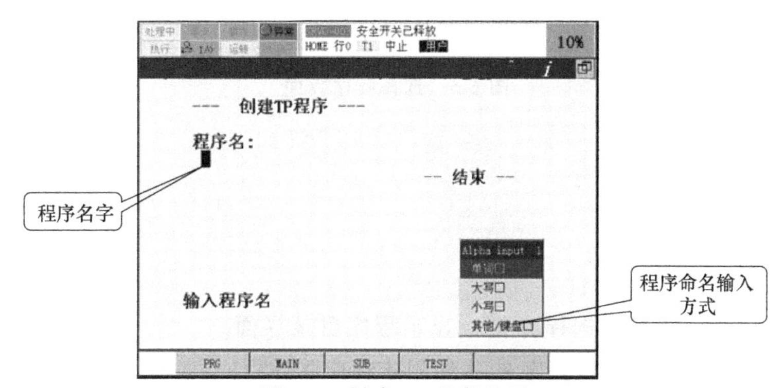

图 6-3　创建 TP 程序界面

注意事项：不能以空格、符号和数字作为程序名的开始字符。

4）按【ENTER】（回车）键确认。按 F3【EDIT】（编辑）进入程序编辑界面，如图 6-4 所示。

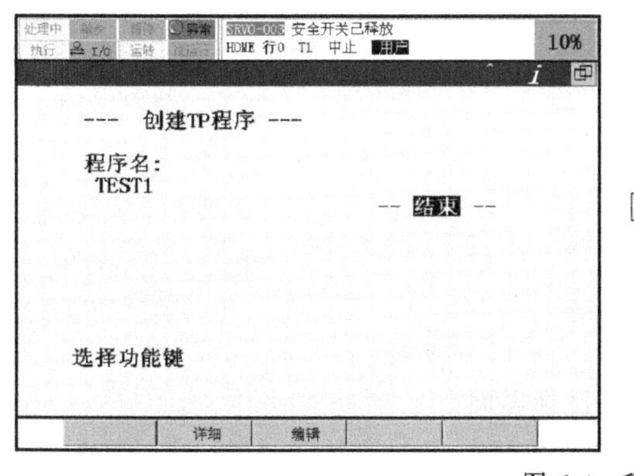

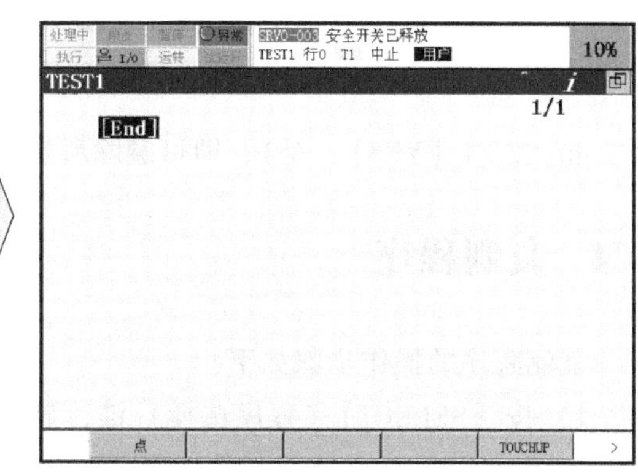

图 6-4　程序编辑界面

6.2　选择程序

选择程序的操作步骤如下：

1）按【SELECT】（程序选择）键，显示程序目录画面。
2）移动光标选中需要选择的程序（如选择程序 HOME）。
3）按【ENTER】（回车）键，进入程序编辑界面，如图 6-5 所示。

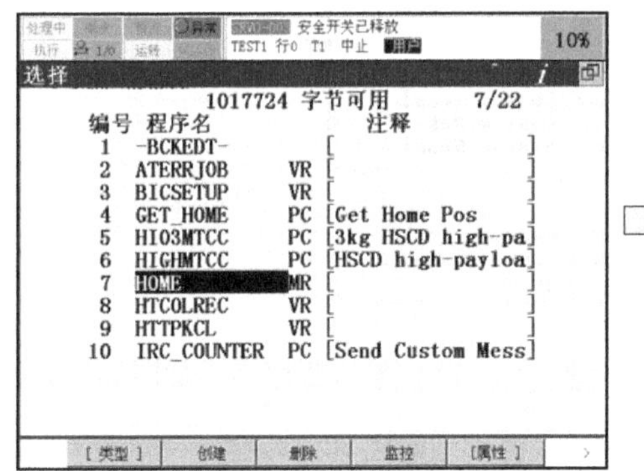

图 6-5　选择程序界面

6.3　删除程序

删除程序的操作步骤如下：
1）按【SELECT】（程序选择）键，显示程序目录界面。
2）移动光标选中要删除的程序名（如删除程序 TEST1）。
3）按 F3【DELETE】（删除），出现“Delete OK?（是否删除?）”，如图 6-6 所示。

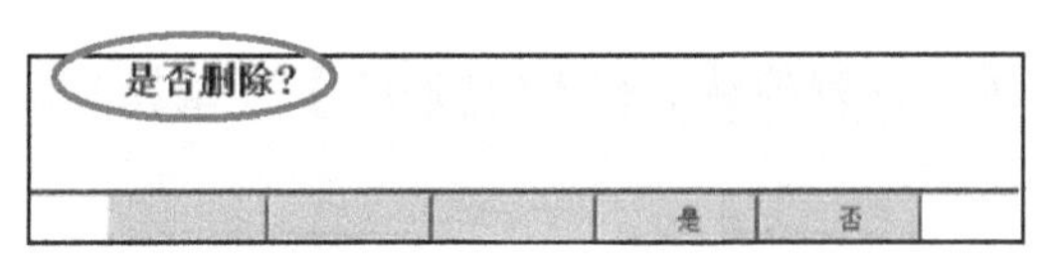

图 6-6　程序删除确认界面

4）按 F4【YES】（是），即可删除所选程序。

6.4　复制程序

复制程序的操作步骤如下：
1）按【SELECT】（程序选择）键，显示程序目录界面。
2）移动光标选中要复制的程序名（如复制程序 HOME）。
3）若功能键中无【COPY】（复制）项，按【NEXT】（下一页）键切换功能键内容。
4）按 F1【COPY】（复制），出现图 6-7 所示界面。
5）移动光标选择程序名命名方式，再使用功能键（F1～F5）输入程序名。
6）程序名输入完毕，按【ENTER】（回车）键，出现程序复制确认界面。
7）按 F4【YES】（是）键，完成程序的复制。

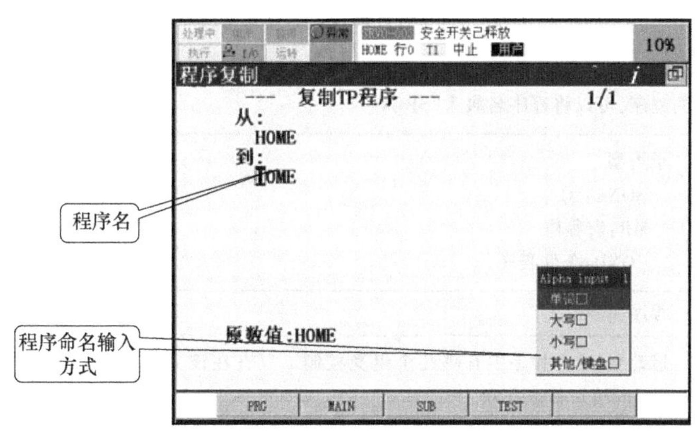

图 6-7 程序复制界面

6.5 查看程序属性

查看程序属性的操作步骤如下:

1）按【SELECT】(程序选择）键，显示程序目录画面。

2）移动光标选中要查看的程序（如查看程序 HOME2)。

3）若功能键中无【DETAIL】(详细）键，按【NEXT】(下一页）键切换功能键内容。

4）按 F2【DETAIL】(详细）键，出现图 6-8 所示程序属性界面。与程序属性和执行环境相关的条目含义见表 6-1。

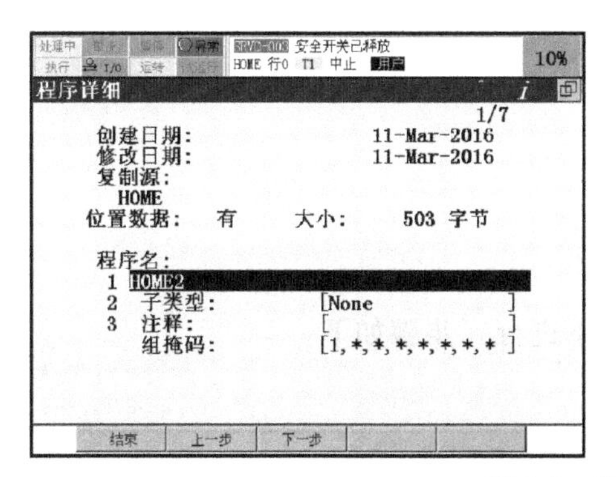

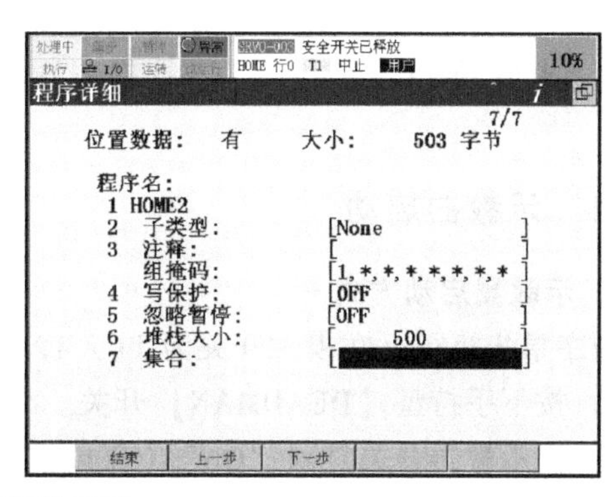

图 6-8 程序属性界面

表 6-1 与程序属性和执行环境相关的条目含义

与属性相关的信息	
创建日期	创建日期
修改日期	修改日期
复制源	复制源的文件名
位置数据	位置数据的有无
大小	程序数据的容量

（续）

与执行环境相关的信息	
程序名	程序名称，程序名称最好以能够表现其目的和功能的方式命名；例如，对第一种工件进行点焊的程序，可以将程序名取为“SPOT_1”
子类型	子类型 NONE：无 MR：宏程序 COND：条件程序
注释	程序注释
组掩码	运动组，定义程序中有哪几个组受控制。只有在该界面中的位置数据项（Positions）为“False（无）”时可以修改此项
写保护	写保护，通过写保护来指定程序是否可以被改变： ON：程序被写保护 OFF：程序未被写保护
忽略暂停	中断忽略：对于没有动作组的程序，当设定为ON时，表示该程序在执行时不会被报警重要程度在SERVO及以下的报警、急停、暂停而中断
堆栈大小	堆栈的大小
集合	—

5）把光标移至需要修改的项（只有1~8项可以修改），按【ENTER】（回车）键或按F4【CHOICE】（选择）键进行修改。

6）修改完毕，按F1【END】（结束）键，回到程序目录界面。

6.6 执行程序

6.6.1 示教器启动

1. 示教器启动方式一

顺序单步执行（在模式开关为T1/T2条件下进行）步骤如下：

1）按下手持型【DEADMAN】开关。

2）把示教器开关打到“ON”（开）状态。

3）移动光标到要开始执行的指令行处，如图6-9所示。

4）按【STEP】（单步）键，确认【STEP】（单步）指示灯亮，如图6-10所示。

5）按住【SHIFT】键，每按一下【FWD】（顺向执行）键执行一行指令。程序运行完，机器人停止运动。

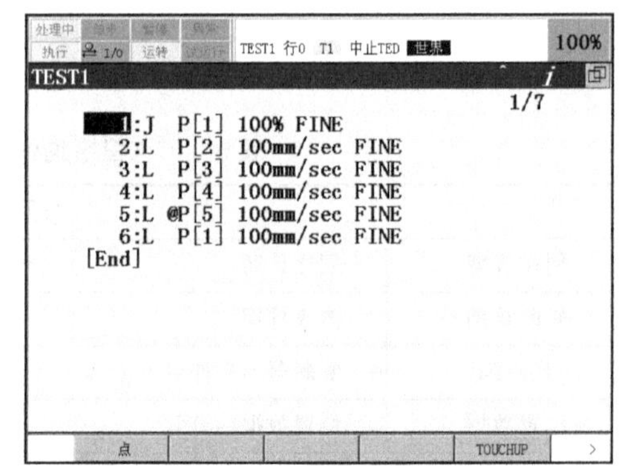

图6-9 程序执行界面

2. 示教器启动方式二

顺序连续执行（在模式开关为T1/T2条件

下进行）步骤如下：

1）按下手持型【DEADMAN】开关。

2）把示教器开关打到“ON”（开）状态。

3）移动光标到要开始执行的指令处，如图 6-11 所示。

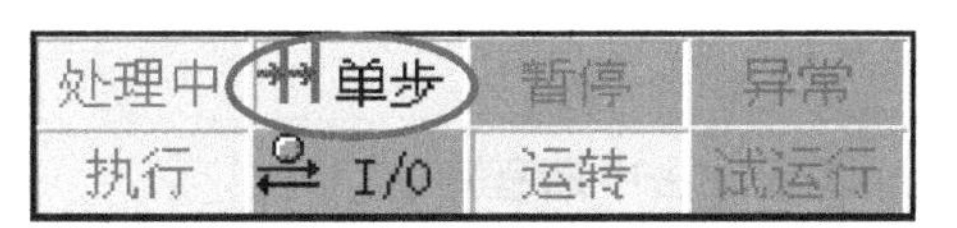

图 6-10　程序状态指示图标

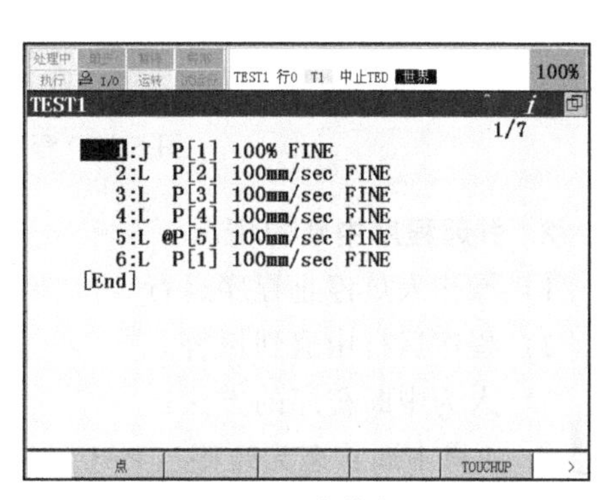

图 6-11　程序执行界面

4）确认【STEP】(单步）指示灯不亮，若【STEP】（单步）指示灯亮，按【STEP】（单步）键切换指示灯的状态，如图 6-12 所示。

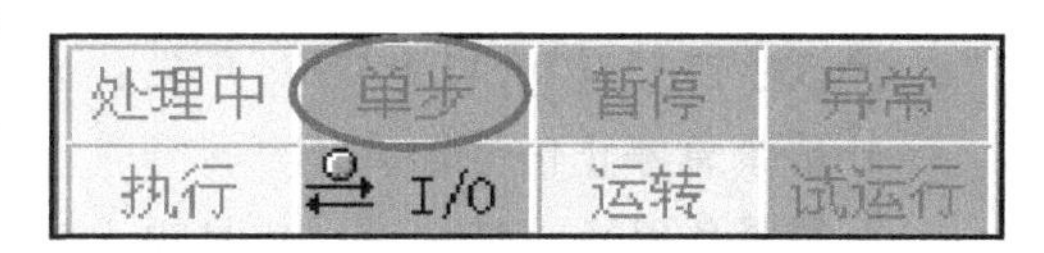

图 6-12　程序状态指示图标

5）按住【SHIFT】键，再按一下【FWD】（顺向执行）键开始执行程序。程序运行完，机器人停止运动。

3. 示教器启动方式三

逆序单步执行（在模式开关为 T1 / T2 条件下进行）步骤如下：

1）按下手持型【DEADMAN】开关。

2）把示教器开关打到“ON”（开）状态。

3）移动光标到要开始执行的指令行处。

4）按住【SHIFT】键，每按一下【BWD】（逆向执行）键开始执行一条指令。程序运行完，机器人停止运动。

6.6.2　中断执行程序

1. 程序的执行状态类型

(1) 执行　示教器屏幕将显示程序的执行状态为 RUNNING（运行中），如图 6-13 所示。

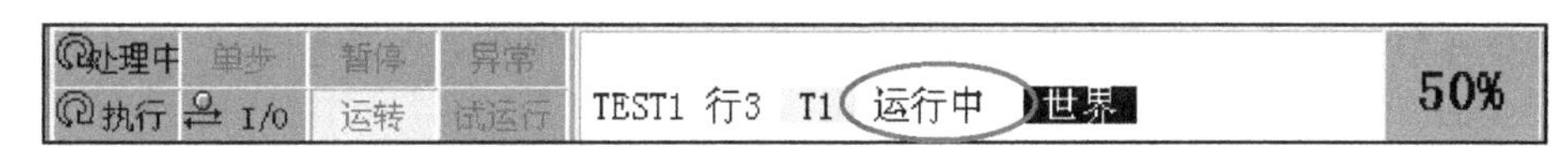

图 6-13　程序运行状态指示图标（运行中）

(2) 中止　示教器屏幕将显示程序的执行状态为 ABORTED（中止），如图 6-14 所示。

(3) 暂停　示教器屏幕将显示程序的执行状态为 PAUSED（暂停），如图 6-15 所示。

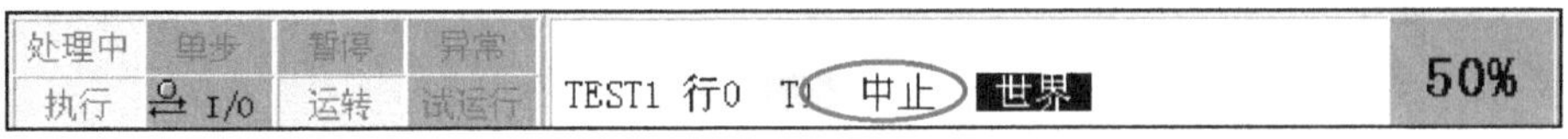

处理中 单步 暂停 异常 执行 I/O 运转 试运行 TEST1 行0 T0 中止 世界 50%

图 6-14　程序运行状态指示图标（停止）

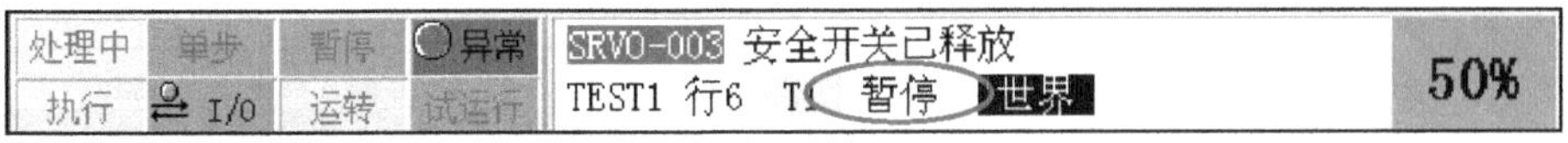

处理中 单步 暂停 异常 执行 I/O 运转 试运行 SRVO-003 安全开关已释放 TEST1 行6 T1 暂停 世界 50%

图 6-15　程序运行状态指示图标（暂停）

2. 引起程序中断的情况

1）操作人员停止程序运行。

2）程序运行中遇到报警。

3）人为中断程序的方法：

① 如果中断状态为暂停（PAUSED），则可以通过以下方法中断程序：

a. 按示教器上的紧急停止按钮。

b. 按控制面板上的紧急停止按钮。

c. 释放手持型【DEADMAN】开关。

d. 外部紧急停止信号输入。

e. 系统紧急停止（IMSTP）信号输入。

f. 按示教器上的【HOLD】（暂停）键。

g. 系统暂停（HOLD）信号输入。

② 如果中断状态为终止，则可以通过以下方法中断程序：

a. 选择 ABORT（ALL）（中止程序）。

b. 按示教器上的【FCTN】键，选择【1ABORT（ALL）】（中止程序）。

c. 系统终止（CSTOP）信号输入。

4）报警引起的程序中断。按下紧急停止按钮会使机器人立即停止，程序运行中断并出现报警，伺服系统关闭。按下【HOLD】键将会使机器人运动减速后停止，程序运行中断。示例如下：

报警代码：SRVO - 001 Operator Panel E-stop（操作面板紧急停止）

SRVO - 002 Teach Pendant E-stop（示教器紧急停止）

恢复步骤：

① 消除急停原因，例如有危险发生。

② 顺时针旋转松开急停按钮。

③ 按示教器上的【RESET】（复位）键，消除报警，此时 FAULT（异常）指示灯灭。

当程序运行或机器人操作中有不正确的动作时会产生报警，并使机器人停止执行任务，以确保安全。

实时的报警码会出现在示教器上（示教器屏幕上只能显示一条报警码），如果要查看报警记录，需要依次操作【MENU】（菜单）→【ALARM】（报警）→F3【HIST】（履历），将显示图 6-16 所示界面。

按 F4【CLEAR】（清除）键，清除报警代码历史记录（或按【SHIFT】+ F4【CLEAR】）。

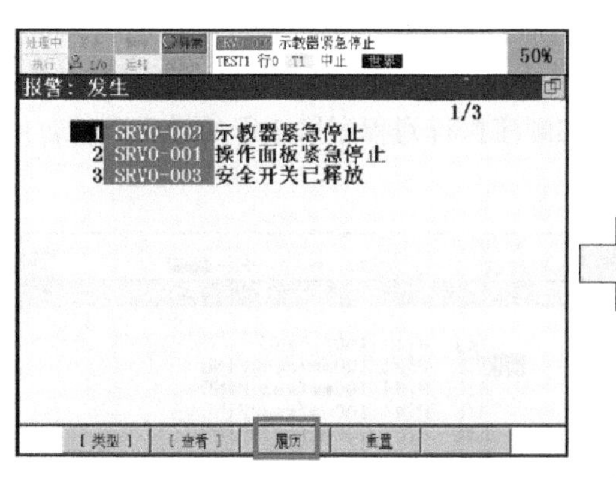

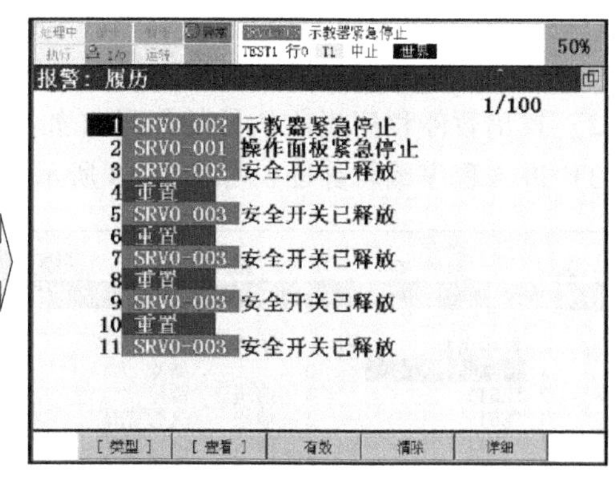

图 6-16 运行报警记录界面

按 F5【DETAIL】（详细）键，显示报警代码的详细信息）。报警重要程度的说明见表 6-2。

注意：一定要将故障消除，按下【RESET】键才会真正消除报警。有时，示教器上实时显示的报警代码并不是真正的故障原因，这时要通过查看报警历史记录才能找到引起问题的报警代码。

表 6-2 报警重要程度的说明

报警重要程度	说明
WARN	WARN 种类的报警，警告操作者比较轻微的或非紧要的问题。WARN 报警对机器人的操作没有直接影响。示教器和操作面板的报警灯不会亮。为了预防今后有可能发生的问题，建议用户采取某种相应对策
PAUSE	PAUSE 种类的报警，中断程序的执行，使机器人的动作在完成动作后停止。再启动程序之前，需要采取针对报警的相应对策
STOP	STOP 种类的报警，中断程序的执行，使机器人的动作在减速后停止。再启动程序之前，需要采取针对报警的相应对策
SERVO	SERVO 种类的报警，中断或者强制结束程序的执行，在断开伺服电源后，使机器人的动作瞬时停止。SERVO 报警通常是由于硬件异常而引起的
ABORT	ABORT 种类的报警，强制结束程序的执行，使机器人的动作在减速后停止
SYSTEM	SYSTEM 种类的报警，通常是发生在与系统相关的重大问题时引起的。SYSTEM 报警使机器人的所有操作都停止。若有需要，请联系机器人厂商的维修服务部门。在解决所发生的问题后，重新通电

6.6.3 程序执行恢复

1. 程序执行履历功能（Exec - hist）

该功能可预先记录最后执行的程序或最后执行途中程序的执行履历，在程序结束或暂停时参考该执行履历。通过使用本功能，可在诸如程序执行中因某种原因而导致掉电，在冷启动后也可了解电源断开时的程序执行状态，从而便于恢复作业。

2. 操作步骤

1）消除报警，依次按键操作：【MENU】（菜单）→【NEXT】（下一页）→【STA-

TUS】（状态）→F1【TYPE】（类型）→【Exec-hist】（执行历史记录），显示图 6-17 所示界面。

2）找出暂停程序当前执行的行号（如当前在顺序执行到程序第 3 行的过程中被暂停）。

3）进入程序编辑界面，如图 6-18 所示。

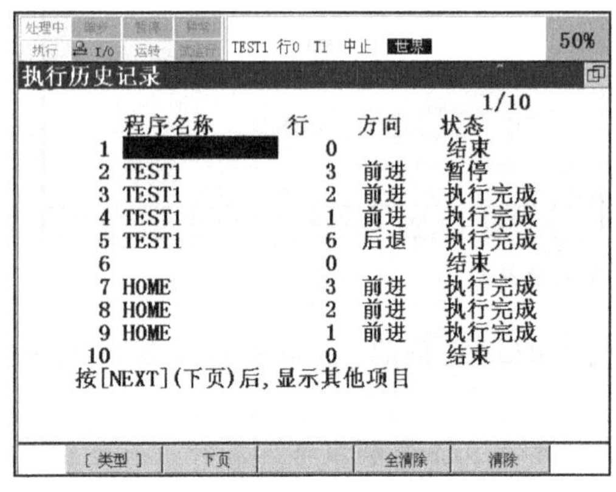

图 6-17　程序执行历史记录界面

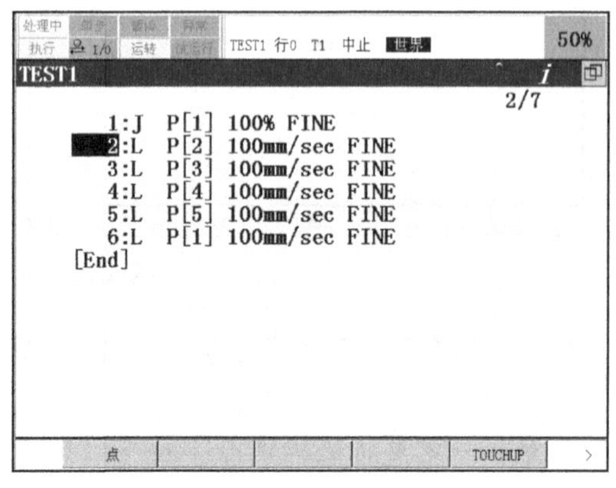

图 6-18　程序编辑界面

4）手动执行到暂停行或执行顺序的上一行。

5）可通过启动信号，继续执行程序。

本章小结

本章主要学习了机器人示教程序的管理，包括程序的创建、选择、删除、复制，查看程序属性，以及程序的执行方法。通过本章的学习，理解和掌握机器人程序的基本管理方法，为后续指令和程序的编程提供基础。

思考与练习

一、填空题

1）要进入程序目录界面，需按下示教器上的____________键。

2）机器人程序命名需遵循几个原则：____________、____________、____________。

3）机器人程序运行方式包括几种，分别是__________、__________、__________。

二、实操指南

1）开机并将示教器开关置于 ON 档。

2）熟悉速度倍率键的使用（速度倍率键 +% -%）：

① 按 +% -%，观察数据变化过程。

② 按【SHIFT】键+ +% -%，观察数据变化过程。

3）按下手持型【DEADMAN】开关（注意：按的位置要适中），再按【RESET】键消除警报，在后续要求移动机器人的操作中，请不要松开【DEADMAN】开关。

4）熟悉机器人关节坐标系（JOINT）：

① 按【COORD】键，使示教坐标系切换为 JOINT。

② 按【POSN】→F2【JNT】，调整机器人当前位置数据与图 6-19 所示数据一致。

③ 按住【SHIFT】+运动键 +X(J1) -X(J1)，观察机器人的姿态变化。

④ 按照以上操作，通过按各轴运动键分别对 J2、J3、J4、J5、J6 进行操作，观察机器人的姿态变化，最后使机器人达到初始位置，如图 6-20 所示。

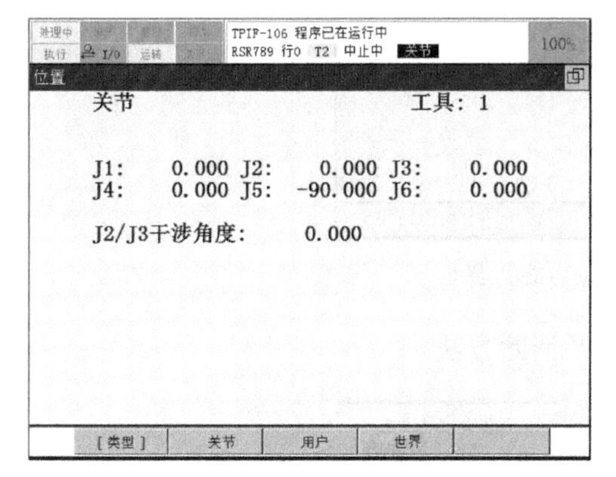

图 6-19　机器人关节坐标系数据

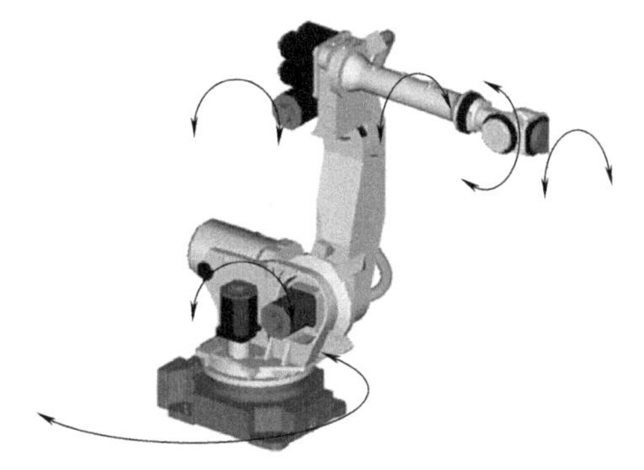

图 6-20　机器人初始位置

5）熟悉机器人世界/全局坐标系（WORLD）或手动坐标系（JGFRM）：

① 按【COORD】键，使示教坐标系切换为 WORLD 或 JGFRM。

② 按【POSN】→F4【WORLD】，观察机器人的执行点在世界坐标下的位置数据。

③ 按住【SHIFT】+ +X(J1) -X(J1)，观察屏幕内数据及机器人的姿态变化。

④ 重复上述操作，按不同的运动键，观察屏幕内数据及机器人的位置及姿态变化。

6）熟悉工具坐标系（TOOL）：

① 按【COORD】键，使示教坐标系切换成 TOOL。

② 按【SHIFT】+各运动键，观察机器人的动作。

③ 按【COORD】键，使示教坐标系切换成 JOINT，把机器人调整到 J5=90.000，其他轴位置为 0.000。

④ 按【COORD】键，使示教坐标系再切换回 TOOL。

⑤ 按【SHIFT】+各运动键，观察机器人的动作。

讨论　以机器人底座为参考面，在上述两个位置（见下方说明）时按同样的运动键，机器人的运动方向是否一致；以机器人六轴法兰为参考面，在上述两个位置时，按相同的运动键，机器人的运动方向是否一致。

说明　位置 1：J1=0，J2=0，J3=0，J4=0，J5=（-90），J6=0。

位置 2：J1=0，J2=0，J3=0，J4=0，J5=90，J6=0。

7）反复操作步骤 4）~6），熟悉 JOINT，WORLD/JGFRM，TOOL 坐标系。

8）点动机器人将位置恢复至 HOME 位置，即

J1=0.000　　J2=0.000　　J3=0.000

J4=0.000　　J5=-90.000　　J6=0.000

9）观察所操作的设备是否有图 6-21 所示界面中的选项。

6 CHAPTER

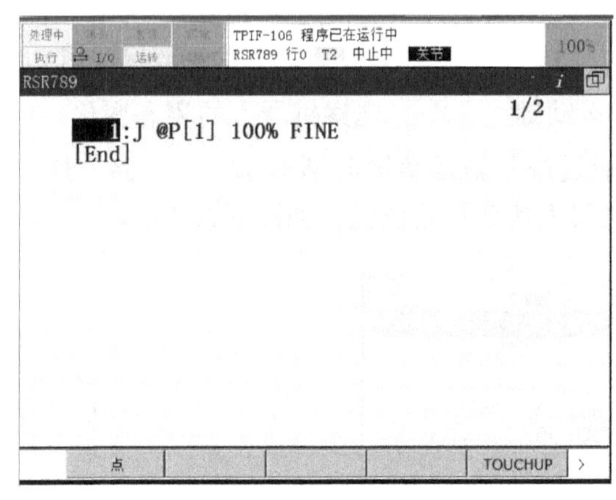

图 6-21 FUNCTION（功能）界面

10）写出图 6-22 所示界面中报警信息的含义及消除方法。

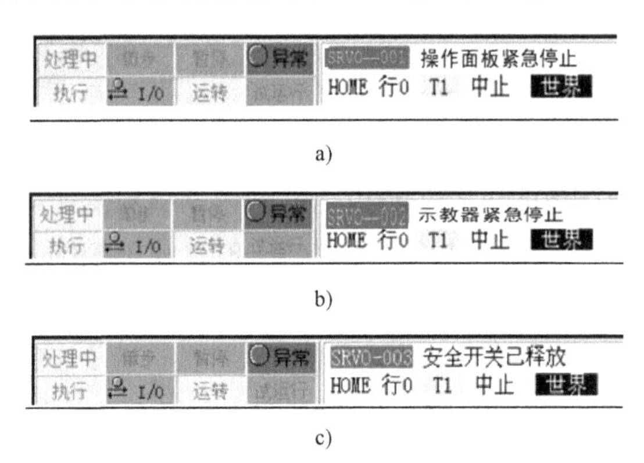

a)

b)

c)

图 6-22 报警信息

11）关机。

第7章 工业机器人程序编辑与指令

7.1 示教程序编辑界面

机器人在线程序编程均在示教器上进行，示教程序编辑界面及相应的信息内容如图 7-1 所示。

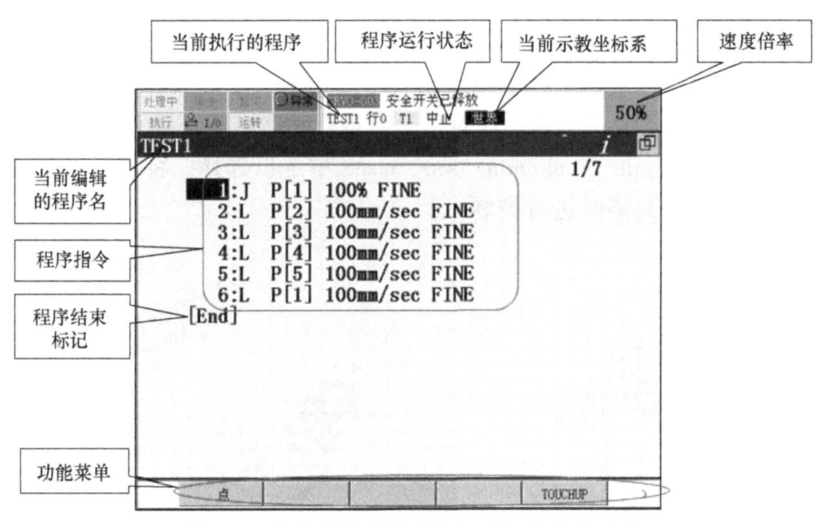

图 7-1　示教程序编辑界面及相应的信息内容

7.2 动作指令

动作指令是指以指定的移动速度和移动方式使机器人向作业空间内的指定目标位置移动的指令。一条动作指令主要由以下几部分组成，如图 7-2 所示。

（1）动作类型　指定向目标位置运动的轨迹控制；

（2）位置数据　指定目标位置的位置信息；

（3）移动速度　指定机器人的移动速度；

（4）定位类型　指定是否在目标位置定位。

7.2.1 动作类型

1. 关节动作（J）

关节动作是将机器人移动到指定位置的基本的移动方法，其动作示意如图 7-3 所示。机

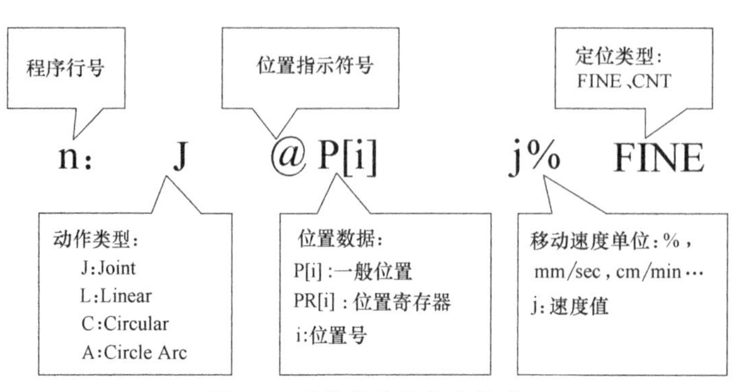

图 7-2　动作指令的基本组成

器人沿着所有轴同时加速，在示教速度下移动后，同时减速后停止。移动轨迹通常为非线性。在对目标点进行示教时记述动作类型。关节移动速度的指定，从%（相对最大移动速度的百分比）、sec、msec 中选择。移动中的工具姿势不受控制。

2. 直线动作（L）

直线动作是以线性方式对从动作开始点到目标点的工具中心点移动轨迹进行控制的一种移动方法，其动作示意如图 7-4 所示。在对目标点进行示教时记述动作类型。直线移动速度的指定，从 mm/sec、cm/min、inch/min、sec、msec 中予以选择。将开始点和目标点的姿势进行分割后对移动中的工具姿势进行控制。

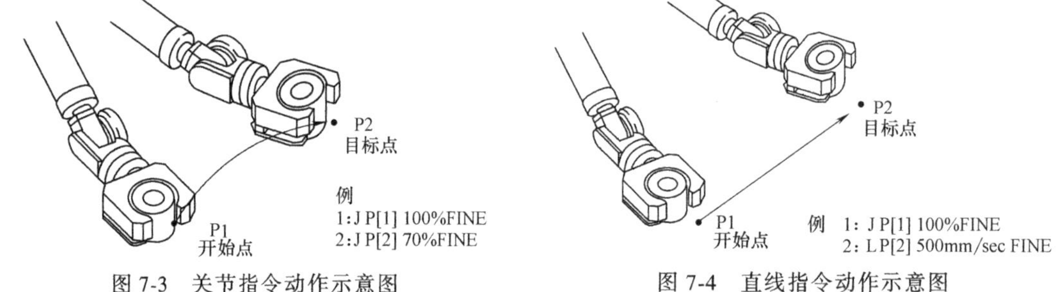

图 7-3　关节指令动作示意图　　　图 7-4　直线指令动作示意图

回转动作是使用直线动作，使工具的姿势从开始点到目标点以工具中心点为中心回转的一种移动方法，其动作示意如图 7-5 所示。将开始点和目标点的姿势进行分割后对移动中的工具姿势进行控制。此时，移动速度以 deg/sec 予以指定。移动轨迹（工具中心点移动的情况下）通过线性方式进行控制。

3. 圆弧动作（C）

圆弧动作是从动作开始点通过经由点到目标点以圆弧方式对工具中心点移动轨迹进行控制的一种移动方法，其动作示意如图 7-6 所示。其在一个指令中对经由点和目标点进行示教。圆弧移动速度的指定，从 mm/sec、cm/min、inch/min、sec、msec 中予以选择。将开始点、经由点、目标点的姿势进行分割后对移动中的工具姿势进行控制。

注意：第三点的记录方法，记录完 P［2］后，会出现：

2：C　P［2］

　　P［…］　500mm/sec　FINE

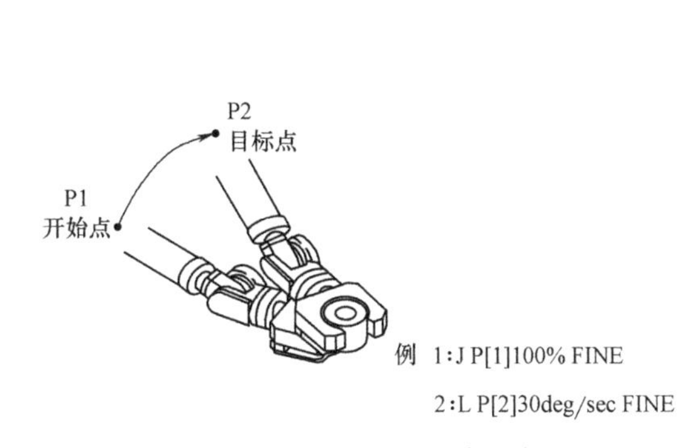

图 7-5 直线角度指令动作示意图

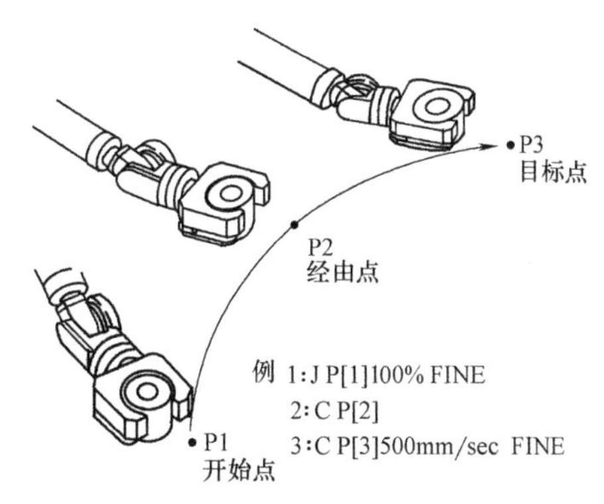

图 7-6 圆弧指令动作示意图

将光标移至 P ［…］ 行前，并示教机器人至所需要的位置，按【SHIFT】+ F3【TOUCHUP】记录圆弧第三点。

4. C 圆弧动作（A）

在圆弧动作指令下，需要在 1 行中示教 2 个位置，即经由点和目标点。在 C 圆弧动作指令下，在 1 行中只示教 1 个位置，在连续的 3 个 C 圆弧动作指令生成圆弧的同时进行圆弧动作，如图 7-7 所示。

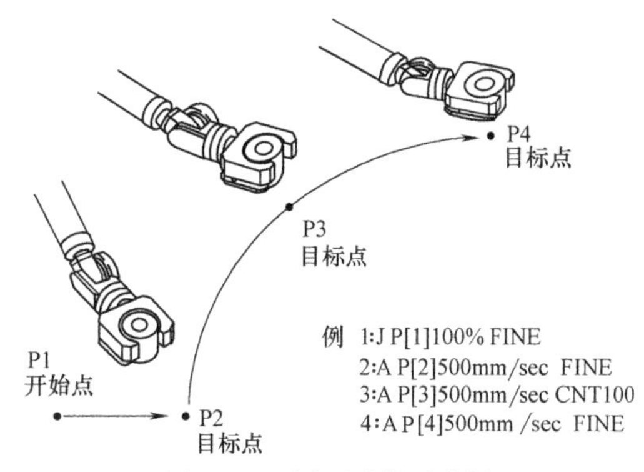

图 7-7 C 圆弧动作示意图

7.2.2 位置数据

位置数据存储机器人的位置和姿势。在对动作指令进行示教时，位置数据同时被写入程序。

位置数据包括基于关节坐标系的关节坐标值以及通过作业空间内的工具位置和姿势来表示的直角坐标值。标准设定下将直角坐标值作为位置数据来使用。

1. 直角坐标值

基于直角坐标值的位置数据，如图 7-8 所示，通过 4 个要素来定义：直角坐标系中的工具中心点（工具坐标系原点）位置、工具方向（工具坐标系）的斜度、形态、所使用的直角坐标系。直角坐标系中使用世界坐标系或用户坐标系。

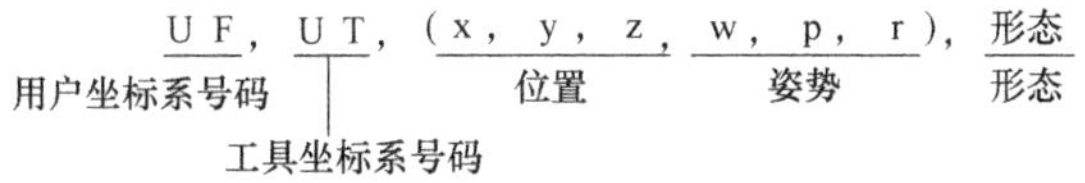

UF，UT，（x，y，z，w，p，r），形态

用户坐标系号码　工具坐标系号码　位置　姿势　形态

图 7-8 位置数据（直角坐标值）

2. 位置和姿势

1）位置（x，y，z）坐标值表示直角坐标系中的工具中心点（工具坐标系原点）位置。

2）姿势（w，p，r）表示 X、Y、Z 轴的回转角。

3. 形态

形态（Configuration）是指机器人主体部分的姿势。有多个满足直角坐标值（x，y，z，

7

w，p，r）条件的形态。要确定形态，需要指定每个轴的关节配置（Joint Placement）和回转数（Turn Number）。

4. 工具坐标系号码（UT）

工具坐标系号码由机械接口坐标系或工具坐标系的坐标系号码指定。工具侧的坐标系由此而确定。

1）0：使用机械接口坐标系。

2）1~10：使用所指定的工具坐标系号码的工具坐标系。

3）F：使用当前所选的工具坐标系号码的坐标系。

5. 用户坐标系号码（UF）

用户坐标系号码由世界坐标系或用户坐标系的坐标系号码指定。作业空间的坐标系由此而确定。

1）0：使用世界坐标系。

2）1~9：使用所指定的用户坐标系号码的用户坐标系。

3）F：使用当前所选的用户坐标系号码的坐标系。

6. 详细位置数据

要显示详细位置数据，应将光标指向位置号码，按下 F5【位置】，显示输入，如图 7-9 所示。

```
位置详细                         关节 30%
P[2]          UF:0   UT:1   姿势:N    0 0
 X:  1500.374  mm   W:     40.000   deg
 Y:  -242.992  mm   P:     10.000   deg
 Z:   956.895  mm   R:     20.000   deg
SAMPLE1
```

图 7-9　详细位置数据

7. 关节坐标值

基于关节坐标值的位置资料，以各关节的机座侧的关节坐标系为基准，用回转角来表示，如图 7-10 所示。

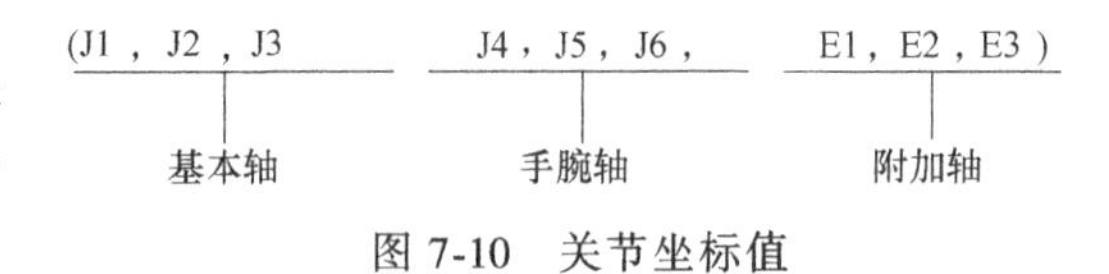

图 7-10　关节坐标值

8. 位置变量和位置寄存器

在动作指令中，位置资料以位置变量（P［i］）或位置寄存器（PR［i］）来表示。标准设定下使用位置变量。

1）P［i］：位置变量，是标准的位置数据存储变量，是一个多维数组。在对动作指令进行示教时，自动记录位置数据，在单独的程序中使用，同一程序中的相同编号的 P［i］代表同一个位置数据，但不同程序中同一命名的 P［i］数据不同，因此 P［i］相当于局部变量。如：

J P［1］100% FINE

2）PR［i］：位置寄存器，用来存储位置资料的通用的存储变量，是一个多维数组。同一示教器中所有的示教程序中只要 PR［i］编号一致，则对应的位置数据也相同，因此 PR［i］相当于全局变量。如：

J PR［1］100% FINE

3）PR［i，j］：PR［i］位置寄存器对应 j 轴的位置数据，为一个单独数据。

9. 移动速度及单位

在移动速度中指定机器人的移动速度。在程序执行中，移动速度受速度倍率的限制。速度倍率值的范围为 1%～100%。在移动速度中指定的单位，根据动作指令所示教的动作类型而不同。所示教的移动速度，不可超出机器人的允许值。示教速度不匹配的情况下，系统发出告警报警。

1）J P［1］50% FINE ：动作类型为关节动作的情况下，按如下方式指定。

➢ 在 1%～100%的范围内指定相对最大移动速度的比率。

➢ 单位为 sec 时，在 0.1～3200sec 范围内指定移动所需时间。移动时间较为重要的情况下进行指定。此外，有的情况下不能按照指定时间进行动作。

➢ 单位为 msec 时，在 1～32000msec 范围内指定移动所需时间。

2）L P［1］100mm/sec FINE：动作类型为直线动作、圆弧动作或者 C 圆弧动作的情况下，按如下方式指定。

➢ 单位为 mm/sec 时，在 1～2000mm/sec 之间指定。

➢ 单位为 cm/min 时，在 6～12000cm/min 之间指定。

➢ 单位为 inch/min 时，在 0.1～4724.4inch/min 之间指定。

➢ 单位为 sec 时，在 0.1～3200sec 范围内指定移动所需时间。

➢ 单位为 msec 时，在 1～32000msec 范围内指定移动所需时间。

3）L P［1］50deg/sec FINE：移动方法为在工具中心点附近的回转移动的情况下，按如下方式指定。

➢ 单位为 deg/sec 时，在 1～272deg/sec 之间指定。

➢ 单位为 sec 时，在 0.1～3200sec 范围内指定移动所需时间。

➢ 单位为 msec 时，在 1～32000msec 范围内指定移动所需时间。

10. 定位类型

1）FINE：机器人在目标位置停止（定位）后，向着下一个目标位置移动。

2）**CNT（0～100）**：机器人靠近目标位置，但是不在该位置停止而在下一个位置动作。机器人靠近目标位置到什么程度，由 0～100 之间的值来定义。CNT0 的运行效果与 FINE 一致。各种参数值对应的轨迹如图 7-11 所示。

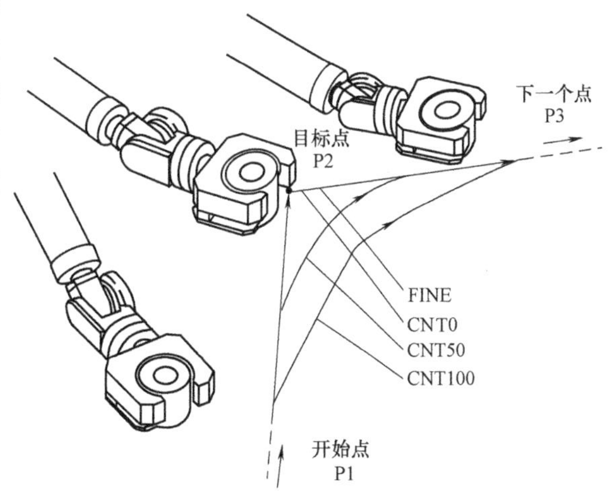

图 7-11　CNT 定位类型下的机器人动作

7.2.3　动作指令示教

1. 示教方法一

1）将示教器开关打到 ON（开）状态。

2）移动机器人到所需位置。

3）按住【SHIFT】键+ F1【POINT】

（点）键。

4）编辑界面内容将生成动作指令，如图 7-12 所示。

2. 示教方法二

1）进入编辑界面。

2）按 F1【POINT】（点），出现图 7-13 所示界面。

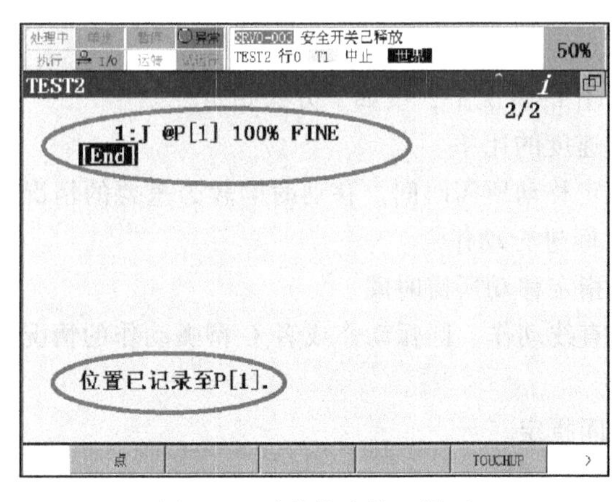

图 7-12 动作指令输入界面

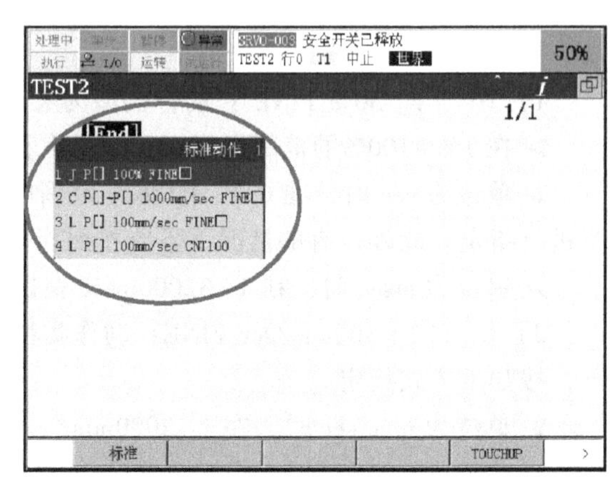

图 7-13 动作指令选择界面

3）移动光标选择合适的动作指令格式，按【ENTER】（回车）键确认，生成动作指令，将当前机器人的位置记录下来，如图 7-14 所示。

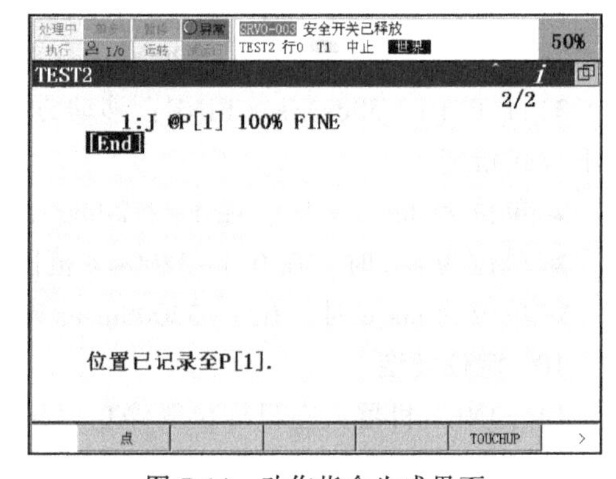

图 7-14 动作指令生成界面

3. 修改动作指令

1）进入编辑界面。

2）将光标移到需要修改的动作指令的指令要素项。

3）按 F4【CHOICE】（选择），显示指令要素的选择项一览，选择需要更改的条目，按【ENTER】（回车）键确认。

图 7-15 所示为将动作类型从直线动作更改为关节动作。

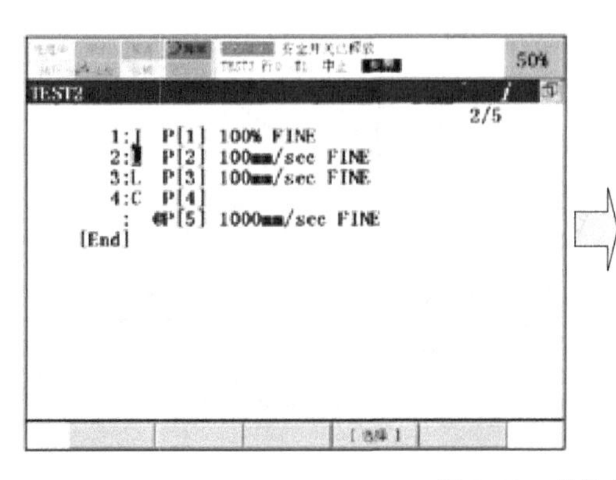

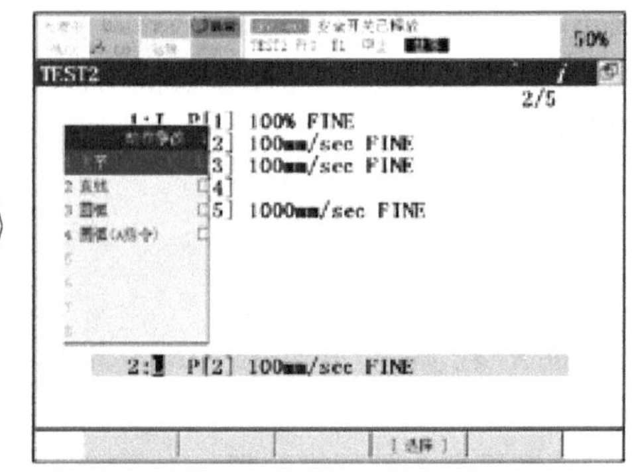

图 7-15 动作指令修改界面

7.3　指令的编辑（EDCMD）

指令的编辑步骤如下：

1）进入编辑界面，如图 7-16 所示。

2）按【NEXT】（下一页）键，切换功能键内容，使 F5 对应为【EDCMD】（编辑），如图 7-17 所示。

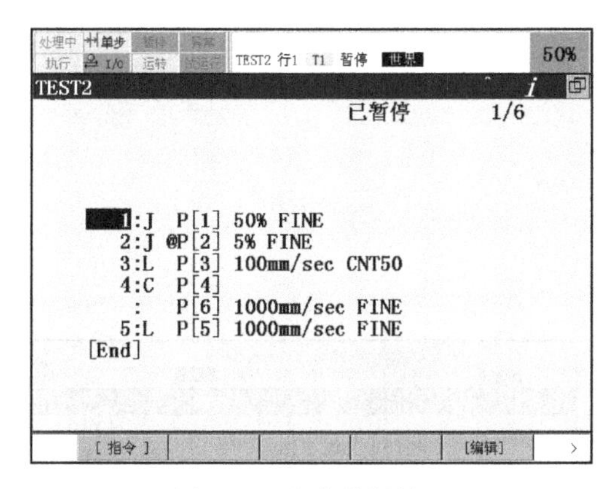

图 7-16　程序编辑界面

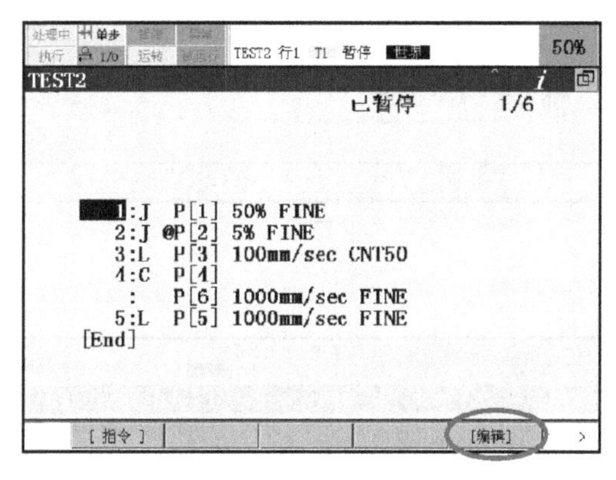

图 7-17　指令编辑界面

3）按 F5【EDCMD】（编辑）键，弹出图 7-18 所示对话框，各编辑指令的说明如下：

① 插入（Insert）　该指令可将所需数量的空白行插入现有的程序语句之间。插入空白行后，重新赋予行编号。插入空白行的操作步骤：

a. 进入编辑界面，显示 F5【EDCMD】（编辑）。

b. 移动光标到所需要插入空白行的位置（空白行插在光标所在行之前）。

c. 按 F5【EDCMD】（编辑）键。

d. 移动光标到【Insert】（插入）项，并按【ENTER】（回车）键确认，如图 7-19 所示。

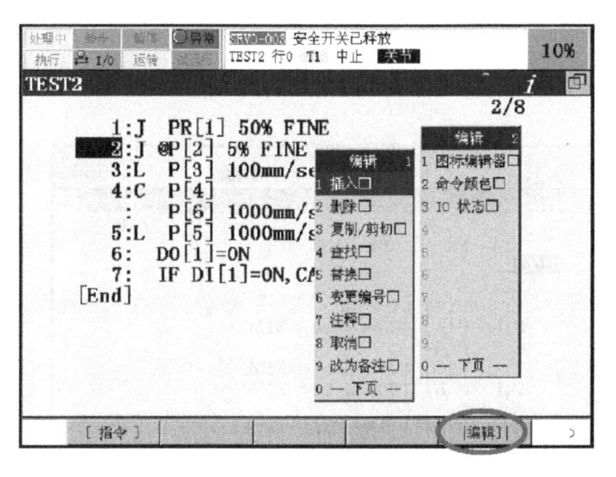

图 7-18　程序编辑指令

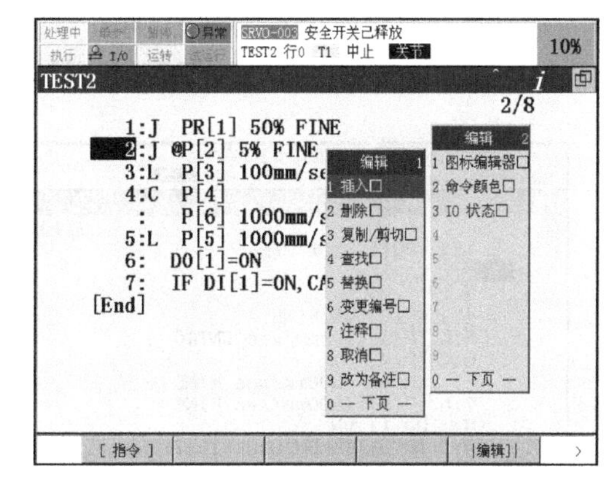

图 7-19　程序编辑指令（插入）

e. 屏幕下方会出现“How many line to insert?（插入多少行?）”，用数字键输入所需要插入的行数（如插入 2 行），并按【ENTER】（回车）键确认，如图 7-20 所示。

② 删除（Delete）。该指令可将指定范围的程序语句从程序中删除。删除程序语句后，重新赋予行编号。

删除指令行的操作步骤：

a. 进入编辑界面，显示 F5【EDCMD】（编辑）。

b. 移动光标到所要删除的指令行号处。

c. 按 F5【EDCMD】（编辑）键。

d. 移动光标到【Delete】（删除）项，如图 7-21 所示，并按【ENTER】（回车）键确认。

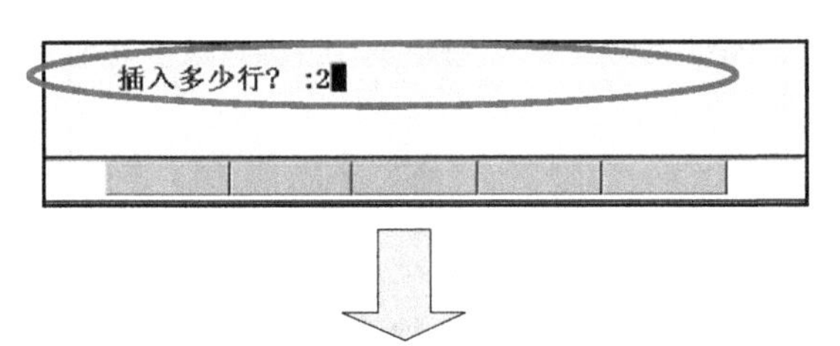

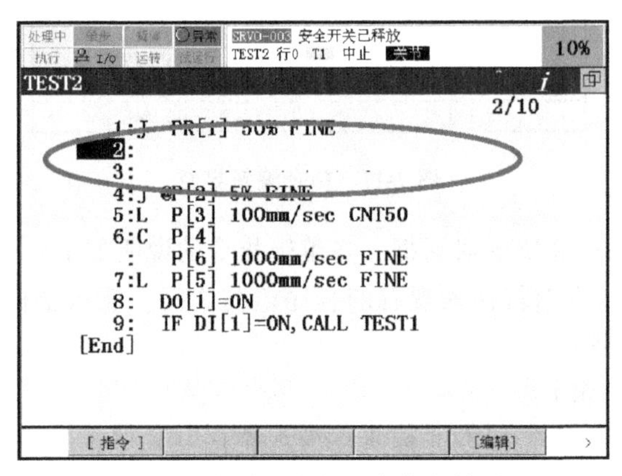

图 7-20 插入空白行指令执行结果

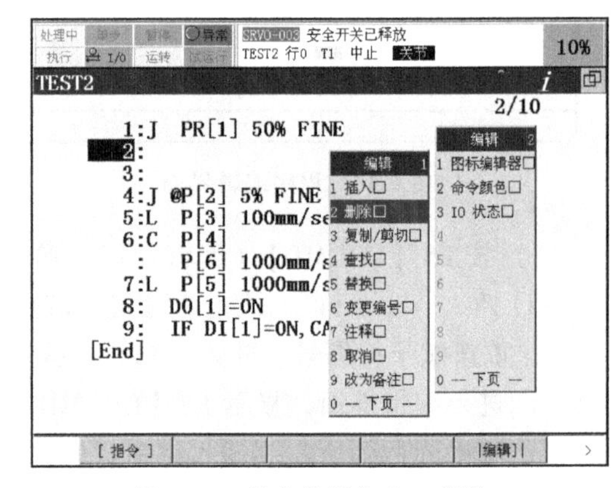

图 7-21 程序编辑指令（删除）

e. 屏幕下方会出现“Delete line（s）?（是否删除行?）”，移动光标选中所需要删除的行（可以是单行或是连续的几行），如图 7-22 所示。

f. 按 F4【YES】（是），即可删除所选行，如图 7-23 所示。

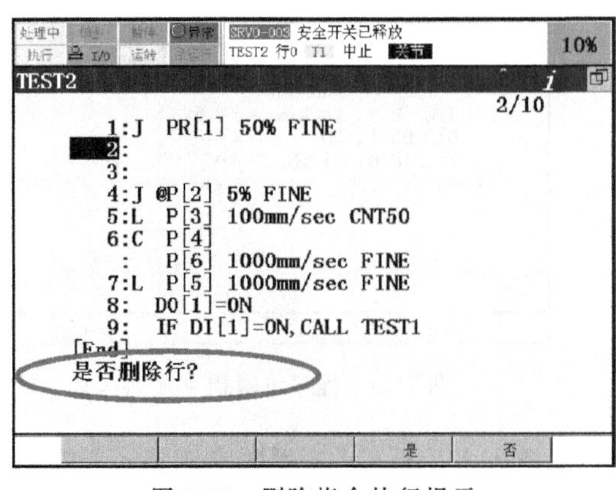

图 7-22 删除指令执行提示

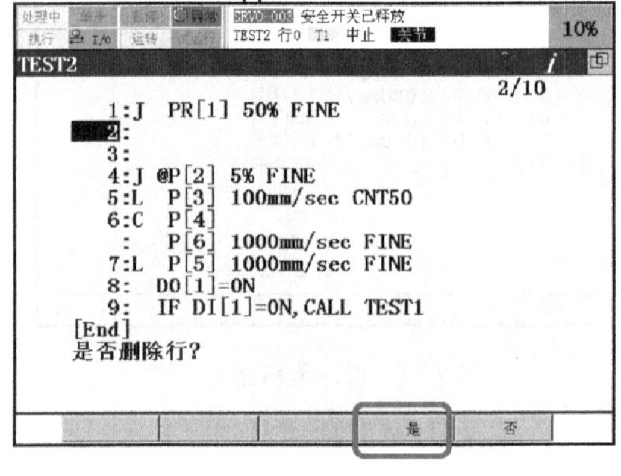

图 7-23 删除指令执行结果

③ 复制/剪切（Copy/Cut）。该指令先复制/剪切一连串的程序语句集，然后粘贴到程序中的其他位置。复制程序语句时，选择复制源的程序语句范围，将其记录到存储器中。程序语句一旦被复制，可以多次插入粘贴使用。

复制/剪切程序语句的操作步骤：

a. 进入编辑界面，显示 F5【EDCMD】（编辑）。

b. 移动光标到所要复制或剪切的行号处。

c. 按 F5【EDCMD】（编辑）键。

d. 移动光标到【Copy/Cut】（复制/剪切）项，如图 7-24 所示，并按【ENTER】（回车）键确认。

e. 按 F2【SELECT】（选择），屏幕下方会出现【COPY】（复制）和【CUT】（剪切）两个选项，如图 7-25 所示。

选择行

选择　粘贴

a)

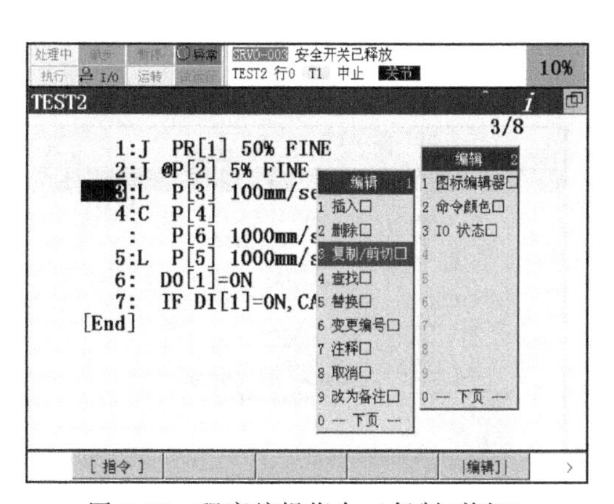

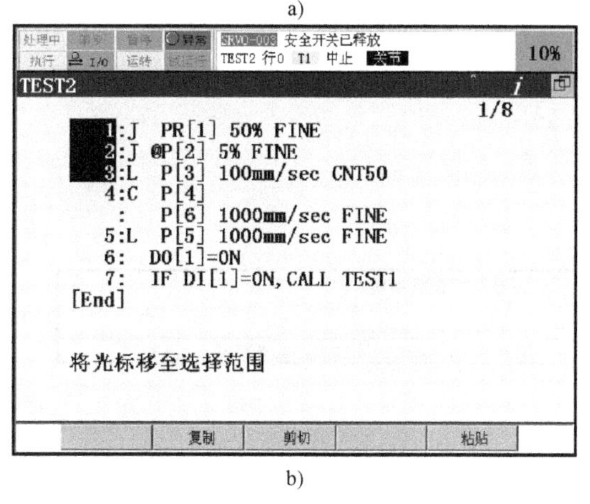

b)

图 7-24 程序编辑指令（复制/剪切）　　图 7-25 复制/剪切范围选择界面

f. 向上或向下拖动光标，选择需要复制或剪切的指令，然后根据需求选择 F2【复制】或者 F3【剪切】，出现图 7-26 所示画面。

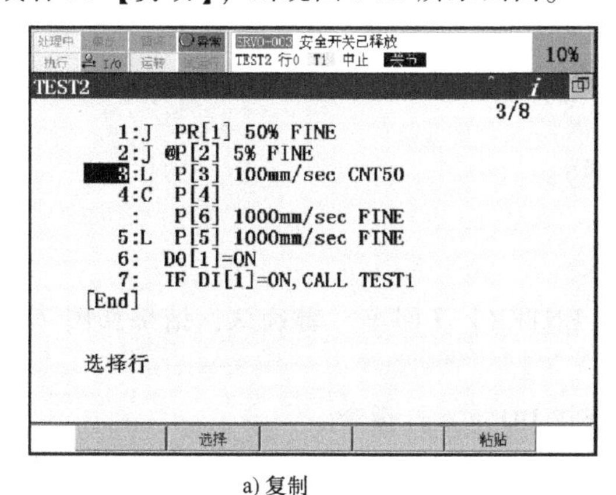

a) 复制

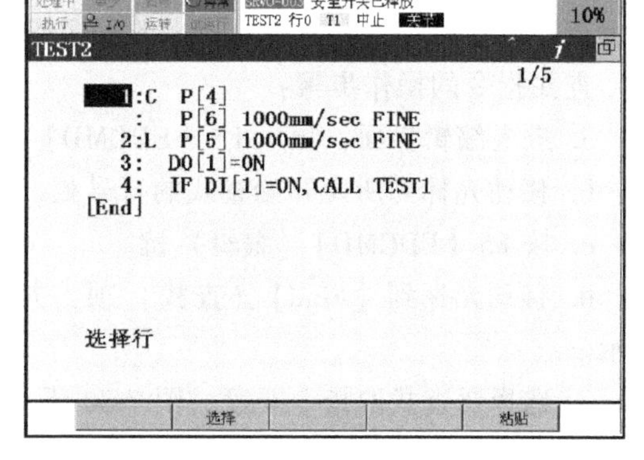

b) 剪切

图 7-26 复制/剪切指令执行结果

7 CHAPTER

粘贴指令的操作步骤：

a. 按以上步骤复制或剪切所需内容。

b. 移动光标到所需要粘贴的行号处（注意：插入式粘贴，不需要先插入空白行）。

c. 按 F5【PASTE】（粘贴），屏幕下方会出现“Paste before this line?（在该行之前粘贴吗?）”，如图 7-27 所示 。

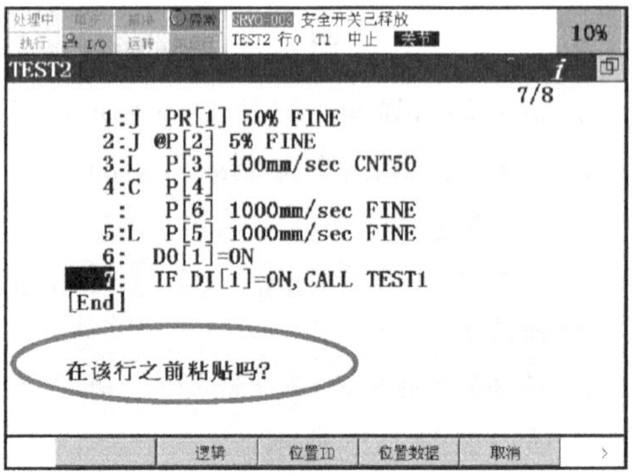

图 7-27　粘贴指令执行提示

d. 选择合适的粘贴方式进行粘贴。粘贴方式：

a）F2【LOGIC】（逻辑）：在动作指令中的位置编号为［...］（位置尚未示教）的状态插入粘贴，即不粘贴位置信息。

b）F3【POS-ID】（位置 ID）：在未改变动作指令中的位置编号及位置数据插入粘贴，即粘贴位置信息和位置编号。

c）F4【POSITION】（位置数据）：在未更新动作指令中的位置数据，但位置编号在被更新的状态下插入粘贴，即粘贴位置信息并生成新的位置编号，如图 7-28 所示。

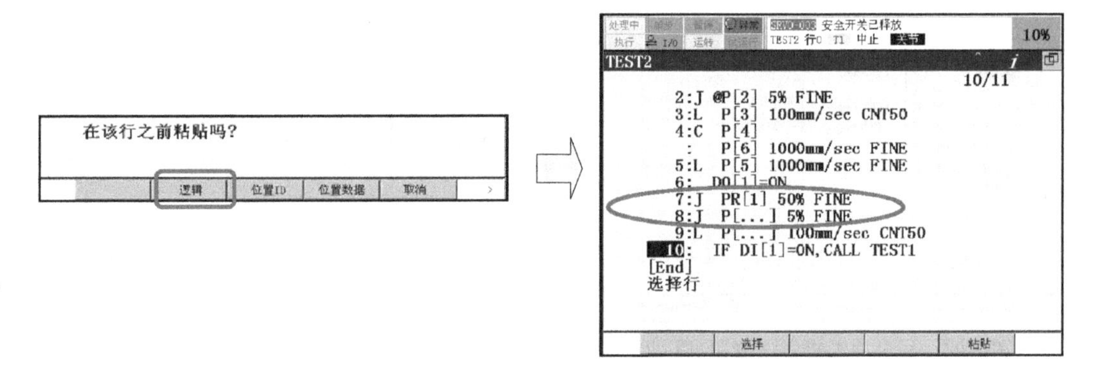

图 7-28　粘贴指令执行结果

④ 查找（Find）。

查找指令的作用：查找所指定的程序指令要素。

查找指令的操作步骤：

a. 进入编辑界面，显示 F5【EDCMD】（编辑）。

b. 移动光标到所要开始查找的行号处。

c. 按 F5【EDCMD】（编辑）键。

d. 移动光标到【Find】（查找）项，并按【ENTER】（回车）键确认，结果如图 7-29 所示。

e. 选择要查找的指令要素。图 7-30 所示为查找 DO［　］指令。

f. 要查找的要素存在定值的情况下，输入该数据。进行与定值无关的查找时，不用输入，直接按【ENTER】键。

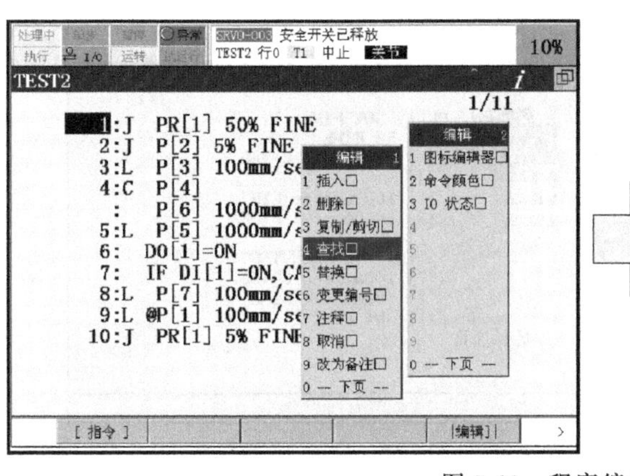

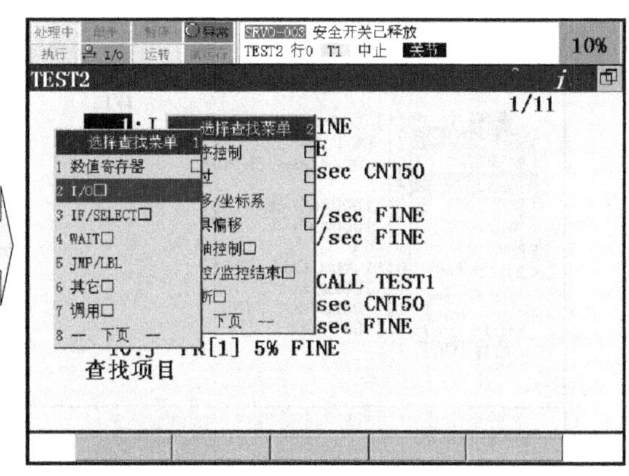

图 7-29　程序编辑指令（查找）

注意：需要查找的指令若在程序内，则光标停止在该指令位置。

g. 要进一步查找相同的指令时，按 F4【NEXT】（下页）。

h. 要结束查找指令时，按 F5【EXIT】（退出）。

⑤ 替换（Replace）。

a. 替换指令的作用：将所指定的程序指令的要素替换为其他要素。

b. 替换指令的操作步骤：

a）进入编辑界面，显示 F5【EDCMD】（编辑）。

b）移动光标到所要开始查找的行号处。

c）按 F5【EDCMD】（编辑）键。

d）移动光标到【Replace】（替换）项，并按【ENTER】（回车）键确认，如图 7-31 所示。

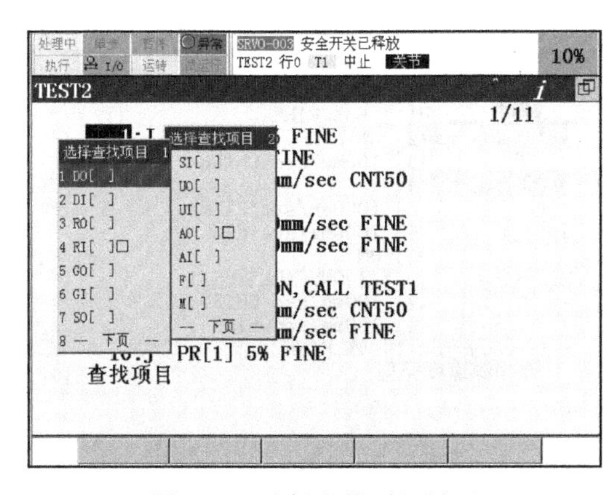

图 7-30　选择查找项目界面

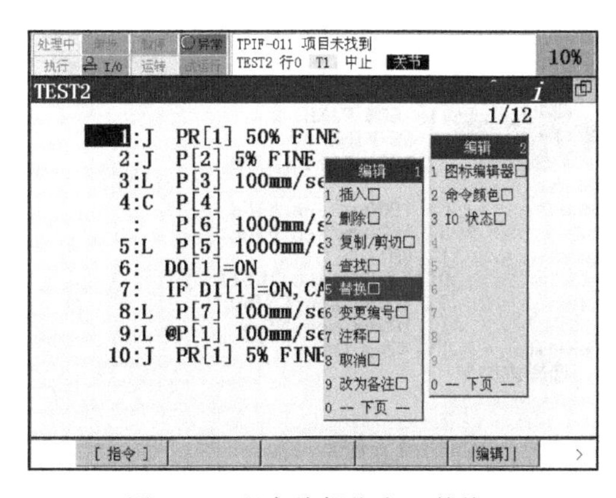

图 7-31　程序编辑指令（替换）

e）选择需要替换的指令要素，并按【ENTER】（回车）键确认。图 7-32 所示为将动作指令的速度值替换为其他值。

c. 替换的种类：

➢“Replace speed”（修正速度）：将速度值替换为其他值。

➢“Replace term”（修正位置）：将定位类型替换为其他值。

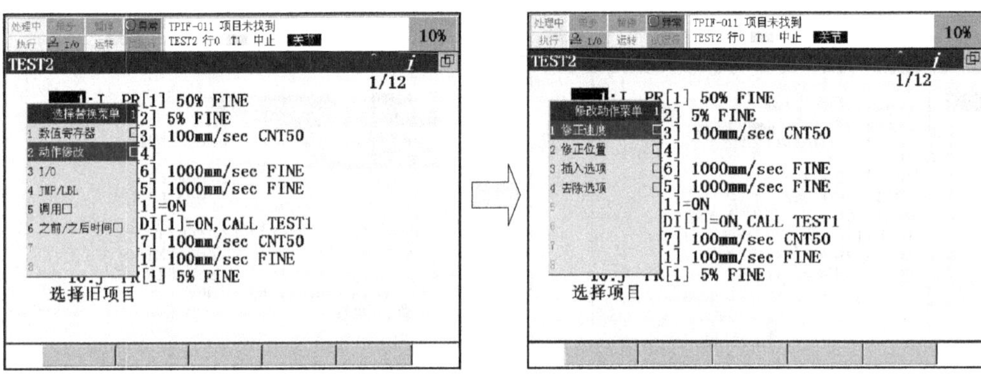

图 7-32　替换指令菜单及速度值替换操作

➢ “Insert option”（插入选项）：插入动作控制指令。

➢ “Remove option”（去除选项）：删除动作控制指令。

a）选择 “Replace speed” （修正速度），并按【ENTER】（回车）键确认，如图 7-33 所示。

➢ “Unspecified type”（未指定的类型）：替换所有动作指令中的速度。

➢ “J”（关节）：只替换关节动作指令中的速度。

➢ “L”（直线）：只替换直线动作指令中的速度。

➢ “C”（圆弧）：只替换圆弧动作指令中的速度。

➢ “A”（C 圆弧）：只替换 C 圆弧动作指令中的速度。

b）选择替换哪个动作类型的动作指令中的速度值，并按【ENTER】（回车）键确定，如图 7-34 所示。

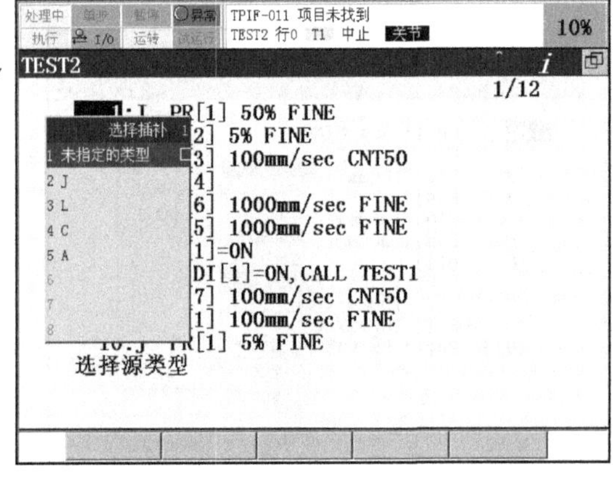

图 7-33　修正速度选项（动作类型选择）

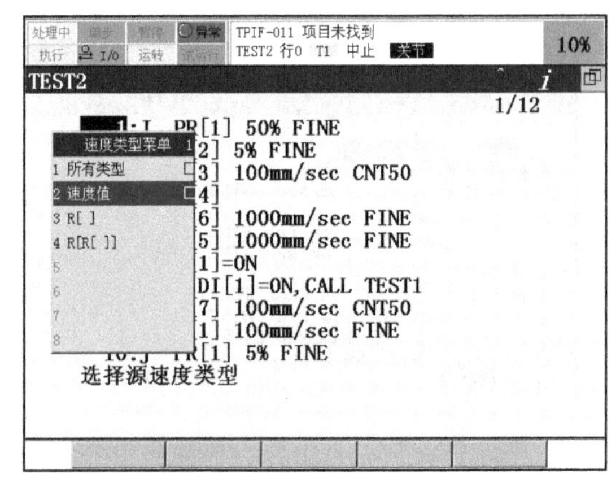

图 7-34　修正速度选项（速度值指定类型）

➢ “ALL type”（所有类型）：对速度类型不予指定。

➢ “Speed value”（速度值）：速度类型为数值指定类型。

➢ “R [ ]”（寄存器 [ ]）：速度类型为寄存器直接指定类型。

➢ “R [R [ ]]”（寄存器 [寄存器 [ ]]）：速度类型为寄存器间接指定类型。

c）选择替换哪种速度类型，并按【ENTER】（回车）键确定，如图 7-35 所示。

d）指定替换为哪种速度单位，并按【ENTER】（回车）键确定，如图 7-36 所示。

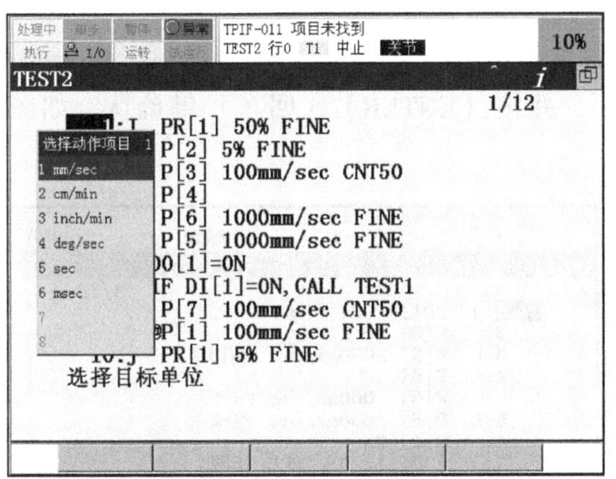

图 7-35　修正速度选项（速度单位类型）

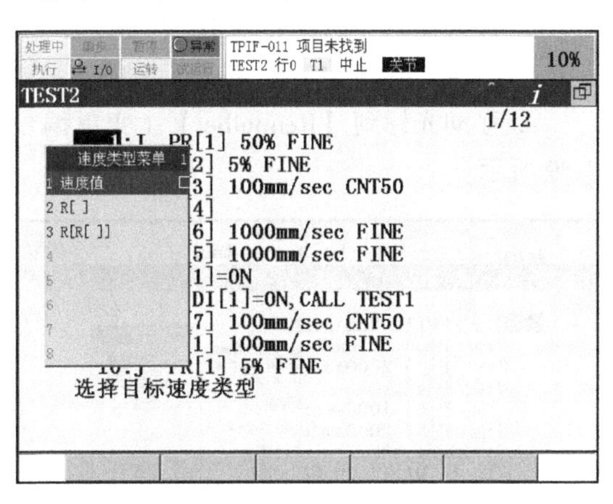

图 7-36　修正速度选项（速度值指定类型）

➢“Speed value”（速度值）：速度类型为数值指定类型。

➢“R [ ]”（寄存器 [ ]）：速度类型为寄存器直接指定类型。

➢“R [R [ ]]”（寄存器 [寄存器 [ ]]）：速度类型为寄存器间接指定类型。

e）指定替换为哪种速度类型，并按【ENTER】（回车）键确定，如图 7-37 所示。

f）输入需要的速度值，如图 7-38 所示。

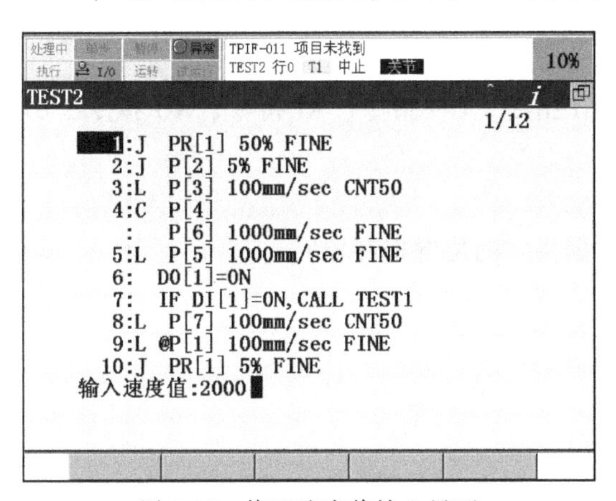

图 7-37　修正速度值输入界面

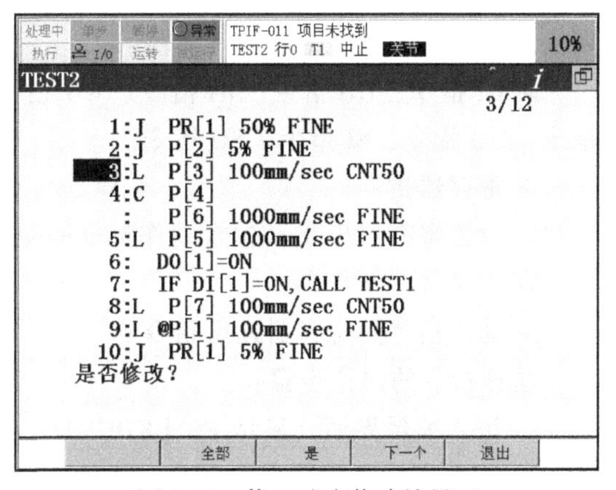

图 7-38　修正速度值确认界面

显示出替换方法的种类：

➢ F2【ALL】（全部）：替换当前光标所在行以后的全部该要素。

➢ F3【YES】（是）：替换光标所在位置的要素，查找下一个该候选要素。

➢ F4【NEXT】（下一个）：查找下一个该候选要素。

g）选择替换方法（如 F2【全部】）。

h）结束时，按 F5【EXIT】（退出）。

⑥ 变更编号（Renumber）。该指令以升序重新赋予程序中的位置编号。位置编号在每次对动作指令进行示教时，自动累加生成。经过反复执行插入和删除操作，位置编号在程序中会显得凌乱无序，通过变更编号，可使位置编号在程序中依序排列。

变更编号的操作步骤：

a. 进入编辑界面，显示 F5【EDCMD】（编辑）。

b. 按 F5【EDCMD】（编辑）键。

c. 移动光标到【Renumber】（变更编号）项，并按【ENTER】（回车）键确认，如图 7-39 所示。

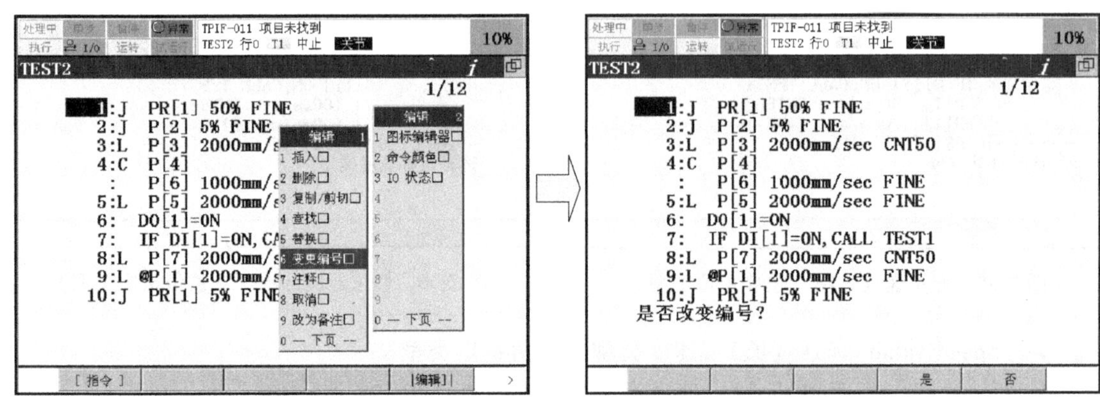

图 7-39 程序编辑指令（变更编号）

d. 按 F4【YES】（是），变更编号；按 F5【NO】（否），取消操作。

⑦ 注释（Comment）。该指令可以在程序编辑界面内对以下指令的注释进行显示/隐藏切换。但是，不能对注释进行编辑：

➢ DI 指令、DO 指令、RI 指令、RO 指令、GI 指令、GO 指令、AI 指令、AO 指令、UI 指令、UO 指令、SI 指令、SO 指令。

➢ 寄存器指令。

➢ 位置寄存器指令（包含动作指令的位置数据格式的位置寄存器）。

➢ 码垛寄存器指令。

➢ 动作指令的寄存器速度指令。

注释指令的操作步骤：

a. 进入编辑界面，显示 F5【EDCMD】（编辑）。

b. 移动光标到所需要插入空白行的位置（空白行插在光标所在行之前）。

c. 按 F5【EDCMD】（编辑）键。

d. 移动光标到【Comment】（注释）项，并按【ENTER】（回车）键确认，即可将相应的注释进行显示/隐藏切换，如图 7-40 所示。

⑧ 取消（Undo）。该指令可取消一步操作，可以取消指令的更改、行插入、行删除等程序编辑操作。若在编辑程序的某一行时执行取消操作，则相对该行执行的所有操作全部取消。此外，在行插入和行删除中，取消所有已插入的行和已删除的行。

取消指令的操作步骤：（以取消【Insert】（插入）操作为例）

a. 进入编辑界面，显示 F5【EDCMD】（编辑）。

b. 按 F5【EDCMD】（编辑）键。

c. 移动光标到【Undo】（取消）项，并按【ENTER】（回车）键确认，如图 7-41 所示。

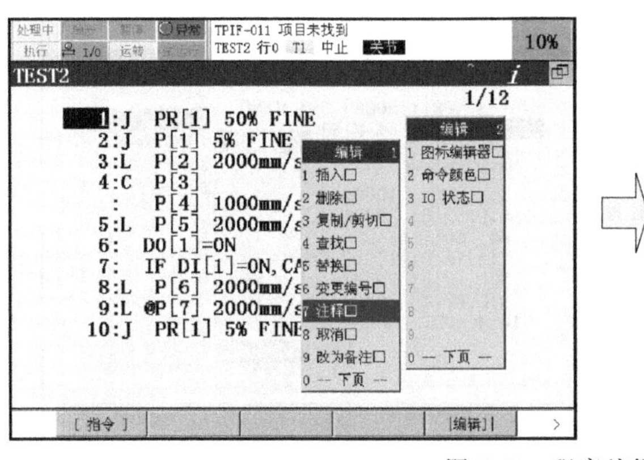

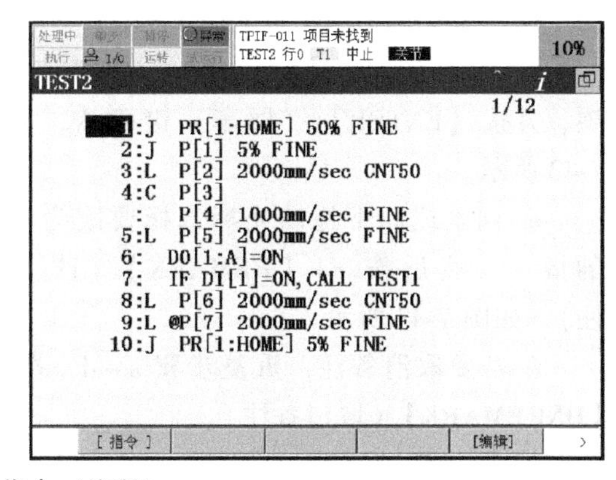

图 7-40　程序编辑指令（注释）

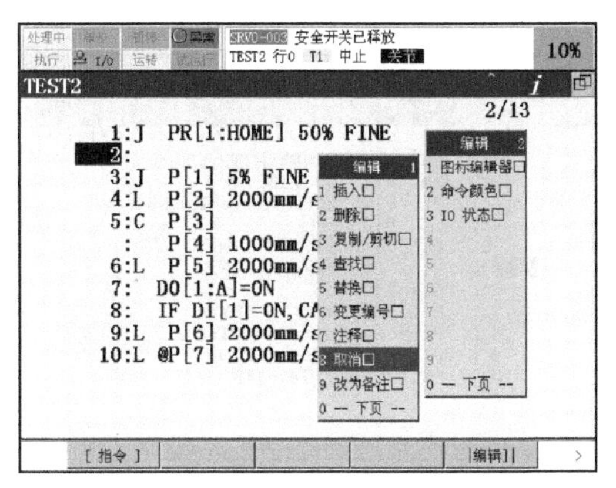

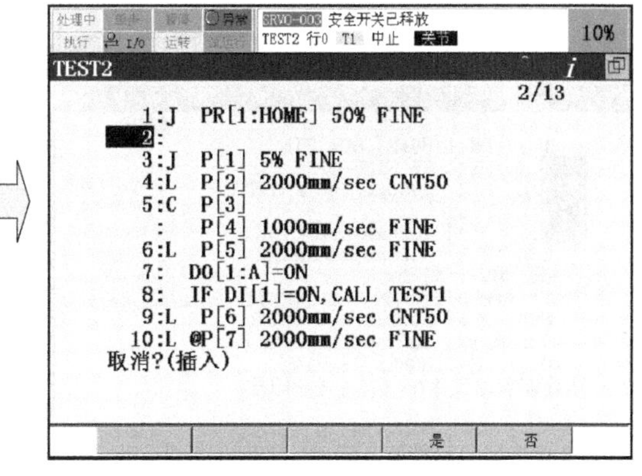

图 7-41　程序编辑指令（取消）

d. 按 F4【YES】（是），则取消空白行插入的操作。

e. 继续执行一次【Undo】（取消）操作，即可取消刚才执行的取消操作，还原到执行取消操作之前的状态。

⑨ 改为备注（Remark）。

改为备注指令的功能：通过指令的备注，就可以不执行该指令。可以对所有指令备注，或者予以解除。

➢ 已被备注的指令，在行的开头显示“//”。
➢ 可以对多个指令同时进行备注，或者予以取消。
➢ 已被备注的指令信息将被保存起来，在备注取消后可马上执行。
➢ 复制已被备注的指令时，将以已被备注的状态原样复制。
➢ 已被备注的指令，可以跟通常的指令一样进行查找和替换。
➢ 已被备注的动作指令的位置编号，将会成为变更编号的对象。
➢ 已被备注的 I/O 指令等注释，可通过编辑“注释”切换显示。

改为备注指令的操作步骤：

a. 进入编辑界面，显示 F5【EDCMD】（编辑）。

b. 移动光标至需备注的行号处。

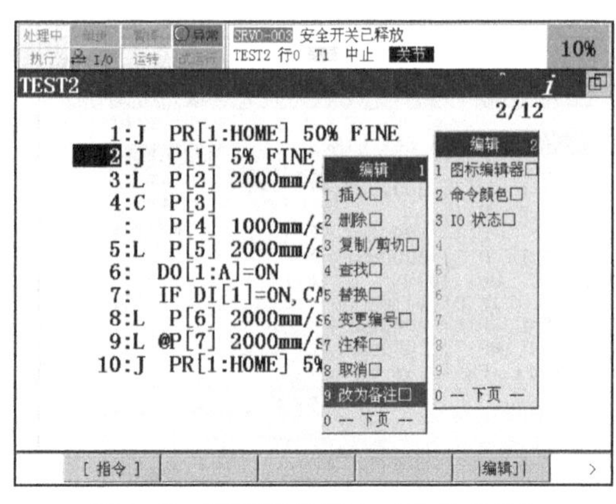

图 7-42　程序编辑指令（改为备注）

c. 按 F5【EDCMD】（编辑）键。

d. 移动光标到【Remark】（改为备注）项，并按【ENTER】（回车）键确认，如图 7-42 所示。

e. 向上或向下拖动光标选择要改为备注的指令，然后按 F4【REMARK】（改为备注），如图 7-43 所示。

f. 若要取消备注，重复步骤 a~d，按 F5【UNREMARK】（取消备注）。

⑩ 图标编辑器指令。

图标编辑器指令的功能：通过该指令，可以进入图标编辑界面，如果示教器为触摸屏，则可以通过触摸图标对程序进行编辑。

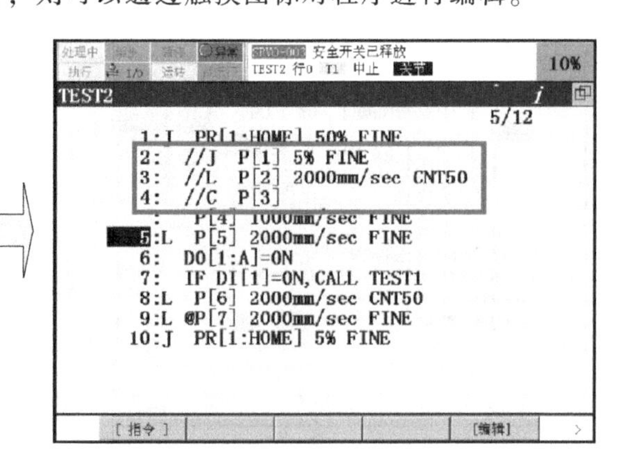

图 7-43　改为备注指令执行结果

图标编辑器指令的操作步骤：

a. 进入编辑界面，显示 F5【EDCMD】（编辑）。

b. 按 F5【EDCMD】（编辑）键，移动光标选择“图标编辑器”，按【ENTER】（回车）键确定，进入图标编辑界面，如图 7-44 所示。

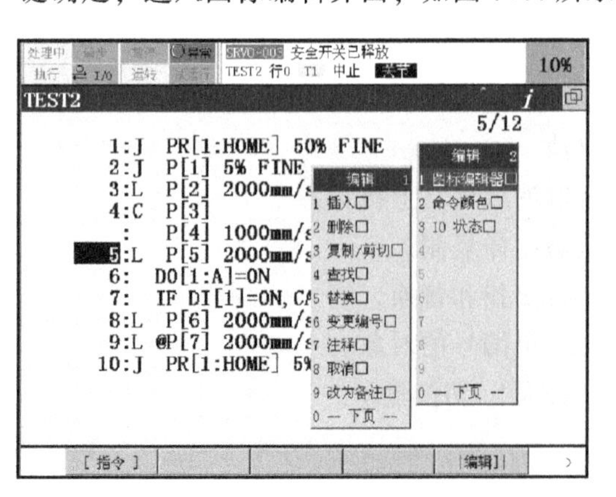

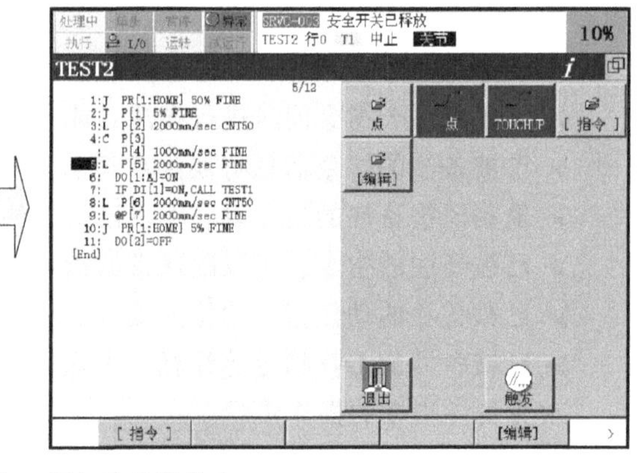

图 7-44　程序编辑指令（图标编辑器指令）

c. 在有触摸屏功能的示教器上，直接触摸相应的图标即可进行程序的编辑。

d. 若要退出图标编辑菜单，可在图 7-44 所示界面中按 F5【编辑】，出现相应界面，再按 F4【退出图标】即可。

⑪ 命令颜色。通过此命令，可在程序中进行部分指令（如 IO 指令）的彩色背景是否显示的切换，如图 7-45 所示。

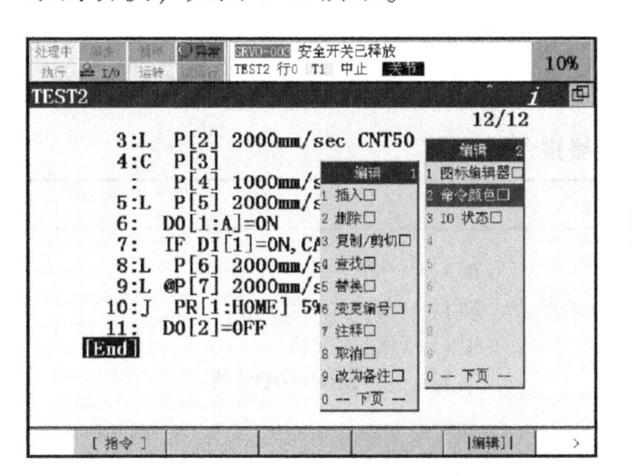

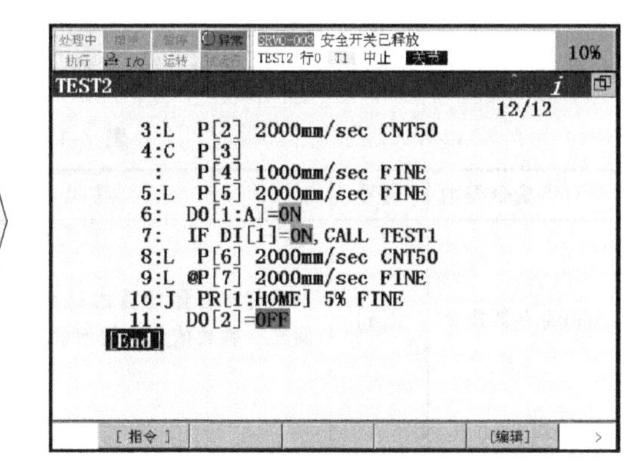

图 7-45 程序编辑指令（命令颜色）

⑫ IO 状态。通过此命令，可在程序编辑界面实时显示程序命令中 IO 的状态，如图 7-46 所示。

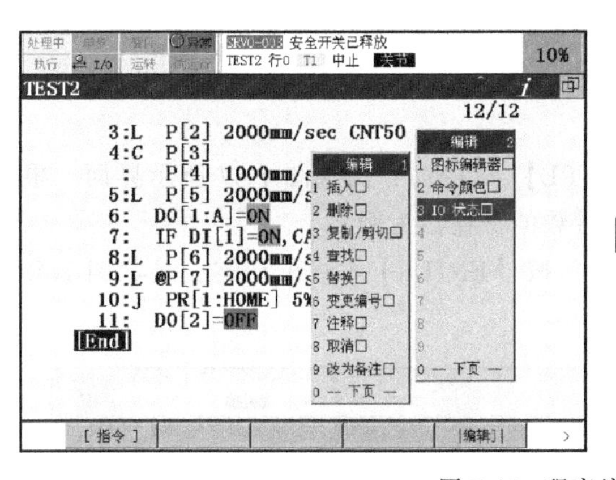

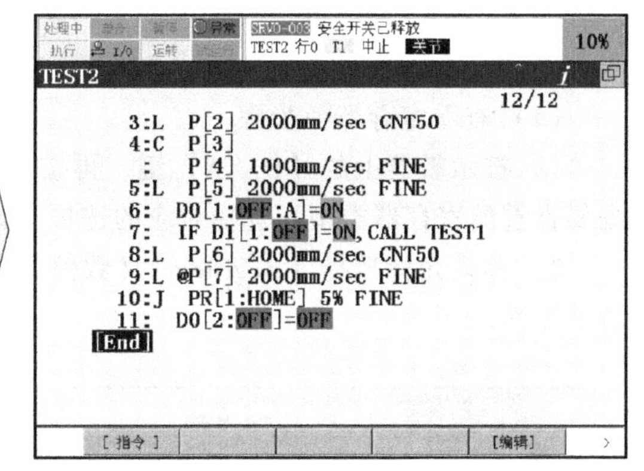

图 7-46 程序编辑指令（IO 状态）

7.4 控制指令

机器人常用的控制指令如下：

1. 寄存器指令（Registers）

寄存器指令是进行寄存器的算术运算的指令。寄存器指令有如下几种：

➢ 数值寄存器指令

➢ 位置寄存器指令

➢ 位置寄存器要素指令

➢ 码垛寄存器指令

➢ 字符串寄存器、字符串指令

寄存器支持“+”“-”“*”“/”四则运算和多项式运算，例如：

R［2］=R［3］-R［4］+R［5］-R［6］

R［10］=R［2］*100/R［6］

需要注意的是，运算符“+”“-”可以在相同行混合使用。此外，“*”“/”也可以混合使用。但是，“+”“-”和“*”“/”则不可混合使用。常用寄存器指令见表 7-1。

表 7-1 常用寄存器指令

寄存器指令类别	符号	功能	运算
数值寄存器指令	R[i]	进行寄存器的算术运算的指令，用来存储某一整数值或小数值的变量	**R[i]**=(值) **R[i]**=(值)+/-(值) R[i]=(值)*/(值) **R[i]**=(值)**MOD/DIV**(值)
位置寄存器指令	PR[i]	进行位置寄存器的算术运算的指令，用来存储位置资料(x,y,z,w,p,r)的变量	PR[i]=(值) **PR[i]**=(值)+(值)
位置寄存器要素指令	PR[i,j]	i表示位置寄存器号码，j表示位置寄存器的要素号码	PR[i,j]=(值) PR[i,j]=(值)+/-(值) PR[i,j]=(值)*/(值) PR[i,j]=(值)**MOD/DIV**(值)

（1）查看寄存器值步骤

1）按示教器上的【DATA】键，再按 F1【TYPE】（类型），出现图 7-47 所示界面，根据要查看的寄存器类型，选择对应的选项（以查看数值寄存器为例）。

2）移动光标选择【Registers】（数值寄存器），按【ENTER】（回车）键，显示图 7-48 所示界面。

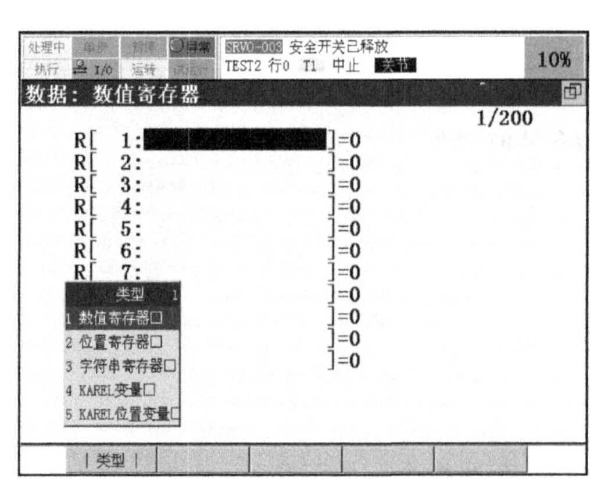

图 7-47 查看寄存器界面

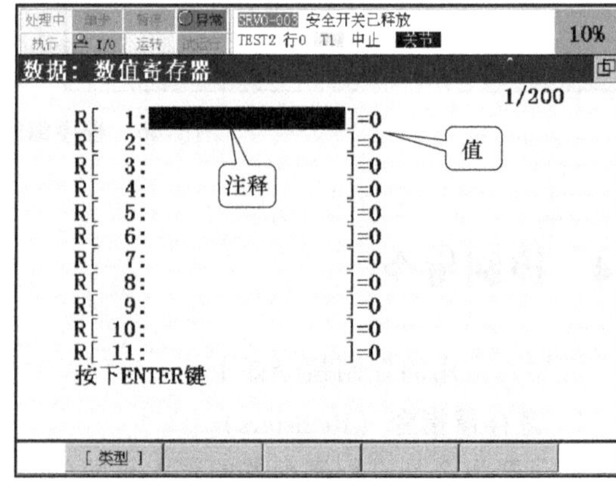

图 7-48 数值寄存器编辑界面

3）把光标移至寄存器号后，按【ENTER】（回车）键，输入注释。

4）把光标移到值处，使用数字键可直接修改数值。

（2）在程序中加入寄存器指令步骤

1）进入编辑界面。

2）按 F1【INST】（指令）键，显示控制指令界面，如图 7-49 所示。

3）选择【Registers】（数值寄存器），按【ENTER】（回车）键确认。

4）选择所需要的指令格式，按【ENTER】（回车）键确认，显示图 7-50 所示界面。

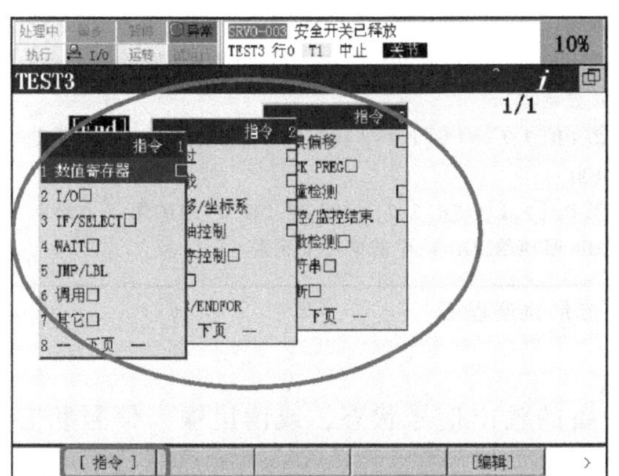

图 7-49 控制指令界面

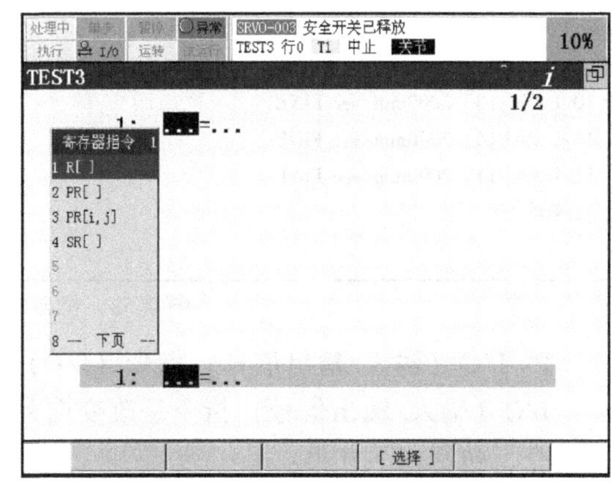

图 7-50 数值寄存器选择界面

5）根据光标位置选择相应的项，输入值，如图 7-51 所示。

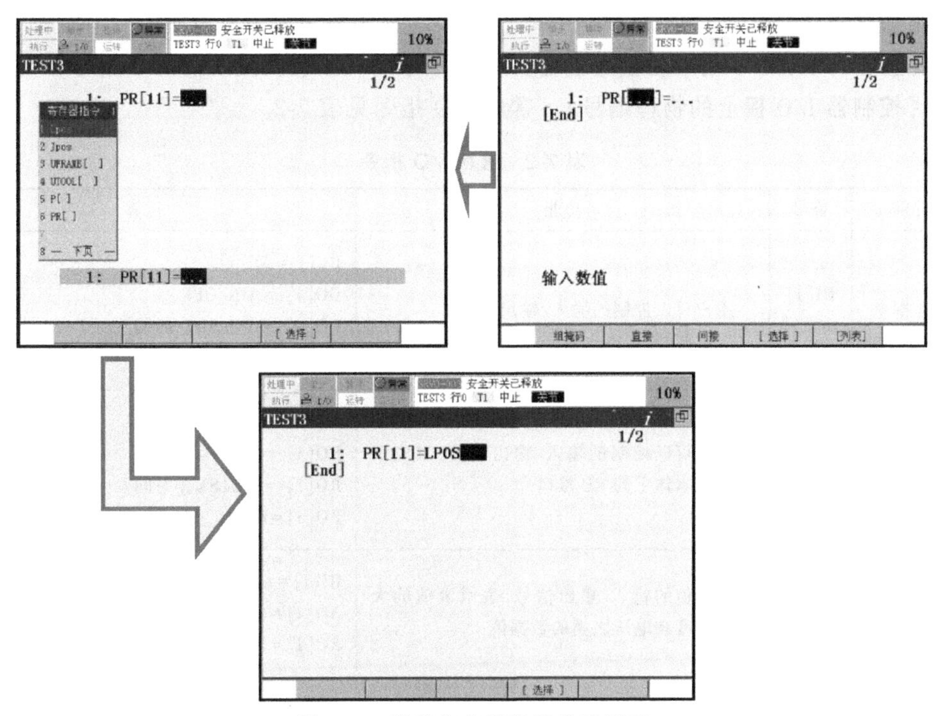

图 7-51 数值寄存器数值编辑界面

案例 1：从机器人当前位置开始走边长为 100mm 的正方形轨迹，如图 7-52 所示。

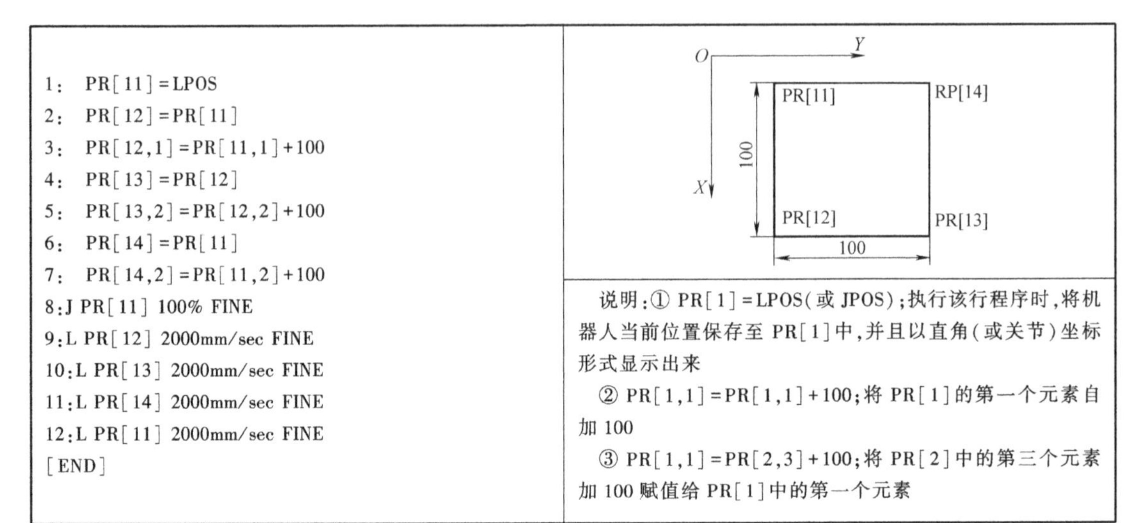

图 7-52 机器人走正方形轨迹程序

2. I/O（输入/输出信号）指令（I/O）

I/O（输入/输出信号）指令是改变向外围设备的输出信号状态，或读出输入信号状态的指令，包括以下几类：

- （系统）数字 I/O 指令
- 机器人（数字）I/O 指令
- 模拟 I/O 指令
- 组 I/O 指令

需要注意的是，I/O 信号在使用前需要将逻辑号码（示教器显示的 I/O 编号）配置给物理号码（控制器 I/O 板上的物理编号）。常用 I/O 指令见表 7-2。

表 7-2 常用 I/O 指令

指令类别	符号	功能	运算
数字 I/O 指令	DI[i] DO[i]	用户可以控制的输入/输出信号	R[i] = DI[i] DO[i] = ON/OFF DO[i] = PULSE,[时间] DO[i]=RI[i]
机器人 I/O 指令	RI[i] RO[i]	用户可以控制的输入/输出信号,对应于机器人本体上的 EE 接口	R[i] = RI[i] RO[i] = ON/OFF RO[i] = PULSE,[时间] RO[i]=R[i]
模拟 I/O 指令	AI[i] AO[i]	连续值的输入/输出信号,表示该值的大小为温度和电压之类的数据值	RI[i]=AI[i] AO[i]=(值) AO[i]=R[i]
组 I/O 指令	GI[i] GO[i]	对几个数字输入/输出信号进行分组,以一个指令来控制这些信号	R[i]=GI[i] GO[i]=(值) GO[i]=R[i]

程序中加入信号指令步骤：

1）进入编辑界面。

2）按 F1【INST】（指令）键，显示控制指令界面。

3）选择 I/O（信号），按【ENTER】（回车）键确认，显示图 7-53 所示界面。

4）选择所需要的项，按【ENTER】（回车）键确认。

5）根据光标位置输入值或选择相应的项并输入值。

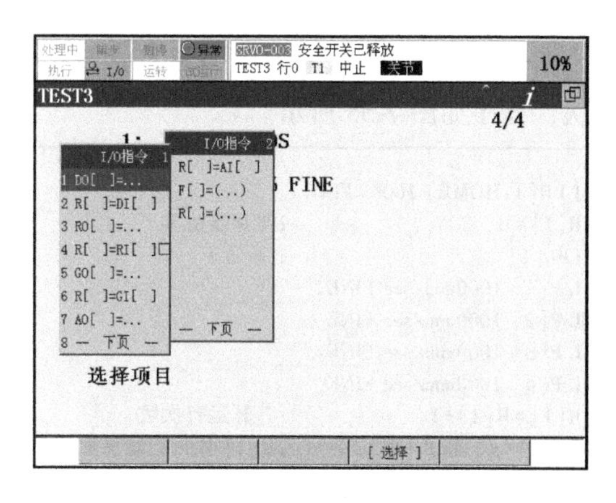

图 7-53 加入信号指令界面

案例 2：将工件从 *A* 位置搬到 *B* 位置，机器人程序指令如图 7-54 所示。

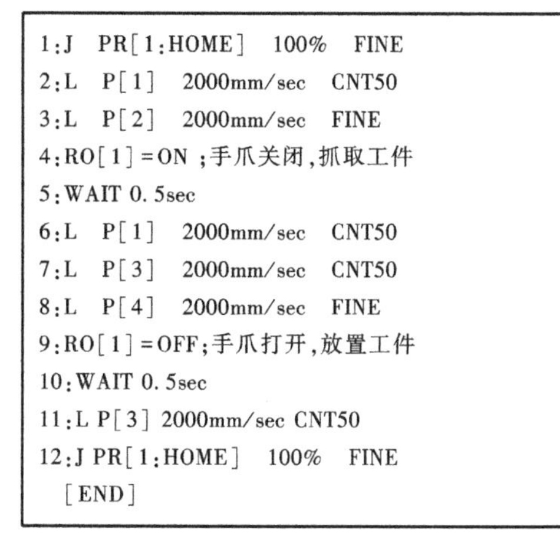

```
1:J  PR[1:HOME]  100%  FINE
2:L  P[1]  2000mm/sec  CNT50
3:L  P[2]  2000mm/sec  FINE
4:RO[1]=ON ;手爪关闭,抓取工件
5:WAIT 0.5sec
6:L  P[1]  2000mm/sec  CNT50
7:L  P[3]  2000mm/sec  CNT50
8:L  P[4]  2000mm/sec  FINE
9:RO[1]=OFF;手爪打开,放置工件
10:WAIT 0.5sec
11:L P[3] 2000mm/sec CNT50
12:J PR[1:HOME]  100%  FINE
  [END]
```

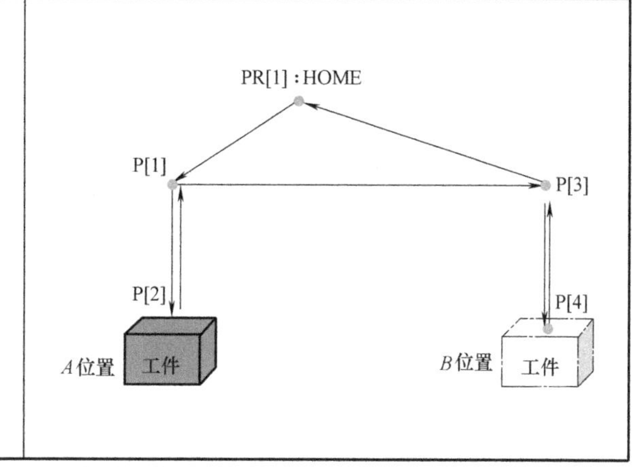

图 7-54 机器 I/O 指令程序示例

3. 条件比较指令（IF）

使用该指令时，若条件满足，则转移到所指定的跳跃指令或子程序调用指令；若条件不满足，则执行下一条指令。

使用该指令时，可以通过逻辑运算符“or”（或）和“and”（与）将多个条件组合在一起，但是“or”（或）和“and”（与）不能在同一行中使用。

例如：

IF（条件 1）and（条件 2）and（条件 3），是正确的。

IF（条件 1）and（条件 2）or（条件 3），是错误的。

例 1：IF R［1］<3，JMP LBL［1］；如果满足 R［1］的值小于 3 的条件，则跳转到标签 1 处。

例 2：IF DI［1］=ON，CALL TEST；如果满足 DI［1］等于 ON 的条件，则调用程序 TEST。

例 3：IF R［1］<=3 AND DI［1］〈〉ON，JMP LBL［2］；如果满足 R［1］的值小于或等于 3 并且 DI［1］不等于 ON 的条件，则跳转到标签 2 处。

例 4：IF R［1］>=3 OR DI［1］=ON，CALL TEST2；如果满足 R［1］的值大于或等

于 3 或者 DI ［1］ 等于 ON 的条件，则调用程序 TEST2。

案例 3： 机器人从 HOME 点开始运行，沿 P ［1］、P ［2］、P ［3］ 和 P ［4］ 轨迹循环三次，程序如图 7-55 所示。

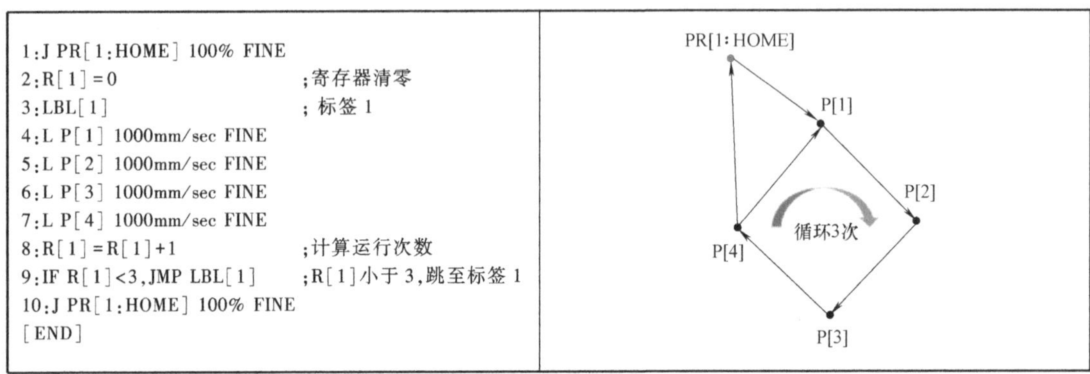

```
1:J PR[1:HOME] 100% FINE
2:R[1]=0                          ;寄存器清零
3:LBL[1]                          ; 标签 1
4:L P[1] 1000mm/sec FINE
5:L P[2] 1000mm/sec FINE
6:L P[3] 1000mm/sec FINE
7:L P[4] 1000mm/sec FINE
8:R[1]=R[1]+1                     ;计算运行次数
9:IF R[1]<3,JMP LBL[1]            ;R[1]小于 3,跳至标签 1
10:J PR[1:HOME] 100% FINE
[END]
```


图 7-55 循环指令示例程序

4. 条件选择指令 （SELECT）

使用该指令时，根据寄存器的值转移到所指定的跳跃指令或子程序调用指令。其格式如下：

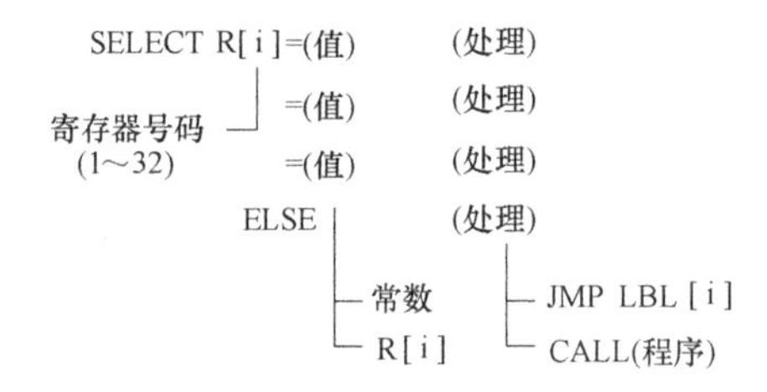

例如：

SELECT R ［1］ =1，CALL TEST1；满足条件 R ［1］ =1，调用程序 TEST1

=2，JMP LBL ［1］；满足条件 R ［1］ =2，跳转到 LBL ［1］ 执行程序

ELSE，JMP LBL ［2］；否则，跳转到 LBL ［2］ 执行程序

案例 4： 条件选择指令案例如图 7-56 所示。

```
1:J   PR[1:HOME]   100%   FINE
2:L   P[1]   2000mm/sec   CNT50
3:SELECT R[1] =1,CALL JOB1
4:                =2,CALL JOB2
5:                =3,CALL JOB3
6:                ELSE,JMP LBL[10]
7:L   P[1]   2000mm/sec   CNT50
8:J   PR[1:HOME]   100%   FINE
9:END
10:LBL[10]
11:R[100]=R[100]+1
[END]
```

开始
机器人就位
R[1]=?
其他
1
2
3
R[100]计数
JOB1
JOB2
JOB3
机器人回HOME点
结束

图 7-56 条件选择指令示例程序

程序中加入 IF/SELECT 指令步骤：

1）进入编辑界面。

2）按 F1【INST】（指令）键，显示控制指令界面。

3）选择【IF/SELECT】（选择），按【ENTER】（回车）键确认，显示图 7-57 所示界面。

4）选择所需要的项，按【ENTER】（回车）键确认。

5）输入值或移动光标位置选择相应的项，输入值。

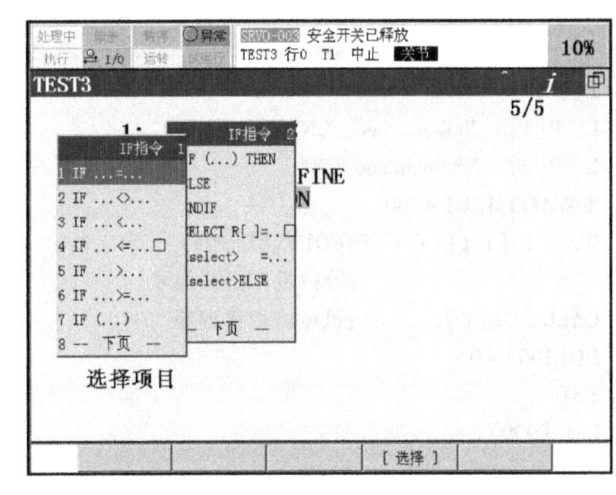

图 7-57 条件指令类型选择界面

5. **等待指令**（WAIT）

该指令可以在所指定的时间或条件得到满足之前使程序处于等待状态。其格式如下：

WAIT	（variable）	（operator）	（value）	TIMEOUT LBL[i]
	Constant	>	Constant	
	R[i]	>=	R[i]	
	AI/AO	=	ON	
	GI/GO	<=	OFF	
	DI/DO	<		
	UI/UO	<>		

注意：可以通过逻辑运算符“or”（或）和“and”（与）将多个条件组合在一起，但是“or”（或）和“and”（与）不能在同一行使用。

当程序在运行中遇到不满足条件的等待语句，会一直处于等待状态，若需要人工干预时，可以通过按【FCTN】（功能）键后，选择【RELEASE WAIT】（解除等待）跳过等待语句，并在下个语句处等待。

例如：

WAIT 2.00 sec；等待 2s 后，程序继续往下执行程序等待指定信号，如果信号不满足，程序将一直处于等待状态

WAIT DI ［1］ =ON；等待 DI ［1］ 信号为 ON，否则，机器人程序一直停留在本行程序等待指定信号，如果信号在指定时间内不满足，程序将跳转至标签，超时时间由参数 $ WAITTMOUT 指定，该参数指令在其他指令中

$ WAITTMOUT=200；超时时间为 2s

WAIT DI ［1］ =ON TIMEOUT，LBL ［1］；等待 DI ［1］ 信号为 ON，若 2s 内信号没有为 ON，则程序跳转至标签 1

案例 5：等待超时应用程序如图 7-58 所示。

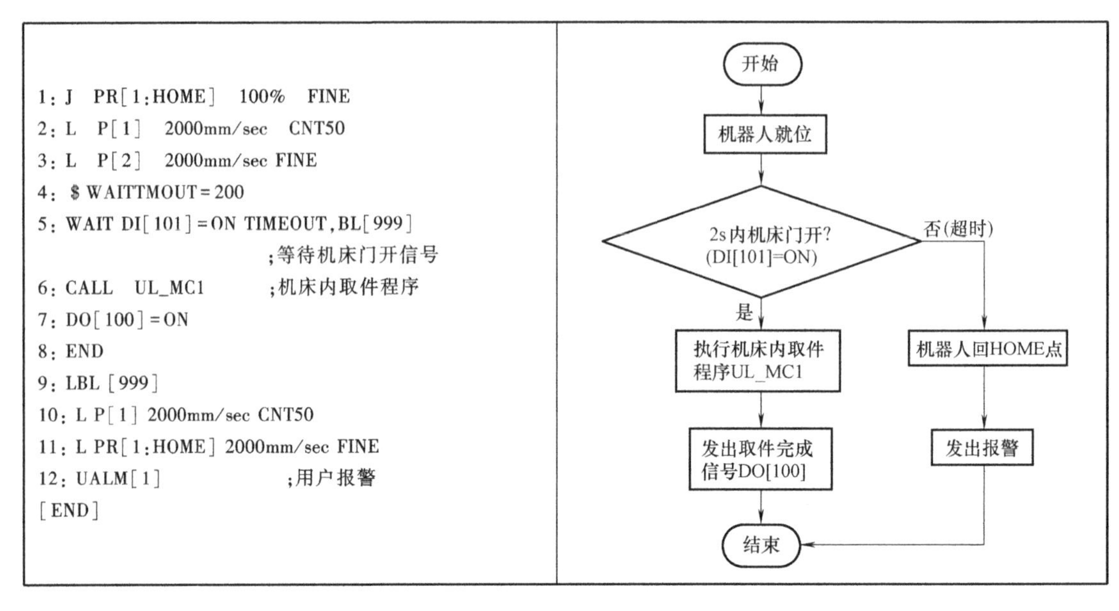

图 7-58 待命指令示例程序

在程序中加入 WAIT 指令步骤：

1）进入编辑界面。

2）按 F1【INST】（指令）键，显示控制指令界面。

3）选择【WAIT】（等待），按【ENTER】（回车）键确认，显示图 7-59 所示界面。

4）选择所需要的项，按【ENTER】（回车）键确认。

5）输入值或移动光标位置选择相应的项，输入值。

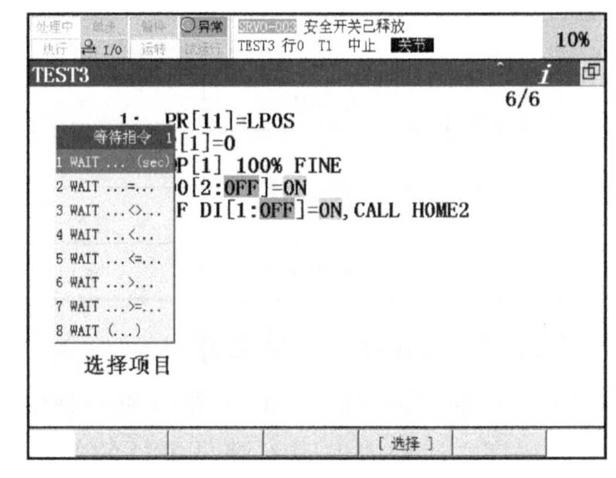

图 7-59 等待指令选择界面

6. 标签指令/跳跃指令（LBL [i] /JMP LBL [i]）

标签指令：用来表示程序的转移目的地的指令。其格式如下：

LBL [i: Comment]　　　　i: 1~32766

跳跃指令：转移到所指定的标签的指令。其格式如下：

J MP LBL [i]　　　　i: 1 to 32766

如： 无条件跳转 JMP LBL [10] ⋮ LBL [10]	如： 有条件跳转 LBL [10] ⋮ IF…, JMP LBL [10]

程序中输入 JMP/LBL 指令步骤：

1）进入编辑界面。

2）按 F1【INST】（指令）键，显示控制指令界面。

3）选择【JMP/LBL】，按【ENTER】（回车）键确认，显示图 7-60 所示界面。

4）选择所需要的项，按【ENTER】（回车）键确认。

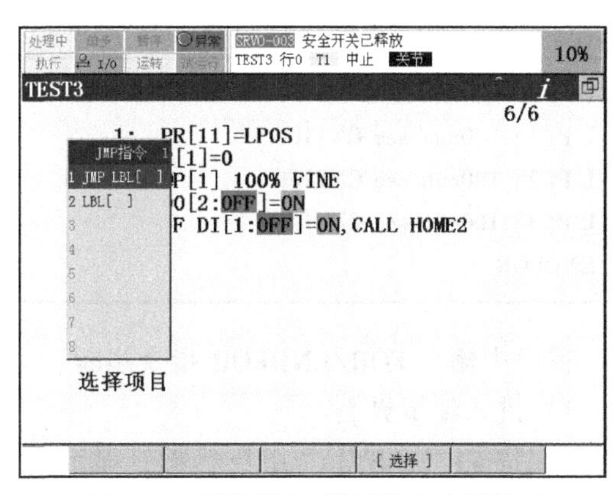

图 7-60 标签指令/跳跃指令选择界面

7. 程序调用指令（CALL）

该指令可使程序的执行转移到其他程序（子程序）的第 1 行后执行该程序。

注意：被调用的程序执行结束时，返回到主程序调用指令后的指令。其格式如下：

Call（Program） Program：程序名

案例 6：循环调用程序 TEST0001 三次，程序示例如图 7-61 所示。

```
1:R[1]=0                          ;此处,R[1]表示计数器,R[1]的值应先清 0
2:J P[1:HOME] 100% FINE           ;回 HOME 点
3:LBL[1]                          ;标签 1
4:CALL TEST0001                   ;调用程序 TEST0001
5:R[1]=R[1]+1                     ;R[1]自加 1
6:IF R[1]<3,JMP LBL[1]            ;若 R[1]小于 3,则光标跳转至 LBL[1]处,执行程序
7:J P[1:HOME] 100% FINE           ;回 HOME 点
[END]
```

图 7-61 程序调用指令程序示例

程序中输入 CALL 指令步骤：

1）进入编辑界面。

2）按 F1【INST】（指令）键，显示控制指令界面。

3）选择【CALL】（调用），按【ENTER】（回车）键确认，进入图 7-62 所示界面。

4）选择【CALL Program】（调用程序），按【ENTER】（回车）键确认。

5）再选择所调用的程序名，按【ENTER】（回车）键确认。

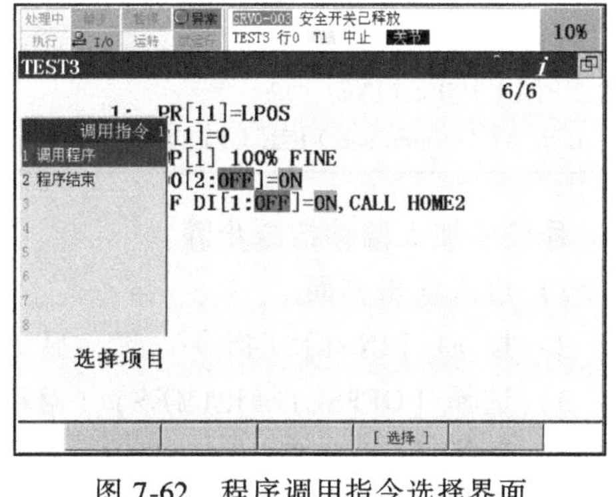

图 7-62 程序调用指令选择界面

8. 循环指令（FOR/ENDFOR）

通过用 FOR 指令和 ENDFOR 指令来包围需要循环的区间，根据由 FOR 指令指定的值，确定循环的次数。其格式如下：

FOR R [i] = （Value） TO （Value）

FOR R [i] = （Value） DOWNTO （Value）

Value：值为 R [ ] 或 Constant（常数），范围为从-32767~32766 的整数。

案例 7：循环 5 次执行轨迹，程序如下：

1:FOR R[1]=5 DOWNTO 1	1:FOR R[1]=1 TO 5
2:L P[1] 100mm/sec CNT100	2:L P[1] 100mm/sec CNT100
3:L P[2] 100mm/sec CNT100	3:L P[2] 100mm/sec CNT100
4:L P[3] 100mm/sec CNT100	4:L P[3] 100mm/sec CNT100
5:ENDFOR	5:ENDFOR

程序中输入 FOR/ENDFOR 指令步骤：

1）进入编辑界面。

2）按 F1【INST】（指令）键，显示控制指令界面。

3）选择【FOR/ENDFOR】（循环指令），按【ENTER】（回车）键确认，进入图 7-63 所示界面。

4）选择【FOR】，按【ENTER】（回车）键确认。

5）输入值或移动光标位置选择相应的项，输入值。

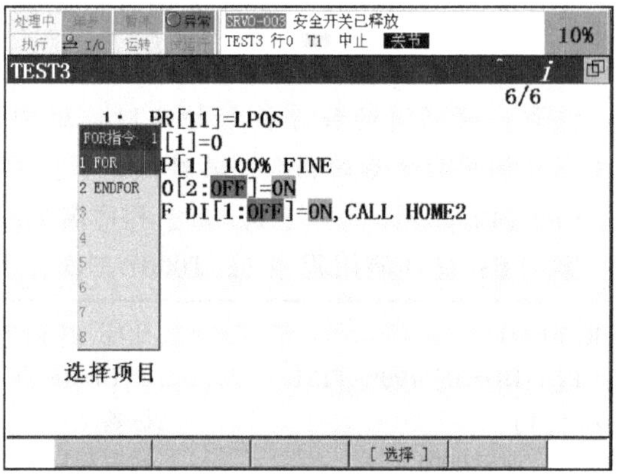

图 7-63　循环指令选择界面

9. 位置补偿条件指令/位置补偿指令

位置补偿条件指令格式：

OFFSET CONDITION PR [i] /（偏移条件 PR [i]）

位置补偿指令格式：

OFFSET

通过此指令可以将原有的点偏移，偏移量由位置寄存器决定。位置补偿条件指令一直有效到程序运行结束或者下一个位置补偿条件指令被执行。注意：位置补偿条件指令只对包含有控制动作指令 OFFSET（偏移）的动作语句有效。

例 1：	例 2：
1: OFFSET CONDITION PR[1]	1:J P[1] 100% FINE
2: J P[1] 100% FINE	2:. L P [2] 500mm/sec FINE OFFSET ,PR[1]
3: L P[2] 500mm/sec FINE OFFSET	

程序中加入偏移指令步骤：

1）进入编辑界面。

2）按 F1【INST】（指令）键，显示控制指令界面。

3）选择【OFFSET/FRAMES】（偏移/设定坐标），按【ENTER】（回车）键确认。

4）选择【OFFSET CONDITION】（偏移条件）项，按【ENTER】（回车）键确认，如图 7-64 所示。

5）选择【PR [ ]】项，并输入偏移的条件号。

注意：具体的偏移值可在【DATA】（数据）→【POSITION REG】（位置寄存器）中设置，如图 7-65 所示。

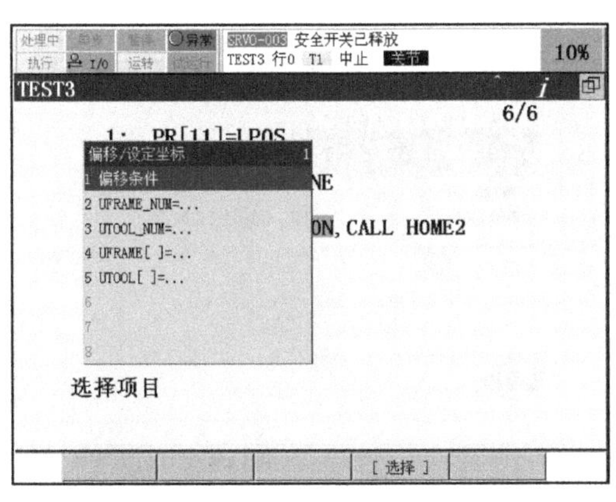

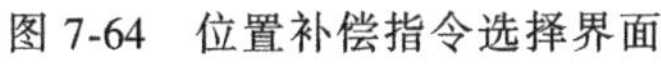
图 7-64　位置补偿指令选择界面

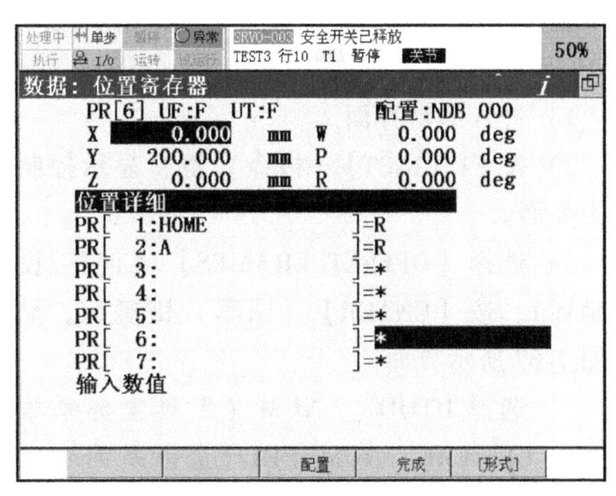

图 7-65　位置寄存器设置界面

案例 8：机器人从 PR［1］出发，执行正方形轨迹，并最终返回 PR［1］。该过程循环三次，第一次在 1 号区域，第二次在 2 号区域，第三次在 3 号区域，如图 7-66 所示。

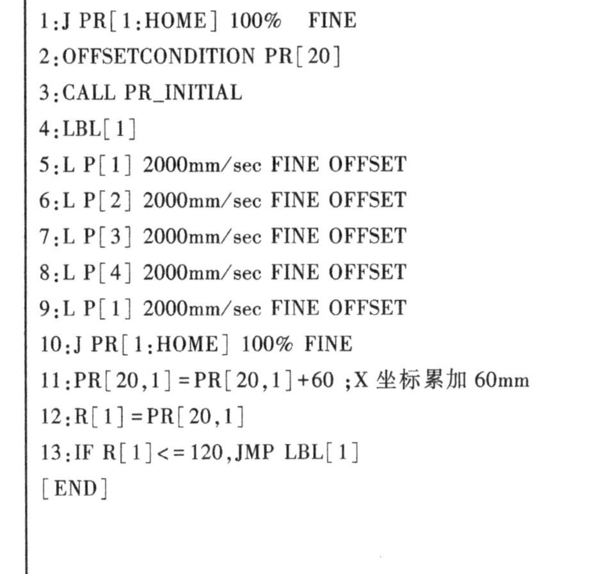

```
1:J PR[1:HOME] 100%   FINE
2:OFFSETCONDITION PR[20]
3:CALL PR_INITIAL
4:LBL[1]
5:L P[1] 2000mm/sec FINE OFFSET
6:L P[2] 2000mm/sec FINE OFFSET
7:L P[3] 2000mm/sec FINE OFFSET
8:L P[4] 2000mm/sec FINE OFFSET
9:L P[1] 2000mm/sec FINE OFFSET
10:J PR[1:HOME] 100% FINE
11:PR[20,1]=PR[20,1]+60 ;X 坐标累加 60mm
12:R[1]=PR[20,1]
13:IF R[1]<=120,JMP LBL[1]
[END]
```

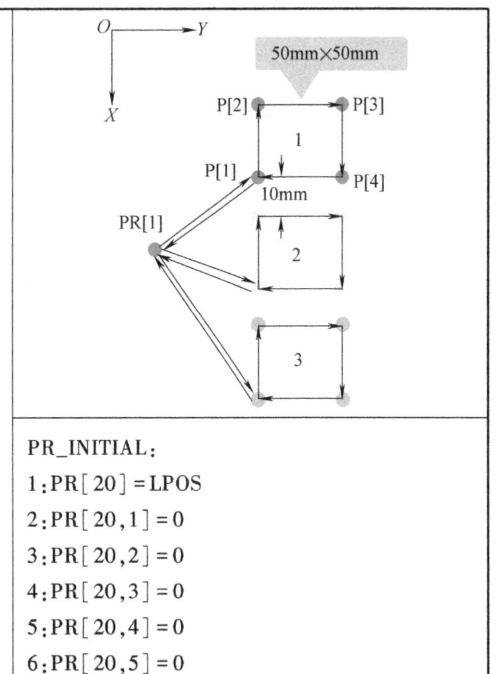


```
PR_INITIAL:
1:PR[20]=LPOS
2:PR[20,1]=0
3:PR[20,2]=0
4:PR[20,3]=0
5:PR[20,4]=0
6:PR[20,5]=0
7:PR[20,6]=0
```

图 7-66　位置补偿指令程序示例

10. 工具坐标系调用指令/用户坐标系调用指令（UTOOL_ NUM UFRAME_ NUM）

工具坐标系选择指令：改变当前所选的工具坐标系编号。

用户坐标系选择指令：改变当前所选的用户坐标系编号。

例如：

1：UTOOL_ NUM=1　　　程序执行该行时，当前工具坐标系号会激活为 1 号

2：UFRAME_ NUM=2　　程序执行该行时，当前用户坐标系号会激活为 2 号

程序中加入 UTOOL_ NUM/ UFRAME_ NUM 指令步骤：

1）进入编辑界面。

2）按 F1【INST】（指令）键，显示控制指令界面。

3）选择【OFFSET/FRAMES】（偏移/设定坐标），按【ENTER】（回车）键确认，显示图 7-67 所示界面。

4）选择 UTOOL_ NUM（工具坐标系编号）或 UFRAME_ NUM（用户坐标系编号），按【ENTER】（回车）键确认，显示图 7-68 所示界面。

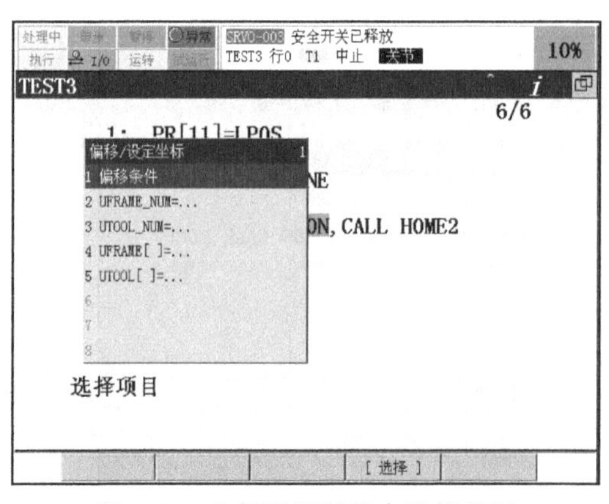

图 7-67　坐标系调用指令选择界面

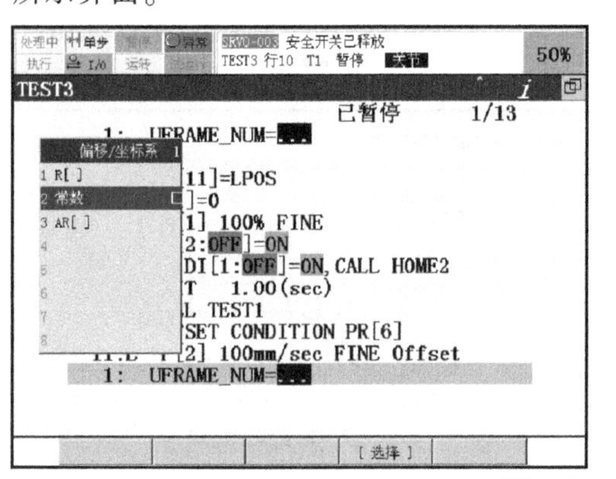

```
TEST3                               已暂停      2/13
 1:  UFRAME_NUM=1
 2:
 3:  PR[11]=LPOS
 4:  R[1]=0
 5:J  P[1] 100% FINE
 6:  DO[2:OFF]=ON
 7:  IF DI[1:OFF]=ON, CALL HOME2
 8:  WAIT   1.00(sec)
 9:  CALL TEST1
10:  OFFSET CONDITION PR[6]
11:L  P[2] 100mm/sec FINE Offset
[ 指令 ]                                   [编辑]
```

图 7-68　坐标系编程界面

5）选择 UTOOL_ NUM（工具坐标系编号）值的类型或 UFRAME_ NUM（用户坐标系编号）值的类型，并按【ENTER】（回车）键确认。

6）输入相应的值（工具坐标系编号：1~10；用户坐标系编号：0~9）。

案例 9： 程序前后位置点使用了不同的坐标系编号的处理方法，如图 7-69 所示。

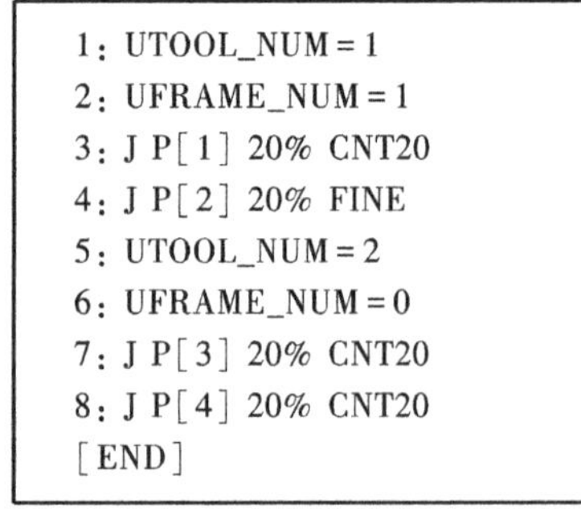

```
1: UTOOL_NUM=1
2: UFRAME_NUM=1
3: J P[1] 20% CNT20
4: J P[2] 20% FINE
5: UTOOL_NUM=2
6: UFRAME_NUM=0
7: J P[3] 20% CNT20
8: J P[4] 20% CNT20
[END]
```

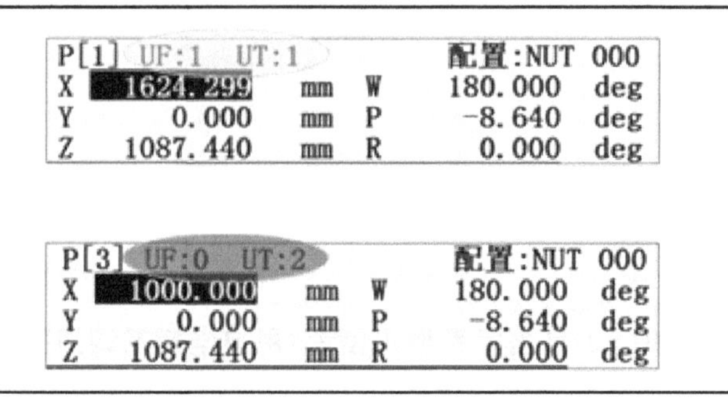

图 7-69　坐标系设置应用程序示例

11. 其他指令

其他指令包括：

用户报警指令：UALM [i]

计时器指令：TIMER [i]

倍率指令：OVERRIDE

注解指令：!（Remark）

消息指令：Message [message]

参数指令：Parameter name

（1）程序中加入这些指令步骤

1）进入编辑界面。

2）按 F1【INST】（指令）键，显示控制指令界面。

3）选择【MISCELLANEOUS】（其他的指令），按【ENTER】（回车）键，显示图 7-70 所示界面。

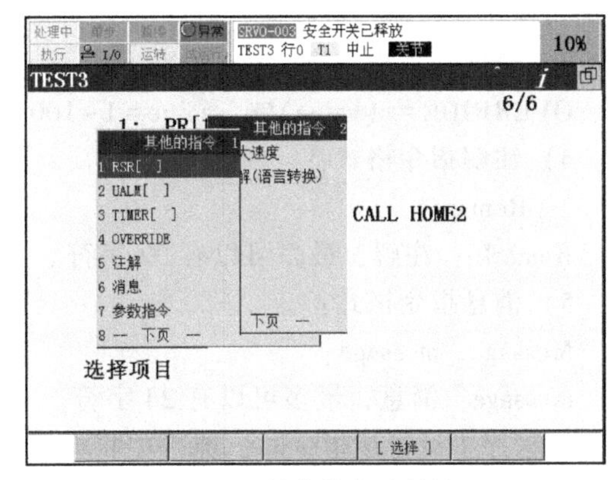

图 7-70　其他指令选择界面

4）选择所需要的指令项，按【ENTER】（回车）键确认。

5）输入相应的值/内容。

（2）其他指令格式及其设置

1）用户报警指令格式：

UALM [i]　　i：用户报警号

当程序中执行该指令，机器人报警并显示报警消息。使用该指令，首先设置用户报警。

依次按键选择【MENU】（菜单）→【SETUP】（设置）→F1【TYPE】（类型）→【USER ALARM】（用户报警），即可进入用户报警设置界面，如图 7-71 所示。

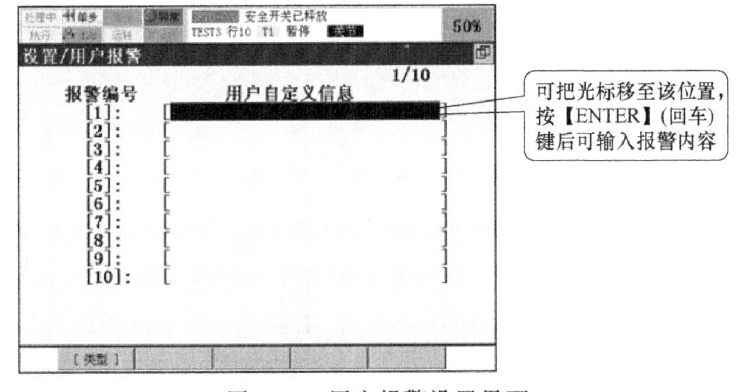

图 7-71　用户报警设置界面

2）计时器指令格式：

TIMER [i] = (Processing) i：计时器号

Processing：START，STOP，RESET

TIMER [1] =RESET　　　　计时器清零

TIMER [1] =START　　　　计时器开始计时

TIMER [1] =STOP　　　　计时器停止计时

查看计时器时间步骤：

1）依次按键选择【MENU】（菜单）→【NEXT】（下一页）→【STATUS】（状态）→F1【TYPE】（类型）。

2）选择【Prg Timer】（程序计时器）即可进入程序计时器一览界面，如图 7-72 所示。

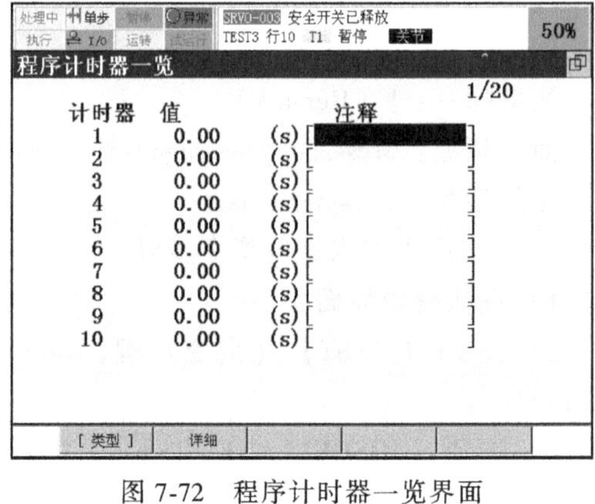

图 7-72 程序计时器一览界面

3）速度倍率指令格式：

OVERRIDE = （value）% value = 1 ~ 100

4）注解指令格式：

!（Remark）

Remark ：注解，最多可以有 32 字符。

5）消息指令格式：

Message [message]

message：消息，最多可以有 24 字符。

当程序中运行该指令时，屏幕中将会弹出含有 message 的界面。

6）参数指令格式：

Parameter name

$（参数名）= value 参数名需手动输入，value 值为 R [ ]、常数、PR [ ]

Value = $（参数名） 参数名需手动输入，value 值为 R [ ]、PR [ ]

案例 10：将工件从 1 号位置依次搬运至 2、3、4 号位置，如图 7-73 所示。

```
1:TIMER[1]=RESET
2:TIMER[1]=START
3:UTOOL_NUM=1
4:UFRAME_NUM=1
5:OVERRIDE=30%
6:R[1]=0
7:PR[6]=LPOS
8:PR[6]=PR[6]-PR[6]
9:J PR[1:HOME] 100% FINE
10:RO[1]=ON
11:WAIT 0.5sec
12:LBL[1]
13:L P[1] 1000mm/sec FINE
14:L P[2] 1000mm/sec FINE
15:RO[1]=OFF
16:WAIT 0.5sec
17:L P[1] 1000mm/sec FINE
18:L P[3] 1000mm/sec FINE OFFSET,PR[6]
19:L P[4] 1000mm/sec FINE OFFSET,PR[6]
20:RO[1]=ON
21:L P[3] 1000mm/sec FINE OFFSET,PR[6]
22:R[1]=R[1]+1
23:PR[6,1]=PR[6,1]+60
24:IF R[1]<3, JMP LBL[1]
25:J PR[1:HOME] 100% FINE
26:Message [PART1 FINISH]
27:TIMER[1]=STOP
28:! PART1 FINISHED
[END]
```

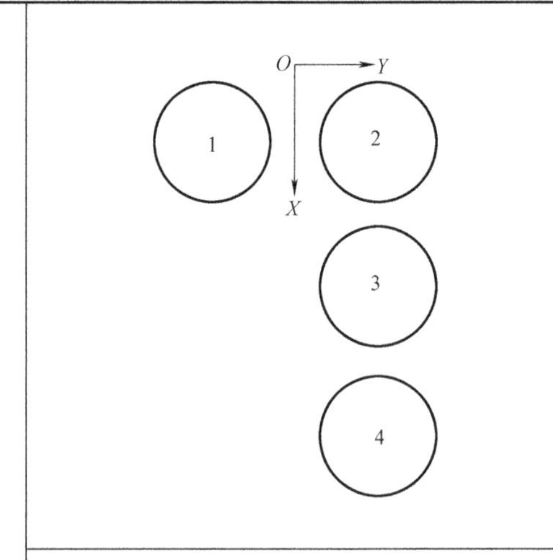

设 PR[1]值为：

PR[1,1]：J1 0
PR[1,2]：J2 0
PR[1,3]：J3 0
PR[1,4]：J4 0
PR[1,5]：J5 -90
PR[1,6]：J6 0

图 7-73 其他指令综合应用程序示例

本章小结

本章主要学习了工业机器人的常用控制指令及程序的编辑方法，尤其对动作指令、控制指令进行了深入的讲解和分析，并通过对应的案例进行了练习，为后续应用编程的学习积累了较为丰富的指令编程知识。

思考与练习

1）编写机器人程序实现功能：取1个工件放置于图7-74所示位置1处（视工件形状决定放置位置），使用0号用户坐标系和1号工具坐标系，将工件从位置1搬到位置2，再从位置2搬到位置1，循环2次。

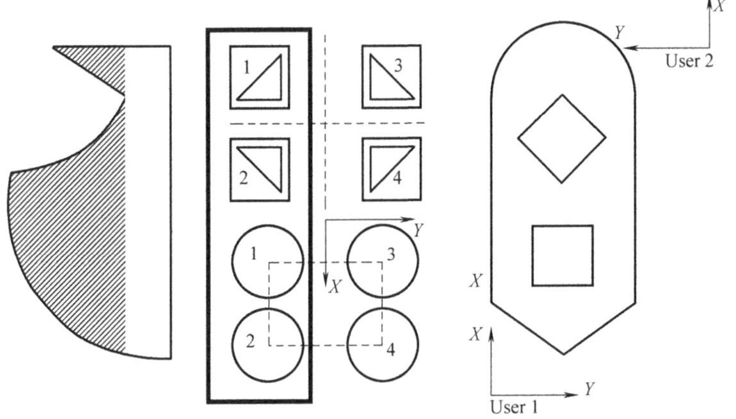

图7-74 机器人示教图形1

2）编写机器人程序实现功能：取2个工件分别放置于图7-75所示位置1和位置3处（视工件形状决定放置位置），使用0号用户坐标系和1号工具坐标系，速度倍率为30%，第一遍将工件从位置1搬到位置2，第二遍从位置3搬到位置4，使用TIMER［1］记录程序执行时间。

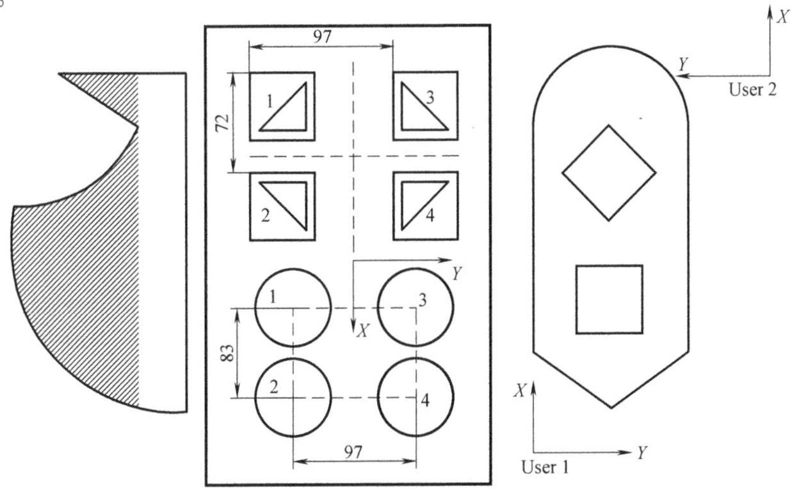

图7-75 机器人示教图形2

7 CHAPTER

第8章 机器人I/O信号编程

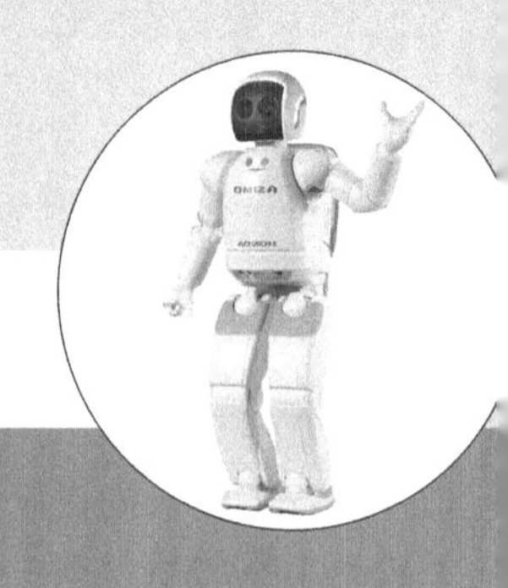

I/O（输入/输出）信号，是机器人与末端执行器、外围设备之间进行通信的电信号。

8.1 I/O 信号的分类

机器人控制器输入/输出信号可以分为两类：通用信号和专用信号。

1）通用信号：

- 数字输入/输出 DI [i]/DO [i]　　512/512
- 群组输入/输出 GI [i]/GO [i]　　0~32767
- 模拟输入/输出 AI [i]/AO [i]　　0~8000

2）专用信号：

- 系统输入/输出　　UI [i]/UO [i]　　18/20
- 操作面板输入/输出　　SI [i]/SO [i]　　15/15
- 机器人输入/输出　　RI [i]/RO [i]　　8/8

8.2 I/O 信号的连接

FANUC 机器人 I/O 外围设备接口，由根据使用目的而选择的印制电路板和单元构成。以 R-30iB Mate 为例，外围设备的种类见表 8-1，包括主板自带的 I/O（也叫处理器 I/O），另外还包括扩展 I/O（也叫处理 I/O 板 MA 和 MB）。

表 8-1 FANUC 机器人 I/O 外围设备接口

名称	外围设备接口 I/O 数量(主板自带)				备注
	CRMA15		CRAM16		
	DI	DO(源点型)	DI	DO(源点型)	
主板 A	20	8	8	16	标准
主板 B	20	8	8	16	带有视觉、力觉传感器 I/F
主板 C	20	8	8	16	带有视觉 I/F、力觉传感器 I/F、PMC、HDI
名称	外围设备接口 I/O 数量(扩展)				备注
	CRMA52A		CRAM52B		
	DI	DO(源点型)	DI	DO(源点型)	
处理 I/O MA	10	8	10	16	选配

（续）

名称	外围设备接口 I/O 数量（扩展）				备注
	CRW11				
	DI	DO（源点型）	DI	DO（源点型）	
处理 I/O MB	10	8	10	16	选配

本书将主要介绍主板自带I/O的情况。FANUC机器人的主板标配的I/O通过CRMA15和CRMA16接口线缆与外围设备连接，如图8-1和图8-2所示。

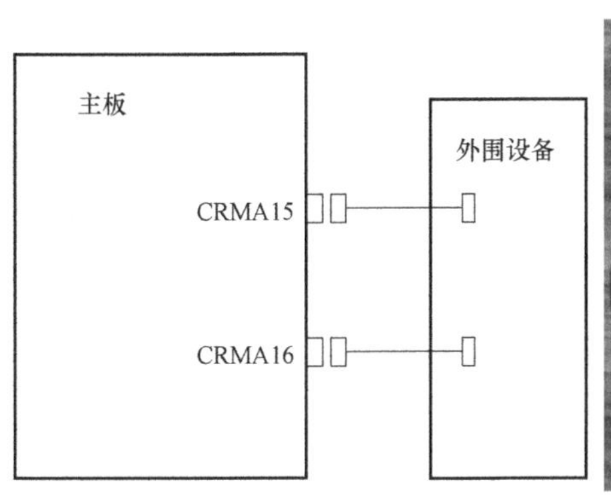

a) 主板I/O连接示意图

b) CRMA15/16线缆外观

图 8-1　FANUC 机器人外设通信信号电路和线缆

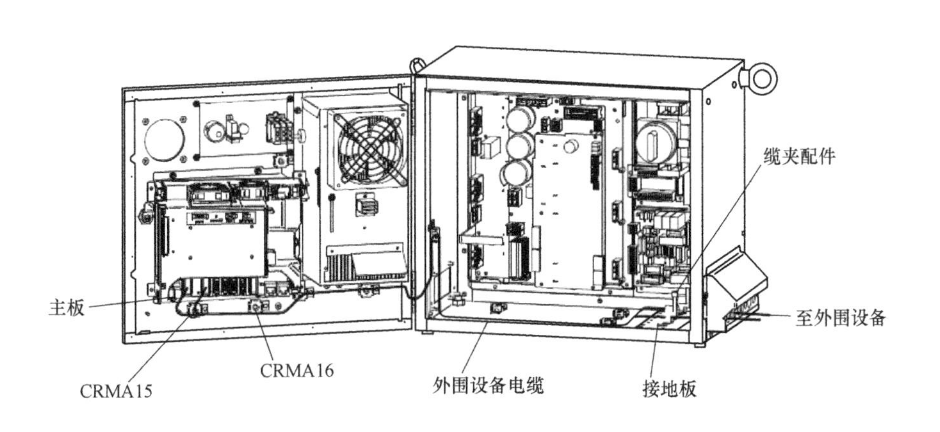

图 8-2　R-30iB Mate 控制器线缆

通过CRMA15/16线缆就可以将R-30iB Mate主板的所有通用I/O（28个输入，24个输出）接到50脚分线器上，如图8-3所示。CRMA15/16与对应分线器连接后的信号定义如图8-4所示。需要注意的是，28个DI信号中，有8个为专用输入信号（XHOLD、RESET、START、ENBL、PNS1、PNS2、PNS3、PNS4）；而24个DO信号中，有4个专用输出信号（CMDENBL、FAULT、BATALM、BUSY），专用信号的具体功能后续将做进一步介绍。

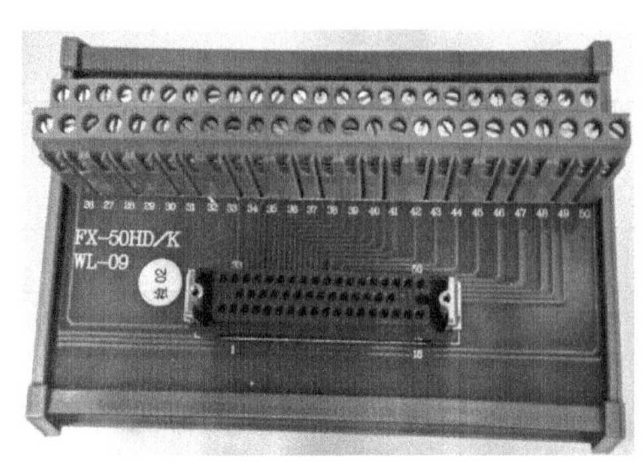

图 8-3　CRMA15/16 分线器

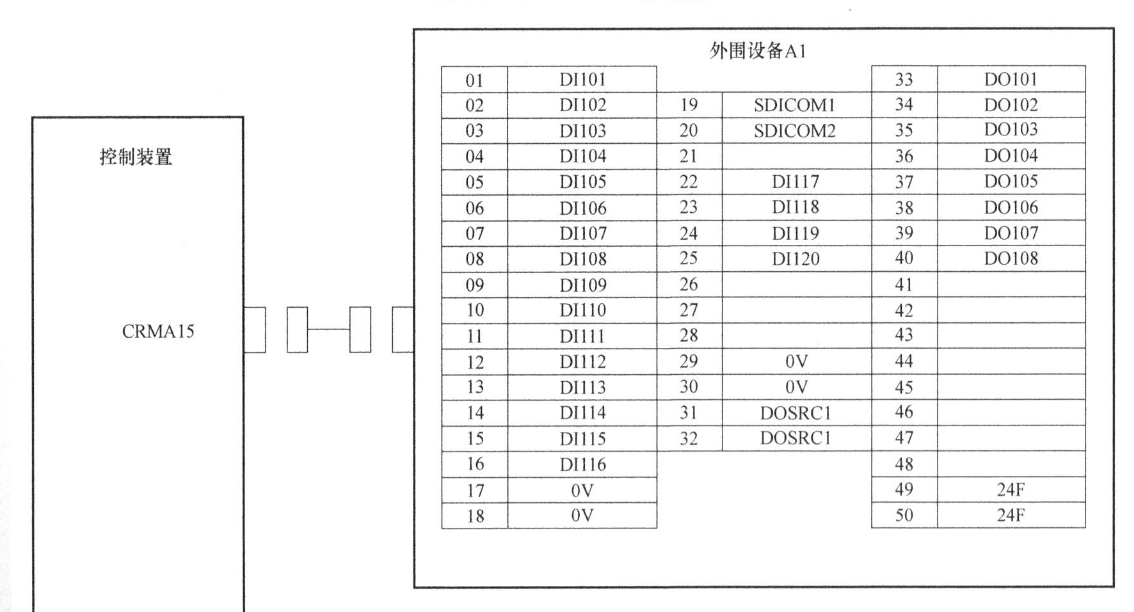

外围设备A1

针脚	信号	针脚	信号	针脚	信号
01	DI101			33	DO101
02	DI102	19	SDICOM1	34	DO102
03	DI103	20	SDICOM2	35	DO103
04	DI104	21		36	DO104
05	DI105	22	DI117	37	DO105
06	DI106	23	DI118	38	DO106
07	DI107	24	DI119	39	DO107
08	DI108	25	DI120	40	DO108
09	DI109	26		41	
10	DI110	27		42	
11	DI111	28		43	
12	DI112	29	0V	44	
13	DI113	30	0V	45	
14	DI114	31	DOSRC1	46	
15	DI115	32	DOSRC1	47	
16	DI116			48	
17	0V			49	24F
18	0V			50	24F

外围设备A2

针脚	信号	针脚	信号	针脚	信号
01	XHOLD			33	CMDENBL
02	RESET	19	SDICOM3	34	FAULT
03	START	20		35	BATALM
04	ENBL	21	DO120	36	BUSY
05	PNS1	22		37	
06	PNS2	23		38	
07	PNS3	24		39	
08	PNS4	25		40	
09		26	DO117	41	DO109
10		27	DO118	42	DO110
11		28	DO119	43	DO111
12		29	0V	44	DO112
13		30	0V	45	DO113
14		31	DOSRC2	46	DO114
15		32	DOSRC2	47	DO115
16				48	DO116
17	0V			49	24F
18	0V			50	24F

图 8-4　CRMA15/16 接口信号的定义

SDICOM1~3 是 SDI 的公用切换用信号。+24V 公用时，连接于 0V；0V 公用时连接于+24V，如图 8-5 所示。

- SDICOM1→切换 DI101~DI108 的公用。
- SDICOM2→切换 DI109~DI120 的公用。
- SDICOM3→切换 XHOLD、RESET、START、ENBL、PNS1~PNS4 的公用。

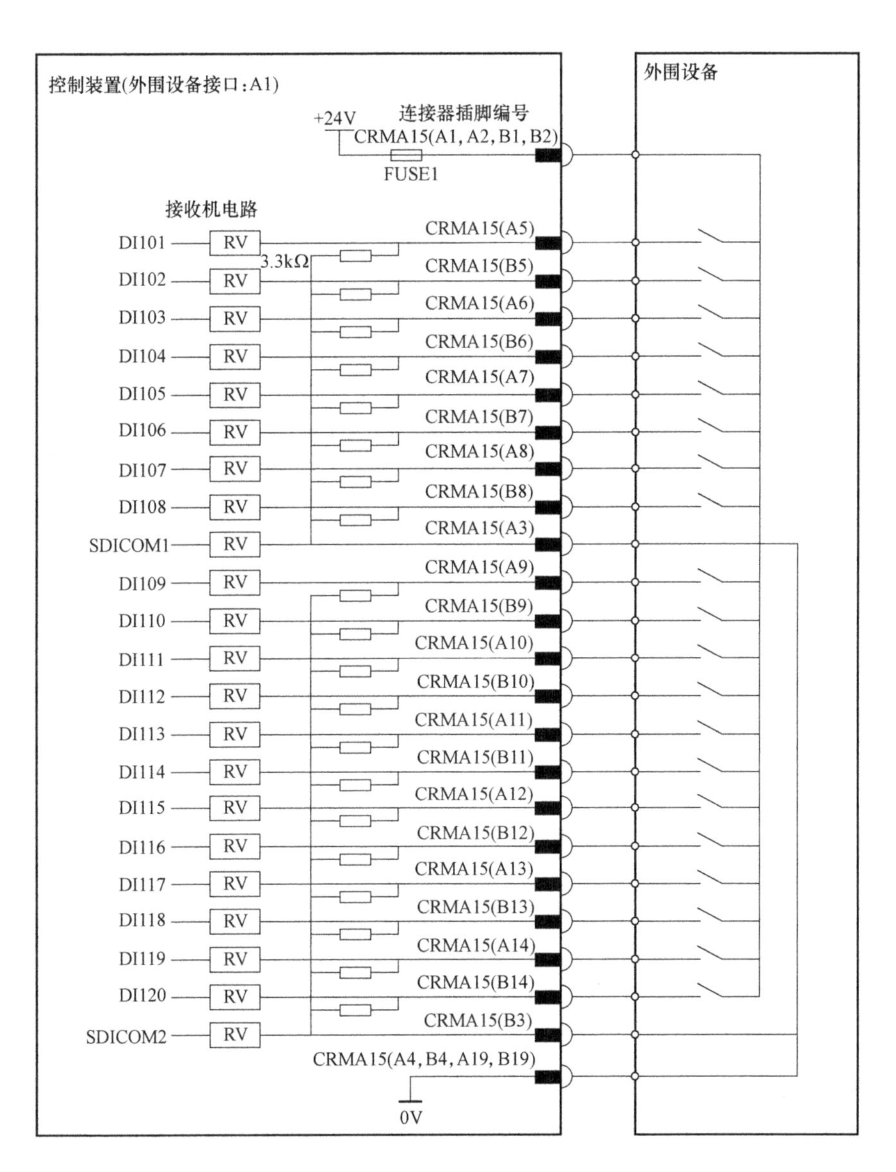

图 8-5 CRAMA15 外围设备接线图

此外，CRMA15、CRMA16 的插脚“DOSRC1”“DOSRC2”是通向驱动器的电源供应端子，如图 8-6 所示。如果外围设备没有供电电源，则可以取 CRMA15/16 的 49、50 插脚的 24V 电源与“DOSRC1”“DOSRC2”连接，以代替外部电源。需注意的是，因控制柜 24V 电源功率有限，如果负载功率较大时，则必须配置外部电源。

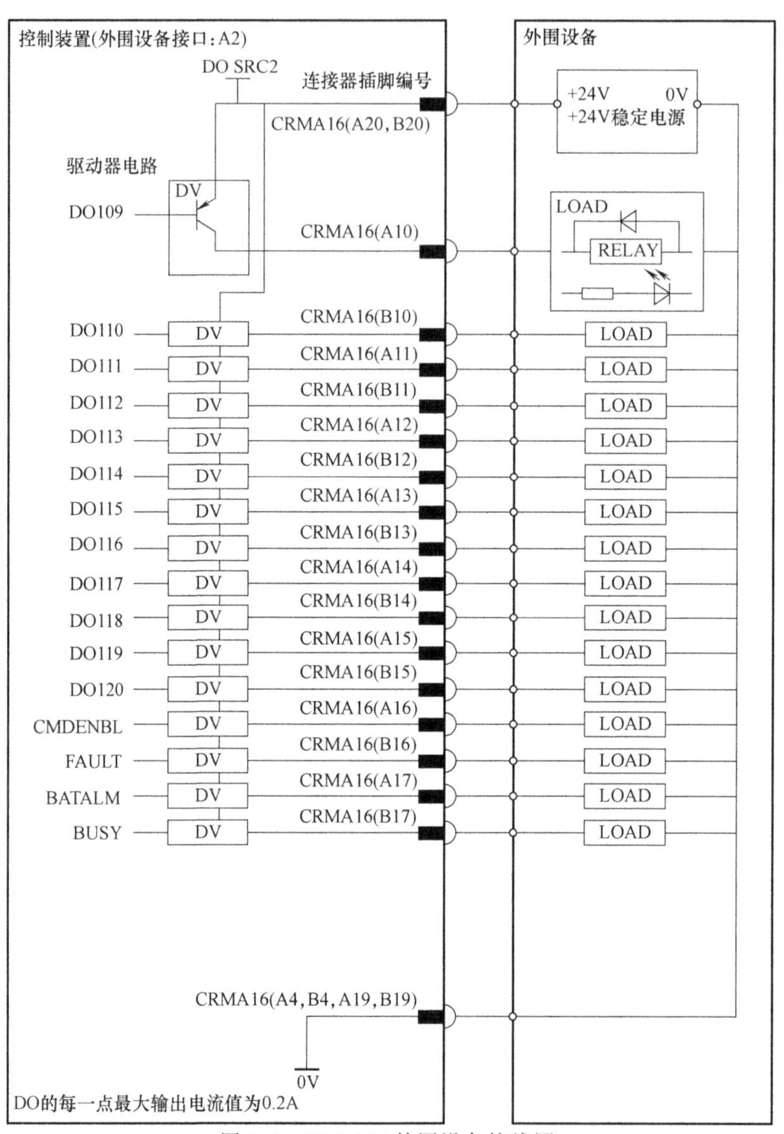

图 8-6　CRMA16 外围设备接线图

8.3　I/O 信号的配置

I/O 信号 DI [i]/DO [i] 的逻辑号码 i，以及已被分配给 I/O 模块的物理号码，可以对其进行再定义。其中，逻辑号码是在机器人控制装置侧参照 I/O 时使用的 I/O 的索引号(Index)，物理号码是赋予 I/O 模块上的信号插脚的号码。通过设定机架、插槽、物理号码，指定特定的 I/O 模块上的信号插脚。

机架 (RACK)：指 I/O 模块的种类。

插槽 (SLOT)：指构成机架的 I/O 模块的编号。

开始点 (通道)：数字 I/O 及其外围设备 I/O 上进行任意点数的分配，是指定连续的信号的最初的物理编号。

几个参数的设定需要根据 I/O 模块的种类以及所插入的插槽进行配置，具体如下：

RANGE（范围）：软件端口的范围，可设置。

RACK：I/O 通信设备种类。

- 0＝ProcessI/O board
- 1～16＝I/O Model A/B
- 48＝CRMA15/CRMA16

SLOT：I/O 模块的数量。

- 使用 Process I/O 板时，按与主板的连接顺序定义 SLOT 号
- 使用 I/O Model A/B 时，SLOT 号由每个单元所连接的模块顺序确定
- 使用 CRMA15/CRMA16 时，SLOT 号为 1

START（开始点）：对应于软件端口的 I/O 设备起始信号位

STATE（状态）：

- ACTIVE：激活
- UNASG：未分配

PEND：需要重启生效。

INVALID：无效。

图 8-7 所示为逻辑号码与物理号码之间的关系，CRMA15/CRMA16 的 RACK 号为 48，SLOT

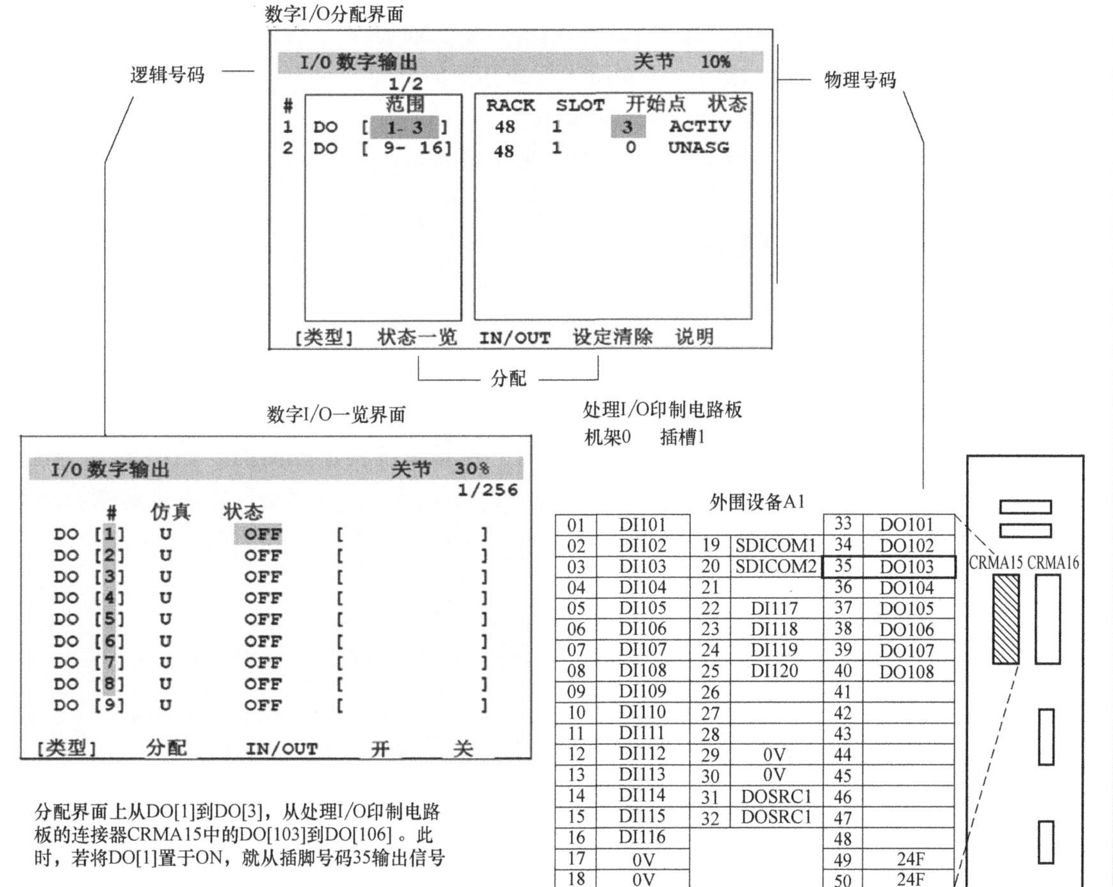

图 8-7 逻辑号码与物理号码之间的关系

号为1，起始号为3，根据索引规则，逻辑号码DO[1]被映射到物理号码的第3个输出口，也即CRMA15的35号脚位。对于DI信号也是一样的配置方法，可根据实际情况进行灵活配置。

注意：操作面板输入/输出SI [i]/SO [i] 和机器人输入/输出RI [i]/RO [i] 为硬线连接，不需要配置。下面以数字输出为例来说明FANUC机器人I/O信号配置的步骤：

1）依次按键操作：【MENU】(菜单)→【I/O】(信号)→F1【TYPE】(类型)→【DIGITAL】(数字)，显示图8-8所示界面(按F3【IN/OUT】可切换到DI界面)。

2）按F2【CONFIG】（定义），进入图8-9所示界面。

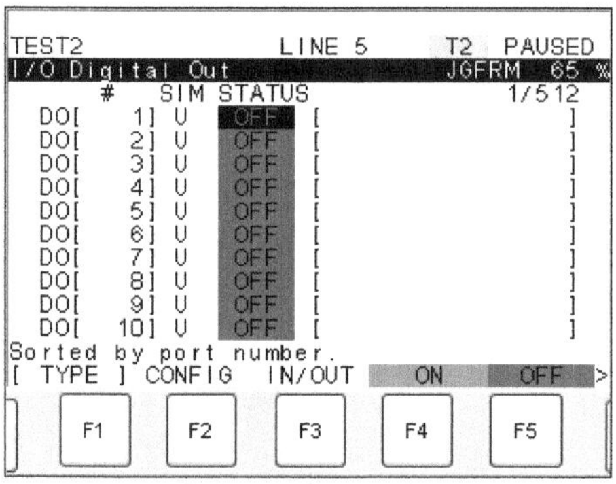

图8-8 数字I/O信号状态设置界面

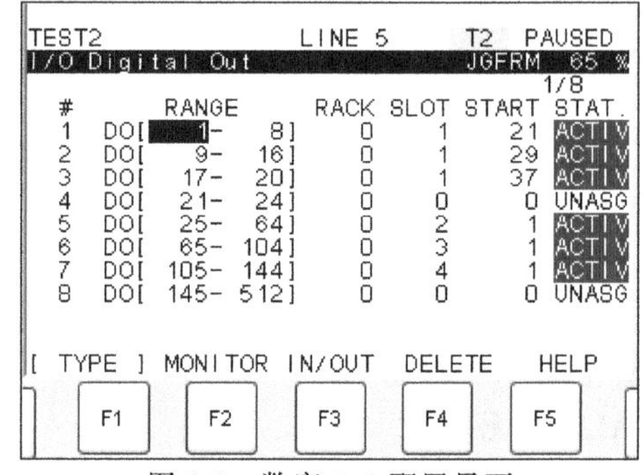

图8-9 数字I/O配置界面

3）按F3【IN/OUT】（输入/输出），可在输入/输出间切换。

4）按F4【DELETE】（清除），可删除光标所在项的分配。

5）按F5【HELP】（帮助），可显示帮助信息。

6）按F2【MONITOR】（状态一览），可返回上级界面。

8.4 外围设备I/O（UOP）

外围设备I/O（UI/UO），是在系统中已经确定了其用途的专用信号。这些信号从处理I/O印制电路板（或I/O单元）通过如下接口及I/O Link与程控装置和外围设备连接，从外部进行机器人控制。若全部清除I/O分配，接通机器人控制装置的电源，则所连接的I/O装置将被识别，并自动进行适当的I/O分配。此时，根据系统设定界面的“UOP自动分配”的设定，进行外围设备I/O（UOP）的分配。系统信号是机器人发送给和接收自远端控制器或周边设备的信号，可以实现以下功能：

1）选择程序。

2）开始和停止程序。

3）从报警状态中恢复系统。

4）其他功能。

1. 系统输入信号（UI）

UI [1]　IMSTP：紧急停机信号（正常状态：ON）。

UI [2]　Hold：暂停信号（正常状态：ON）。

UI [3]　SFSPD：安全速度信号（正常状态：ON）。

UI [4]　Cycle Stop：周期停止信号。

UI [5] Fault Reset：报警复位信号。
UI [6] Start：启动信号（信号下降沿有效）。
UI [7] Home：回 HOME 信号（需要设置宏程序）。
UI [8] Enable：使能信号。
UI [9-16] RSR1—RSR8：机器人启动请求信号。
UI [9-16] PNS1—PNS8：程序号选择信号。
UI [17] PNSTROBE：PNS 滤波信号。
UI [18] PROD_ START：自动操作开始（生产开始）信号（信号下降沿有效）。

2. 系统输出信号（UO）

UO [1] CMDENBL：命令使能信号输出。
UO [2] SYSRDY：系统准备完毕输出。
UO [3] PROGRUN：程序执行状态输出。
UO [4] PAUSED：程序暂停状态输出。
UO [5] HELD：暂停输出。
UO [6] FAULT：错误输出。
UO [7] ATPERCH：机器人就位输出。
UO [8] TPENBL：示教器使能输出。
UO [9] BATALM：电池报警输出（控制柜电池电量不足，输出为 ON）。
UO [10] BUSY：处理器忙输出。
UO [11—18] ACK1—ACK8：证实信号，当 RSR 输入信号被接收时，输出相应脉冲信号。
UO [11—18] SNO1—SNO8：该信号组以 8 位二进制码表示当前选中的 PNS 程序号。
UO [19] SNACK：信号数确认输出。
UO [20] Reserved：预留信号。

8.5 自动运行

8.5.1 执行条件

1）示教器开关置于 OFF。
2）非单步执行状态。
3）模式开关打到 AUTO 档。
4）自动模式为 REMOTE（外部控制）。
5）ENABLE UI SIGNAL（UI 信号有效）：TRUE（有效）。

● **第 4）、5）项条件的设置步骤：**

【MENU】(菜单)→【NEXT】(下一页)→【SYSTEM】(系统设定)→F1【TYPE】(类型)→【COMFIG】(主要的设定)：

☞将【REMOTE/LOCAL SETUP】（设定控制方式）设为 REMOTE。

☞将 ENABLEUISIGNAL（UI 信号有效）设为 TRUE。

6）UI [1] →UI [3] 为 ON。
7）UI [8] *ENBL 为 ON。

8）系统变量 $ RMT_ MASTER 为 0（默认值是 0）。

● **步骤：**

【MENU】(菜单)→【NEXT】(下一页)→【SYSTEM】(系统设定)→F1【Type】(类型)→【VARIABLES】(系统参数)→ $ RMT_ MASTER。

注意：系统变量 $ RMT_ MASTER 定义下列远端设备。

0：外围设备　　2：主控计算机

1：显示器/键盘　3：无外围设备

8.5.2 自动运行方式：RSR

通过机器人启动请求信号（RSR1—RSR8）选择和开始程序。

1. 特点

1）当一个程序正在执行或中断时，被选择的程序处于等待状态，一旦原先的程序停止，就开始运行被选择的程序。

2）只能选择 8 个程序。

2. RSR 的程序命名要求

1）程序名必须为 7 位。

2）由 RSR+4 位程序号组成。

3）程序号=RSR 程序号码+基准号码（不足以 0 补齐）。

以程序名 RSR0001 为例，命名示例如图 8-10 所示。

3. RSR 设置步骤

1）依次按键操作：【MENU】(菜单)→【SETUP】(设置)→F1【TYPE】(类型)→【PROG SELECT】(程序选择)，如图 8-11 所示。

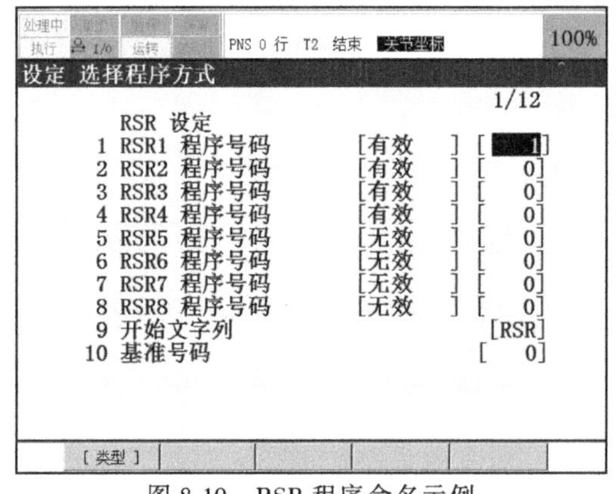

图 8-10　RSR 程序命名示例

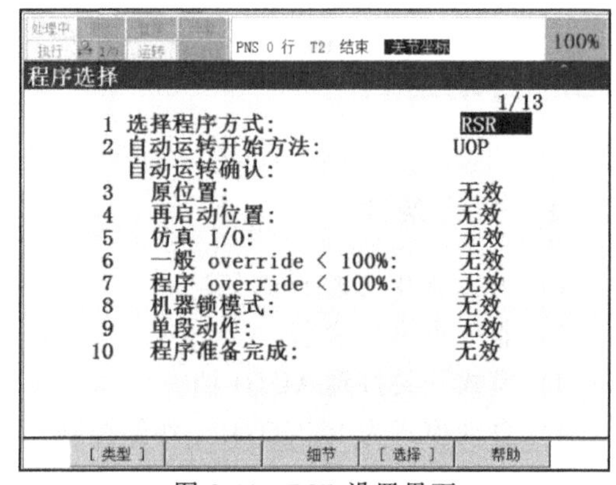

图 8-11　RSR 设置界面

注意：将光标置于图 8-11 中的第 1 项“PROGRAM SELECT MODE（程序选择方式）:”上，按 F4【CHOICE】（选择），选择“RSR”，并根据提示信息重启机器人。

2）按 F3【DETAIL】（详细），进入 RSR 设置界面。

3）光标移到程序号码处，输入数值，并将 DISABLE（无效）改成 ENABLE（有效）。

4）光标移到基准号码处，输入基准号码（可以为 0）。

例如，创建程序名为 RSR0001 的程序，操作步骤如下：

1）依次按键操作：【MENU】（菜单）→【I/O】（信号）→F1【TYPE】（类型）→【UOP】（控制信号），并通过 F3【IN/OUT】（输入/出）选择输入界面，如图 8-12 所示。

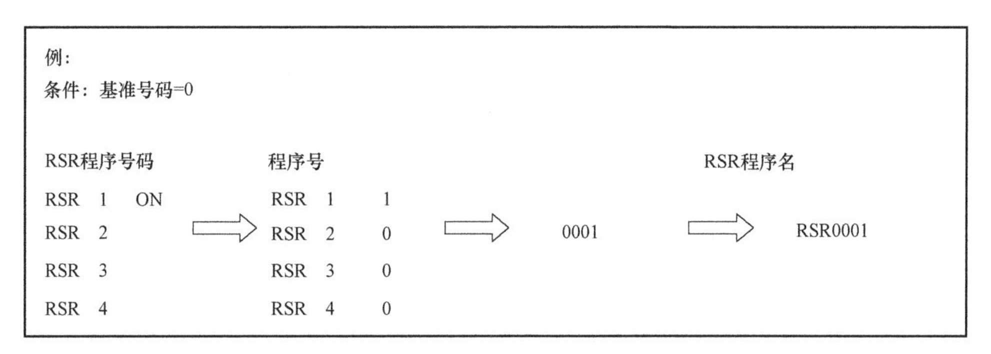

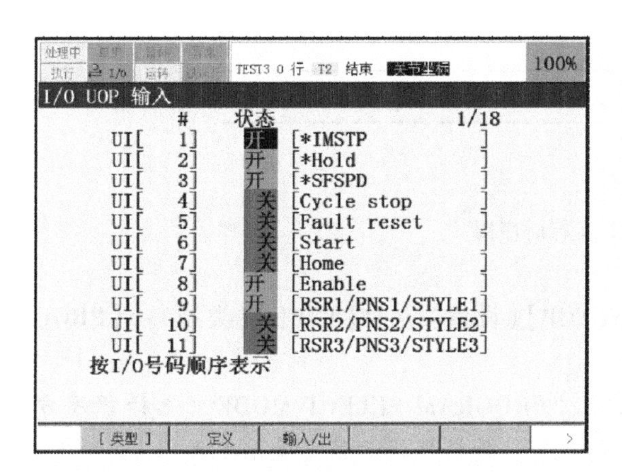

a)

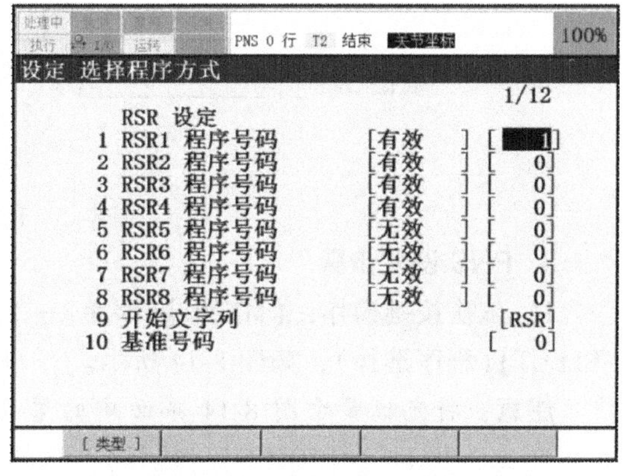

b)

图 8-12　RSR 自动运行信号设置界面

2）系统信号 UI［9］置 ON，UI［9］对应 RSR1，RSR1 的程序号码为 1，基准号码为 0。

3）按照 RSR 程序命名要求，选择的程序为 RSR0001。

4. RSR 运行时序图

RSR 运行时序图如图 8-13 所示。

8.5.3　自动运行方式：PNS

程序号码选择信号（PNS1—PNS8 和 PNSTROBE）选择一个程序。

1. 特点

1）当一个程序被中断或执行时，这些信号被忽略。

2）自动开始操作信号（PROD_START）：从第一行开始执行被选中的程序，当一个程序被中断或执行时，这个信号不被接收。

3）最多可以选择 255 个程序。

2. 远端控制方式 PNS 的程序命名要求

1）程序名必须为 7 位。

2）由 PNS+4 位程序号组成。

3）程序号＝PNS 号+基准号码（不足以 0 补齐）。

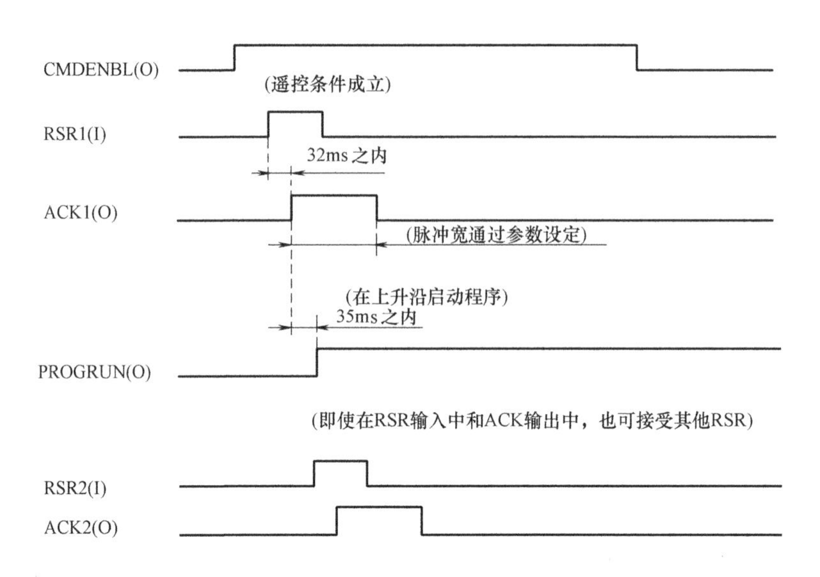

图 8-13 RSR 运行时序图

3. PNS 设置步骤

1）依次按键操作：【MENU】(菜单)→【SETUP】(设置)→F1【TYPE】(类型)→【PROG SELECT】(程序选择)，如图 8-14 所示。

注意：将光标置于图 8-14 界面中的第 1 项“PROGRAM SELECT MODE（选择程序方式）:”上，按 F4【CHOICE】（选择），选择“PNS”，并根据提示信息重启机器人。

2）按 F3【DETAIL】（详细），进入 PNS 设置界面，如图 8-15 所示。

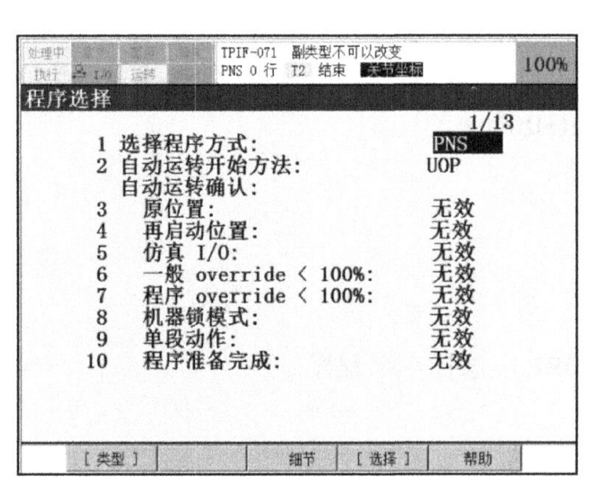

图 8-14 PNS 运行模式设置界面

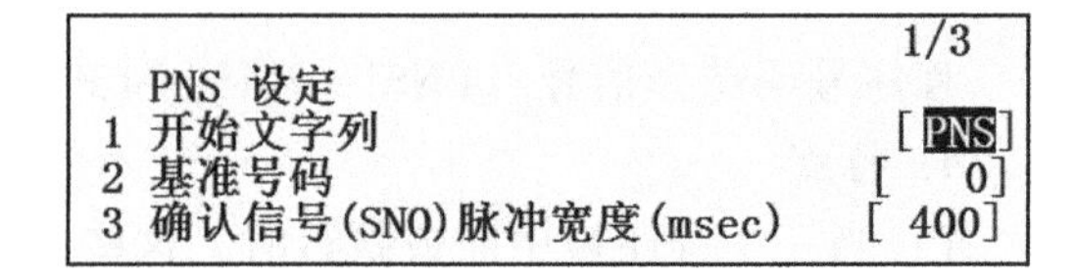

图 8-15 PNS 设置界面

3）光标移到基准号码处，输入基准号码（可以为 0）。

例如，创建程序名为 PNS0007 的程序，操作步骤如下：

1）依次按键操作：【MENU】(菜单)→【I/O】(信号)→F1【TYPE】(类型)→UOP（控制信号)，并通过 F3【IN/OUT】(输入/出)选择输入界面，如图 8-16 所示。

2）系统信号 UI[9]置 ON，UI[10]置 ON，UI[11]置 ON，对应 PNS 号为 7。

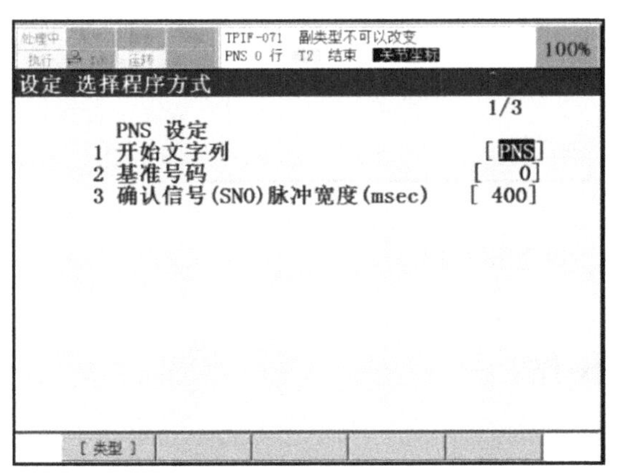

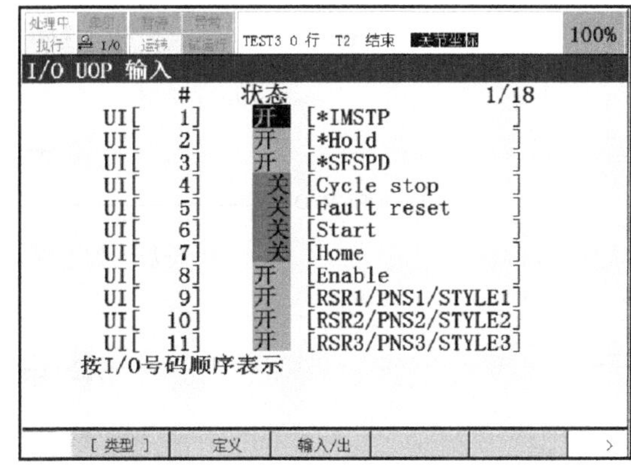

图 8-16　PNS 自动运行模式信号

3）按照 PNS 程序命名要求，选择的程序为 PNS0007。

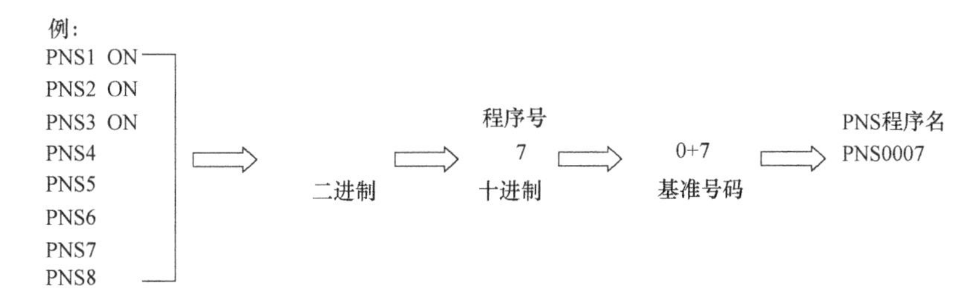

4. PNS 模式运行时序图

PNS 模式运行时序图如图 8-17 所示。

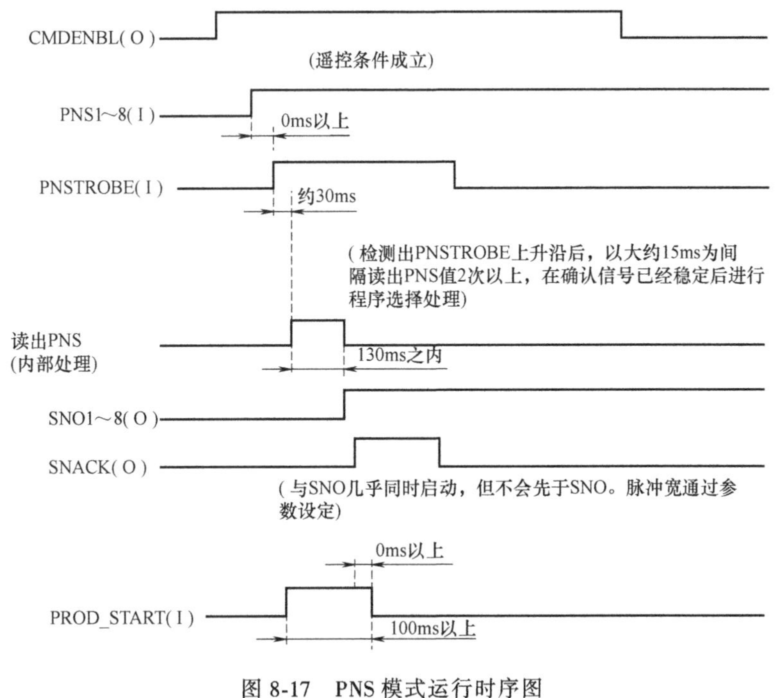

图 8-17　PNS 模式运行时序图

(程序在下降沿启动。但是，ON状态应保持100ms以上。
始终不能在ON的状态下使用)

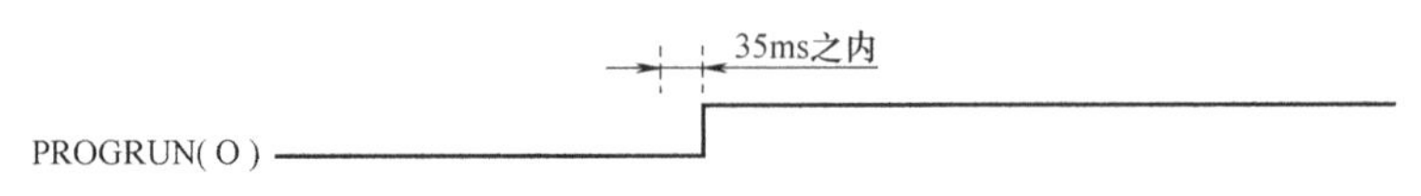

图 8-17　PNS 模式运行时序图（续）

本章小结

本章主要学习了机器人 I/O 信号的分类、硬件连接方式以及逻辑号码与硬件物理号码之间的匹配关系，以及对应的配置方法。通过 I/O 信号的配置结合系统参数的设定，可以实现远程调用机器人程序并自动运行。RSR、PNS 两种功能都能实现机器人程序的远程启动，但在逻辑上、程序号选择方面存在差异，PNS 功能需要更严谨的运动条件以确保机器人自动运行的安全性。

思考与练习

1. 通过操作面板启动程序

1）编程并调试机器人程序实现任何简单动作：PRA4_ XXX。

2）在程序列表中选择已编程调试的程序：PRA4_ XXX。

3）设置为操作面板启动。

4）按【RESET】（复位）键报警信息。

5）按控制器面板上的【CYCLE　START】按钮启动所选中的程序。

2. 通过远程控制启动

（1）RSR 模式（要求通过 UI［9］启动 RSR 程序）

1）将 PRA4_ XXX 重命名为 RSR002□（“□”中选择数字 0~9，如 RSR0020）。

2）设置 RSR 模式。

3）满足远端控制启动的条件。

4）重启控制器。

5）通过信号箱将 UI［9］置 ON，启动程序。

（2）PNS 模式

1）将 RSR0020 重命名为 PNS001□（“□”中选择数字 0~9，如 PNS0010）。

2）设置 PNS 模式。

3）满足远端控制启动的条件。

4）重启控制器。

5）通过信号箱启动该程序。

第9章 码垛机器人编程及解析

9.1 码垛机器人基础

1. 机器人码垛功能介绍

所谓码垛堆积功能，是指对几个具有代表性的点进行示教，即可从下层到上层按照顺序堆上工件，如图 9-1 所示。

1）通过对堆上点的代表点进行示教，即可简单创建堆上式样。

2）通过对路经点（接近点、逃点）进行示教，即可创建线路点。

3）通过设定多个线路点，即可进行多种式样的码垛堆积。

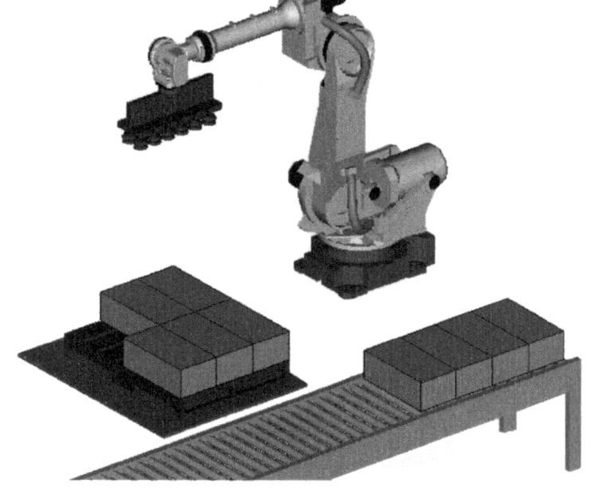

图 9-1 码垛堆积示意图

2. 码垛堆积的结构

码垛堆积由以下两种式样构成，如图 9-2 所示。

1）码垛式样：确定工件的堆上方法。

2）线路点：确定堆上工件时的路径。

3. 码垛堆积的种类

码垛堆积根据此堆上式样和线路点的设定方法差异，具有四种类型：码垛堆积 B 和码垛堆积 BX，以及码垛堆积 E 和码垛堆积 EX。

（1）码垛堆积 B　对应所有工件的姿势一定、堆上时的底面形状为直线或者平行四边形的情形，如图 9-3 所示。

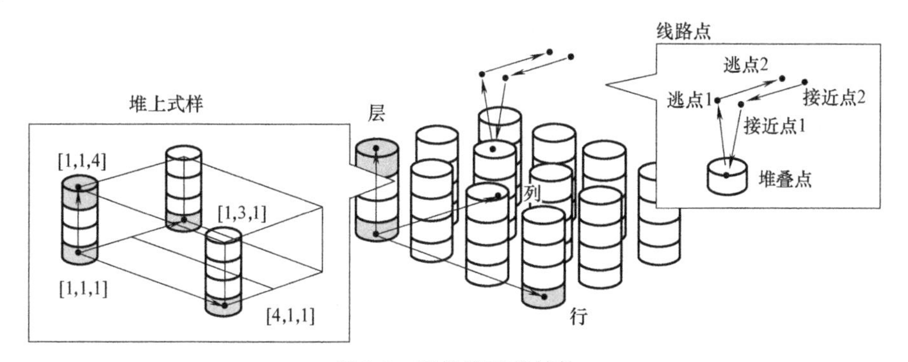

图 9-2 码垛堆积的结构

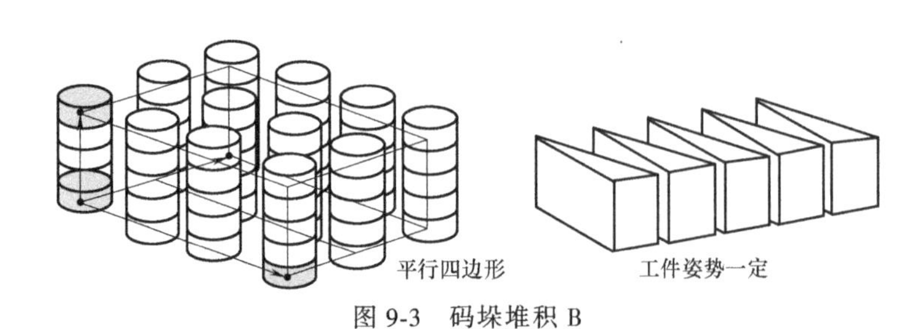

图 9-3 码垛堆积 B

（2）码垛堆积 E 对应更为复杂的堆上式样的情形（如希望改变工件的姿势的情形、堆上时的底面形状不是平行四边形的情形等），如图 9-4 所示。

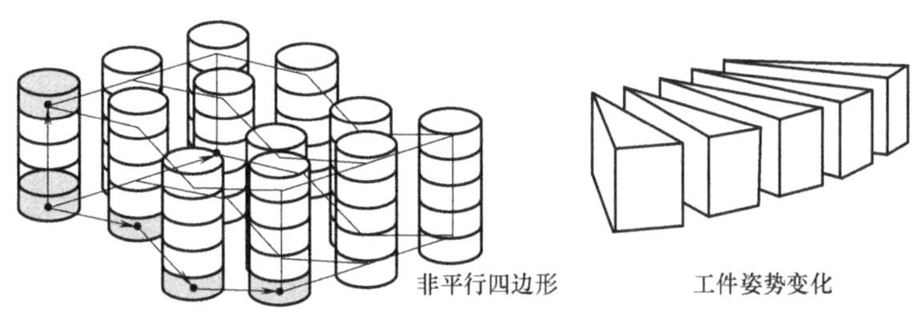

图 9-4 码垛堆积 E

（3）码垛堆积 BX、EX 码垛堆积 B、E 只能设定一个线路点，码垛堆积 BX、EX 可以设定多个线路点，如图 9-5 所示，BX、EX 类型可以用于更为复杂的码垛需求，因此应用更为广泛。

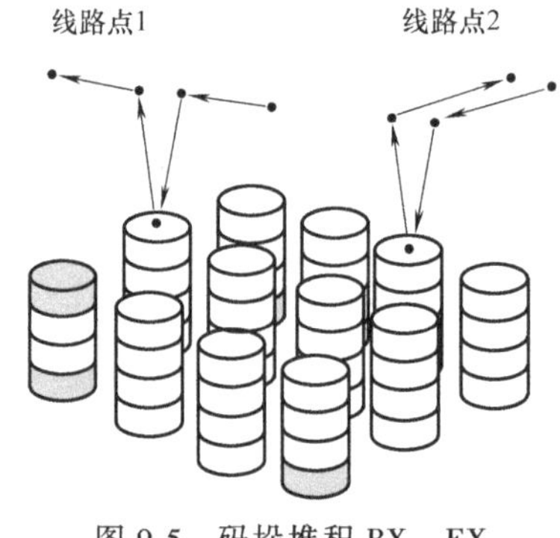

图 9-5 码垛堆积 BX、EX

4. 机器人码垛指令

机器人码垛指令主要包括三部分：码垛堆积指令、码垛堆积动作指令和码垛堆积结束指令。码垛指令的主要功能见表 9-1。

表 9-1 码垛指令的主要功能

指令	说明
码垛堆积指令	基于堆上式样、线路点和码垛寄存器的值，计算当前的路径，并改写码垛堆积动作指令的位置数据
码垛堆积动作指令	这是具有接近点、堆上点和逃点位置数据的码垛堆积专用的动作指令
码垛堆积结束指令	使得码垛寄存器的值增减

（1）码垛堆积指令 基于码垛寄存器的值，根据堆上式样计算当前的堆上点位置，并根据线路点计算当前的路径，改写码垛动作指令的位置数据。其格式如图 9-6 所示。

```
PALLETIZING[式样]_i
B, BX, E, EX ┘   └ 码垛堆积号码(1～16)
```

图 9-6 码垛堆积指令的格式

（2）码垛堆积动作指令　是以使用具有接近点、堆上点、逃点的路径点作为位置数据的动作指令，是码垛堆积专用的动作指令。该位置数据通过码垛堆积指令每次都被改写。其指令格式如图 9-7 所示。

```
J  PAL_i  [A_1]  100%      FINE
码垛堆积号码 ┘     └ 经路点
(1～16)              A_n   ：接近点   n=1～8
                     BTM   ：堆叠点
                     R_n   ：逃点   n=1～8
```

图 9-7　码垛堆积动作指令的格式

（3）码垛堆积结束指令　计算下一个堆上点，改写码垛寄存器的值。其格式如图 9-8 所示。

```
PALLETIZING—END_i
                └ 码垛堆积号码(1～16)
```

图 9-8　码垛堆积结束指令的格式

（4）码垛堆积号码　该号码在示教完码垛堆积的数据后，随同指令（码垛堆积指令、码垛堆积动作指令和码垛堆积结束指令）一起被自动写入。此外，在对新的码垛堆积进行示教时，码垛堆积号码将被自动更新。

（5）码垛寄存器指令　码垛寄存器指令，用于码垛堆积的控制，进行堆上点的指定、比较、分支等，如图 9-9 所示。

```
PL    [i]  =  (值)
码垛寄在器号码 ┘    ├ PL[i]：码垛寄在器[i]
(1～32)             └ [i,j,k]：码垛寄在器要素
```

图 9-9　码垛寄存器指令

（6）指令示例

```
1：PALLETIZING-B_ 3                    ;码垛堆积指令，样式为 B，码垛号码为 3
2：JPAL_ 3 [A_ 2] 50%CNT50              ;码垛动作指令，号码为 3，目标为接近点 A_ 2
3：LPAL_ 3 [A_ 1] 100mm/sec CNT10       ;码垛动作指令，号码为 3，目标接近点为 A_ 1
4：LPAL_ 3 [BTM] 50mm/sec FINE          ;码垛动作指令，号码为 3，目标为堆叠点
5：HAND1OPEN                            ;打开手抓，放置物料
6：LPAL_ 3 [R_ 1] 100mm/sec CNT10       ;码垛动作指令，号码为 3，目标为回退点 R_ 1
7：JPAL_ 3 [R_ 2] 100mm/sec CNT50       ;码垛动作指令，号码为 3，目标为回退点 R_ 2
8：PALLETIZING-END_ 3                   ;3 号码垛结束
```

9.2　码垛机器人系统组成

码垛机器人主要由操作机、控制系统、码垛系统（气体发生装置、液压发生装置）和安全保护装置组成，如图 9-10 所示。关节式码垛机器人常见本体多为 4 轴，也有 5 轴、6 轴码垛机器人，但在实际包装码垛物流线中，5 轴、6 轴码垛机器人相对较少。码垛机

器人主要由操作机、控制系统、码垛系统（气体发生装置、液压发生装置）和安全保护装置组成。

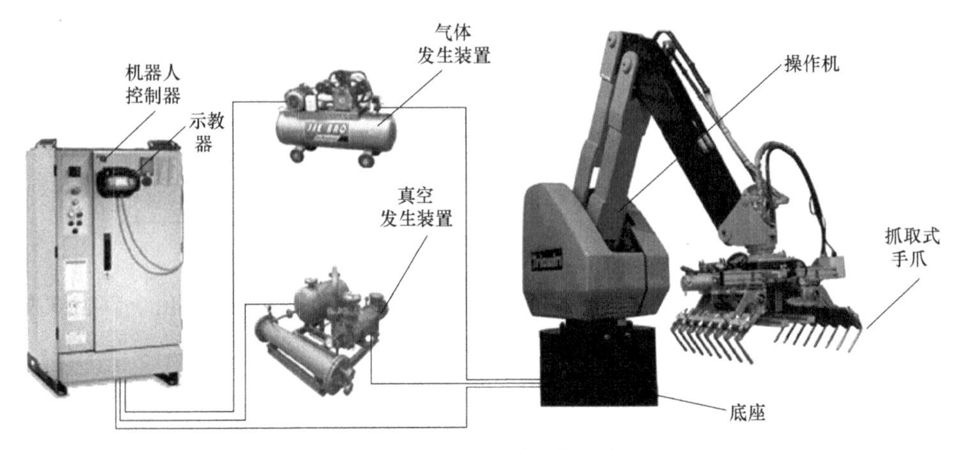

图 9-10　码垛机器人的组成

码垛机器人的末端执行器是夹持物品移动的一种装置，其原理和结构与搬运机器人类似，常见的有吸附式手爪、夹板式手爪、抓取式手爪和组合式手爪。

1. 吸附式手爪

在码垛中，吸附式手爪主要为气吸附，广泛应用于医药、食品、烟酒等行业。

2. 夹板式手爪

夹板式手爪是码垛过程中最常用的一类手爪，常见的夹板式手爪有单板式和双板式，如图 9-11 所示。夹板式手爪主要用于整箱或规则盒码垛。

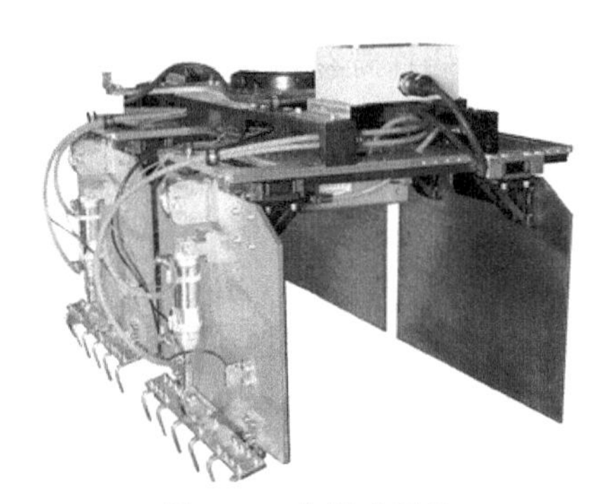

图 9-11　夹板式手爪

3. 抓取式手爪

抓取式手爪可灵活适应不同形状和内含物（如大米、砂砾、塑料、水泥、化肥等）物料袋的码垛，如图 9-12。

图 9-12　抓取式手爪

图 9-13　组合式手爪

4. 组合式手爪

组合式手爪是通过组合以获得各单组手爪优势的一种手爪，灵活性较大，各单组手爪之间既可单独使用又可配合使用，可同时满足多个工位的码垛，如图 9-13 所示。

通常在保证相同夹紧力情况下，气动手爪比液压手爪负载轻、卫生、成本低、易获取，故实际码垛中以压缩空气为驱动力的手爪居多。

9.3　码垛机器人工具坐标系

对码垛机器人而言，因末端执行器不同而设置在不同位置，就吸附式手爪而言，其 TCP 一般设在法兰盘中心线与吸盘所在平面交点的连线上并延伸一段距离，距离的长短依据吸附物料高度确定；夹板式手爪和抓取式手爪的 TCP 一般设在法兰中心线与手爪前端面交点处；而组合式手爪的 TCP 设定点需依据起主要作用的单组手爪确定，如图 9-14 所示。

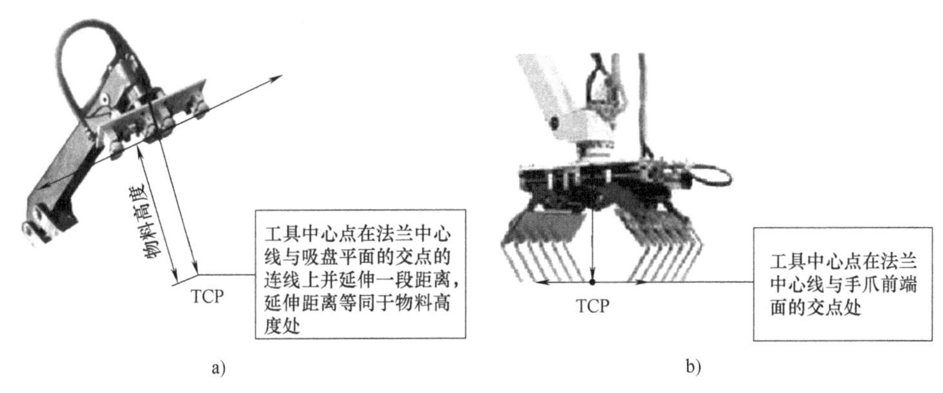

图 9-14　码垛机器人 TCP 的位置

9.4　码垛机器人运动轨迹及流程设计

码垛机器人堆积的示教步骤如图 9-15 所示。

1. 选择码垛堆积指令

选择码垛堆积指令，即选择希望进行示教的码垛堆积种类（码垛堆积 B、BX、E、EX）。

2. 输入初期资料

在码垛堆积初期资料输入界面，设定进行什么样的码垛堆积。这里设定的数据，将在后续示教界面上使用。根据码垛堆积的种类，初期资料输入界面有 4 类，如图 9-16 所示。

图 9-17 和图 9-18 所示分别为码垛动作循环及编程思路，在输送带 P3 处进行工件抓取，在托盘上进行码垛。

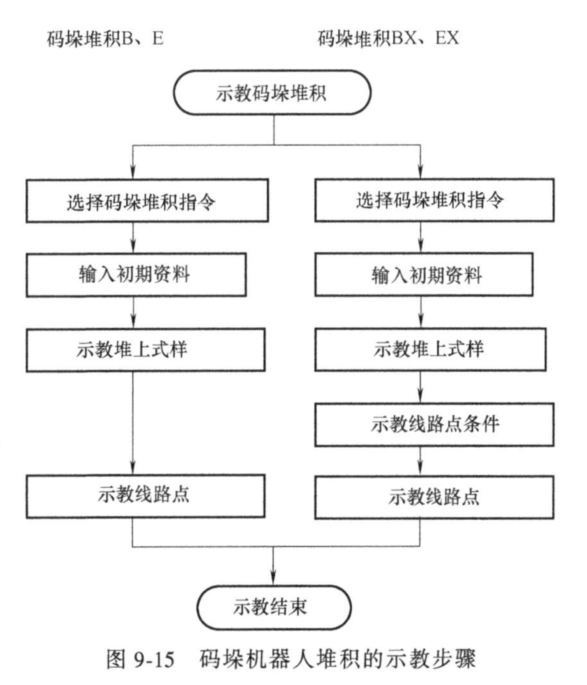

图 9-15　码垛机器人堆积的示教步骤

```
PROGRAM1
码垛配置

    PALLETIING 4    [PALLET          ]
    类型 =[堆上    ]    增加 =[   1]
    码垛寄存器  =[   1] 顺序    =[RCL]
      行      =[  5]
      列      =[  4]
      层      =[  3]
      辅助位置        =[ 否     ]
   接近点=[2]  RTRT =[2]

 按下 ENTER 键

  中断                              前进
```

a) 码垛堆积B的情形

```
PROGRAM1
码垛配置

    PALLETIING 4    [PALLET          ]
    类型 =[堆上    ]    增加 =[   1]
    码垛寄存器  =[   1] 顺序    =[RCL]
      行      =[  5]
      列      =[  4]
      层      =[  3]
      辅助位置        =[ 否   ]
   接近点=[2]  RTRT =[2]  式样 =[2]

 按下 ENTER 键

  中断                              前进
```

b) 码垛堆积BX的情形

```
PROGRAM1
码垛配置

    PALLETIING 4    [PALLET          ]
    类型 =[堆上    ]    增加 =[   1]
    码垛寄存器  =[   1]  顺序    =[RCL]
      行      =[  5   直线   固定]
      列      =[  4   直线   固定]
      层      =[  3   直线   固定  1]
      辅助位置        =[ 否     ]
   接近点=[2]  RTRT =[2]

 按下 ENTER 键

  中断                              前进
```

c) 码垛堆积E的情形

```
PROGRAM1
码垛配置

    PALLETIING 4    [PALLET          ]
    类型 =[堆上    ]    增加 =[   1]
    码垛寄存器  =[   1]  顺序    =[RCL]
      行      =[  5   直线   固定]
      列      =[  4   直线   固定]
      层      =[  3   直线   固定  1]
      辅助位置        =[ 否     ]
   接近点=[2]  RTRT =[2]  式样 =[2]

 按下 ENTER 键

  中断                              前进
```

d) 码垛堆积EX的情形

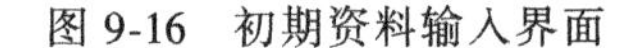

图 9-16 初期资料输入界面

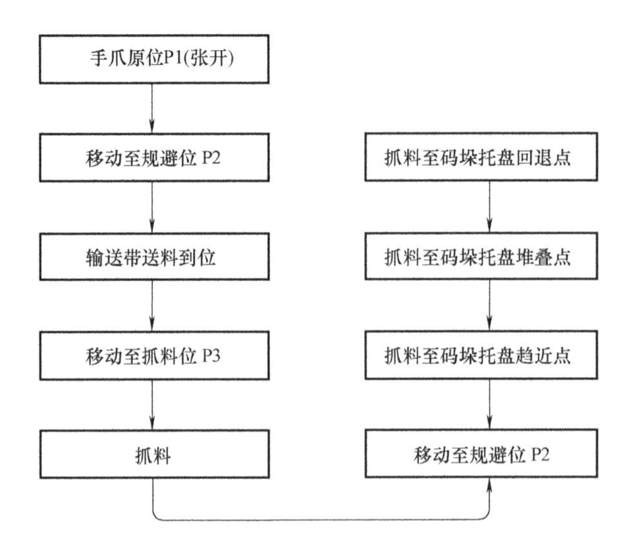

图 9-17 码垛动作循环

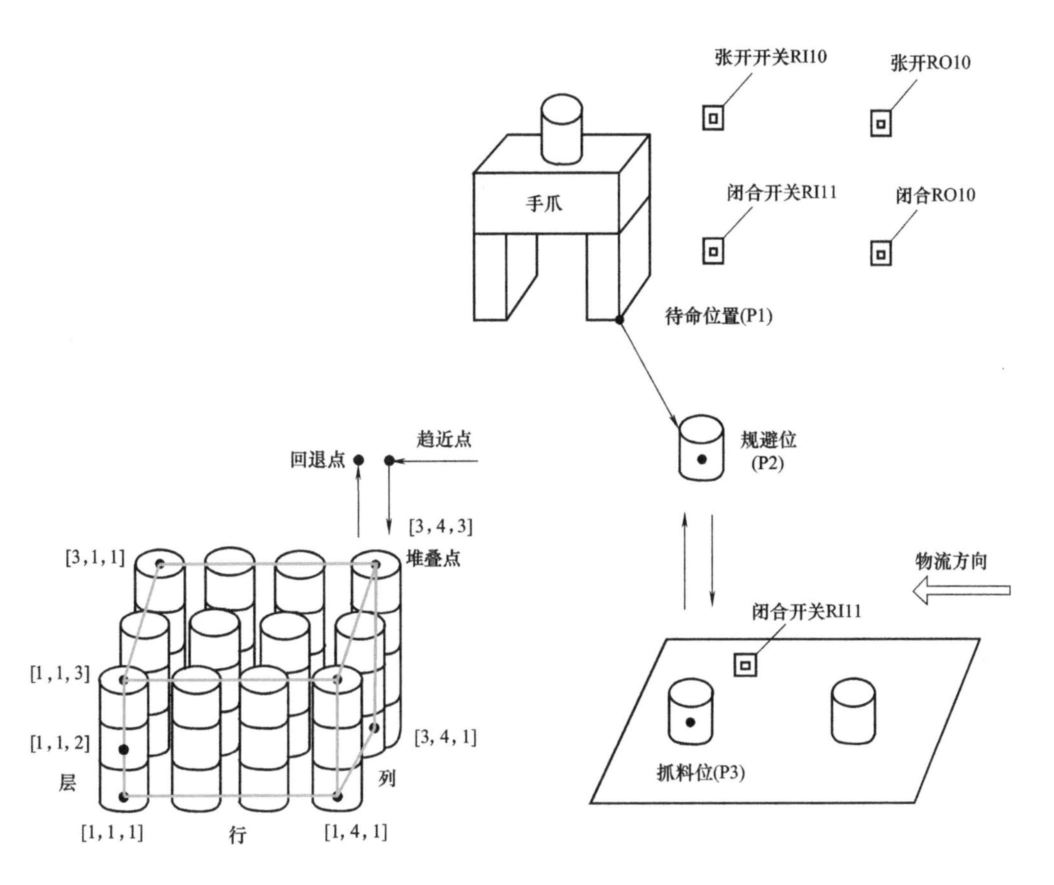

图 9-18 码垛编程思路

9.5 码垛机器人程序及分析

用示教器编写程序，程序如下：

```
1: JPR [1] 100%FINE                     ;移动至待命位置 P1
2: LBL [1]                              ;标签 1
3: JPR [2] 100%FINE                     ;移动至待命位置 P2
4: WAITRI [12]=ON                       ;等待抓料位有料
5: LPR [3] 100mm/sec FINE               ;移动至抓料位 P3
6: WAIT1.00 (sec)                       ;等待 1s
7: RO [11]=ON                           ;手爪闭合开关 ON
8: WAITRI [11]=ON                       ;等待手爪闭合开关 ON
9: RO [11]=OFF                          ;手爪闭合开关 OFF
10: PALLETIZING-B_1
11: JPAL_1 [A_1] 80% FINE               ;移动至趋近点
12: LPAL_1 [BTM] 100mm/sec FINE         ;移动至堆叠点
```

```
13: RO [10]=ON                              ;手爪张开开关 ON
14: WAITRI [10]=ON                          ;等待手爪张开开关 ON
15: RO [10]=OFF                             ;手爪张开开关 OFF
16: LPAL_1 [R_1] 100mm/sec FINE             ;移动至回退点
17: PALLETIZING-END_1
18: JUMPLBL [1]                             ;跳转到标签 1
```

注意事项：

1）要提高码垛的动作精度，需要正确设定 TCP。

2）码垛寄存器应避免同时使用相同编号的其他码垛。

3）码垛功能在三个指令（即码垛指令、码垛动作指令和码垛结束指令）存在于一个程序中而发挥作用，即使只将一个指令复制到子程序中进行示教，该功能也不会正常工作。

4）在示教完码垛的数据后，码垛编号随同码垛指令、码垛动作指令、码垛结束指令一起被自动写入。不需要在意是否在别的程序中重复使用该码垛编号（每个程序都具有该码垛编号的数据）。

5）在码垛动作指令中，不可在动作类型中设定“C”（圆弧运动）。

本章小结

本章重点介绍 FANUC 机器人的码垛指令，并通过编制机器人程序实现机器人的自动码垛。码垛功能应用很广，码垛形式变化较多，建议通过实际操作反复练习各种码垛指令类型。

思考与练习

一、填空题

1）常见的码垛机器人结构多为________、________和________。

2）码垛机器人的末端执行器是夹持物品移动的一种装置，其原理结构与搬运机器人类似，常见的有________、________、________和组合式手爪。

3）实际生产中，常见的码垛工作站布局主要有________和________两种。

4）关节式码垛机器人常见本体多为________轴，也有 5 轴、6 轴码垛机器人。

二、判断题

1）组合式末端执行器的 TCP 一般设在兰中心线与手爪前端面交点处。（　　）

2）通常在保证相同夹紧力的情况下，气动比液压负载轻、卫生、成本低、易获取，故实际码垛中以压缩空气为驱动力的手爪居多。（　　）

3）摆臂式码垛机器人可实现大物料、重吨位搬运和码垛。（　　）

三、简答题

1）如何对码垛机器人进行 I/O 设置？

2）简述码垛机器人系统的组成与功能。

3）简述码垛机器人示教再现流程。

4）查阅资料分析码垛机器人和搬运机器人的区别。

5）图 9-19 所示为某食品包装流水生产线，主要由产品生产供给线、小箱输送包装线和大箱输送包装线等部分构成。依图画出 *A* 位置码垛运动轨迹示意图。

6）依图 9-19 并结合 *A* 点位置，完成示教过程，并基于 FANUC 码垛机器人写出示教程序（产品外观尺寸为 1800mm×1200mm×30mm，托盘尺寸为 3600mm×3000mm×20mm）。

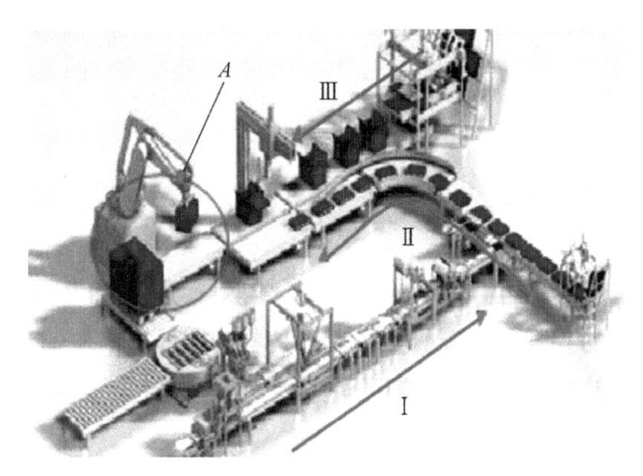

图 9-19 食品包装流水线

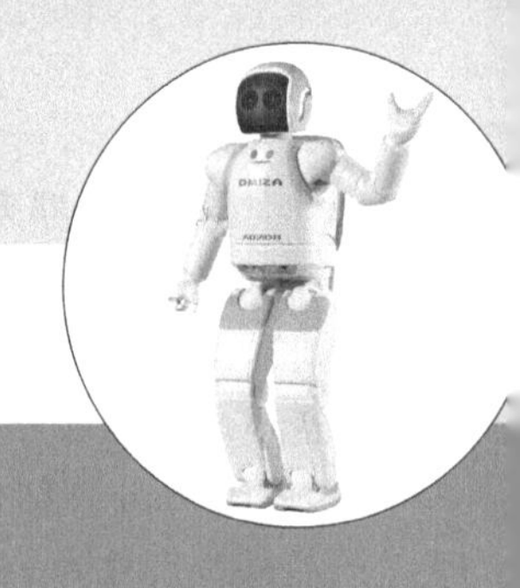

第10章 弧焊机器人编程及分析

10.1 弧焊机器人的类型

用于进行自动弧焊的工业机器人称为弧焊机器人。图 10-1 所示为典型的弧焊机器人。弧焊机器人可以在计算机的控制下实现连续轨迹控制和点位控制。它还可以利用直线插补和圆弧插补功能焊接由直线及圆弧组成的空间焊缝。弧焊机器人主要有熔化极焊接作业和非熔化极焊接作业两种类型。

图 10-1 典型的弧焊机器人

1. 弧焊的分类

根据保护气体不同，弧焊可分为使用惰性气体（Ar、He）保护的 MIG 焊接法、使用 CO_2 气体保护的 CO_2 气体保护焊接法以及使用两者的混合气体保护的 MAG 焊接法等。熔焊的分类如图 10-2 所示。

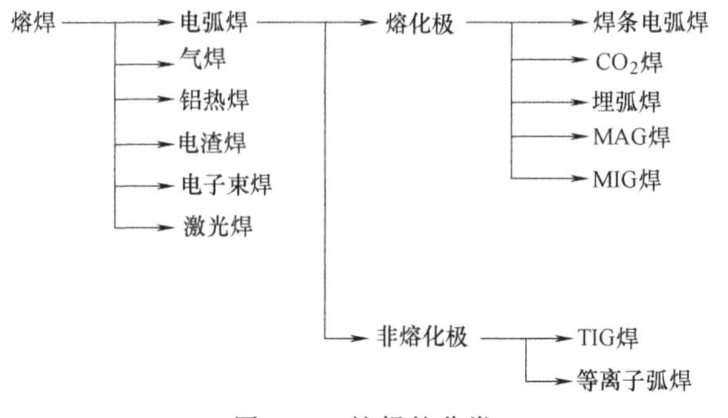

图 10-2 熔焊的分类

(1) 电弧焊　以气体导电时产生的电弧热为热源。

(2) 熔化极　焊丝或焊条既是电极又是填充金属。

(3) 非熔化极　电极（钨极）不熔化。

(4) MIG 焊　金属极（熔化极）惰性气体保护焊。

(5) TIG 焊　钨极（非熔化极）惰性气体保护焊。

(6) MAG 焊　金属极（熔化极）活性气体保护焊。

(7) CO_2 焊　二氧化碳气体保护焊。

2. 焊接的主要特点

(1) 熔焊　将被连接金属局部熔化，然后冷却结晶使分子或原子彼此达到晶格距离并形成结合力，这种焊接方法叫熔焊。熔焊需要一个能量集中、热量足够的热源，用金属电极中单位面积所通过的电流大小来表示，电流越大，能量集中性越好。

(2) 压力焊接　焊接过程中必须对焊件施加压力，加热或不加热的焊接方法叫压力焊接。

1) 加热：将被焊金属的接触部位加热至塑性状态或局部熔化状态，然后施加一定的压力，使金属原子间相互结合形成焊接接头，如电阻焊、摩擦焊等。

2) 不加热：仅在被焊金属接触面上施加足够大的压力，利用压力引起的塑性变形，使原子相互接近，从而获得牢固的压挤接头，如冷压焊、超声波焊、爆炸焊等。

(3) 钎焊　利用某些熔点低于被连接金属熔点的熔化金属（钎料）在连接界面上起流散浸润作用，然后冷却形成结合力。

10.2 弧焊机器人的组成

焊接机器人系统由机器人本体、机器人控制器、焊接电源、焊枪、送丝机构、清枪剪丝机构（可选）、冷却水箱（可选）、焊接防护系统（可选）、焊接烟尘净化系统（可选）、保护气体、焊接材料等单元组成。弧焊机器人的基本组成如图 10-3 所示。气体保护焊的主要设备如图 10-4 所示。

10.2.1 机器人弧焊电源

1. 焊接电源的组成

焊接电源是机器人焊接系统中的重要组成部分，主要分为焊接电源、送丝机、机器人接口通信板、冷却水箱、控制面板等，如图 10-5 所示。焊接电源一般采用逆变数字化电源，电流稳定，设置方便。焊接电源在选用时要充分了解焊接产品的材料材质，并了解相关要求和工艺规范。

2. 焊接电源的主要技术指标

焊接电源的主要技术指标主要有焊接电源（功率、电压），焊接暂载率，焊接特性，额定功率，焊机的主要功能。表 10-1 列出了几个型号焊接电源的主要技术参数。

3. 机器人焊接电源选型（MAG/MIG 焊）

(1) 碳钢焊接　一般逆变电源，根据产品厚度、材质等特点选配功率。

(2) 不锈钢焊接　脉冲逆变电源，根据产品厚度、材质等特点选配功率。

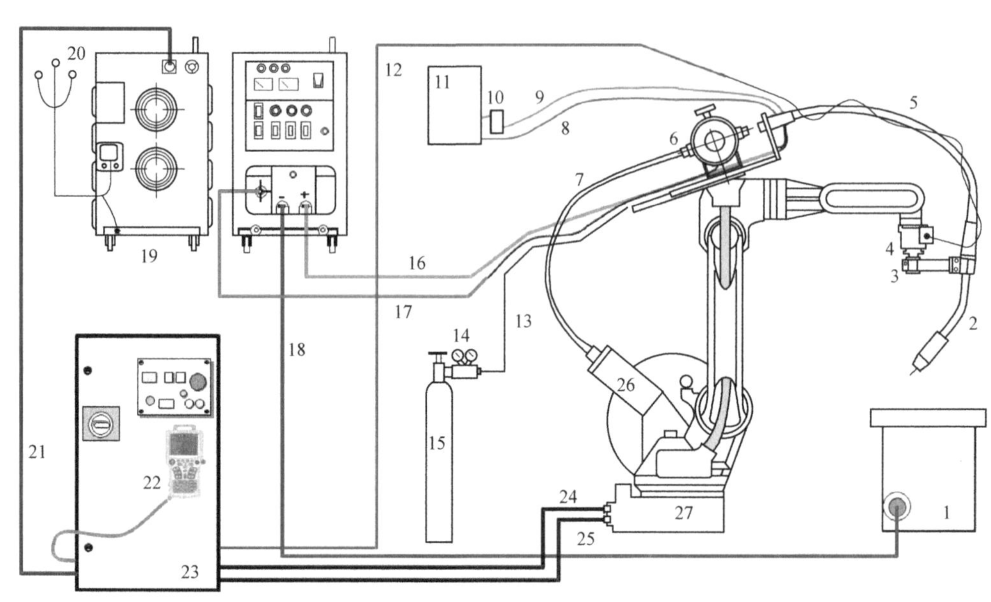

图 10-3 弧焊机器人基本组成

1—夹具及工作台 2—焊枪 3—焊枪夹持器 4—防碰撞传感器 5—焊枪电缆 6—送丝机构 7—送丝管 8—冷却水冷水管 9—冷却水回水管 10—水流开关 11—冷却水箱 12—碰撞传感器电缆 13—保护气软管 14—保护气流量调节器 15—保护气瓶 16—功率电缆（+） 17—送丝机构控制电缆 18—功率电缆（-） 19—焊接电源 20—焊机供电一次电缆 21—焊接指令电缆（I/F） 22—机器人示教器（TP） 23—机器人控制器 24—机器人供电电缆 25—机器人控制电缆 26—送丝盘架 27—机器人本体

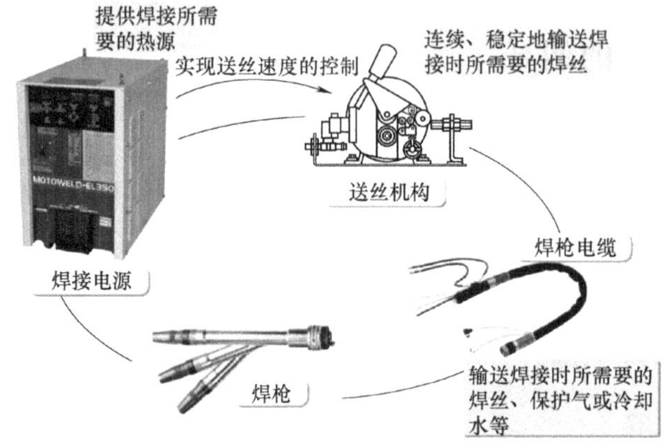

图 10-4 气体保护焊的主要设备

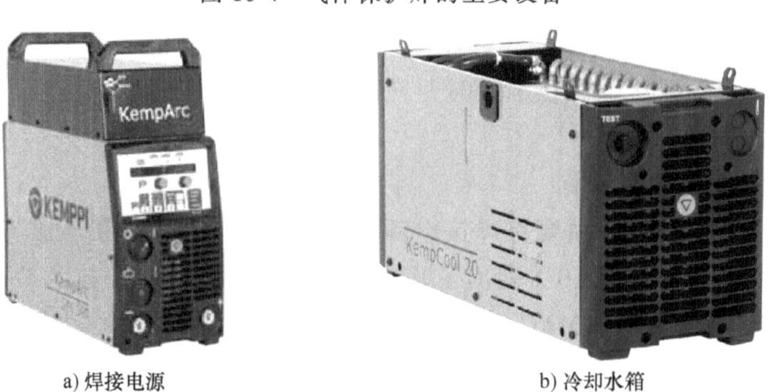

a) 焊接电源　　b) 冷却水箱

图 10-5 焊接电源的组成

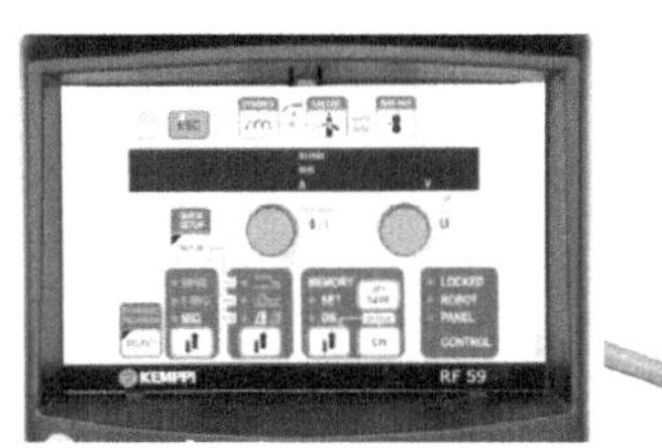

c) 控制面板

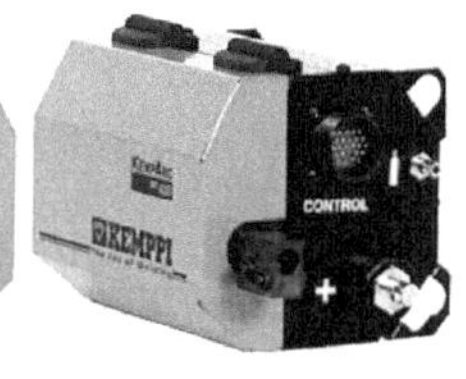

d) 送丝机

图 10-5 焊接电源的组成（续）

表 10-1 焊接电源的主要技术参数

KempArc™		SYN 300	SYN 400	SYN 500
供电;3 相交流,50/60Hz		400V,-15%~+20%	400V,-15%~+20%	400V,-15%~+20%
额定功率	60%P	—	—	26.1kVA
	80%P	—	19.5kVA	—
	100%P	13.9kVA	18.5kVA	20.3kVA
供电电缆/熔断电流		4×6S-5m/25A	4×6S-5m/35A	4×6S-5m/35A
最大焊接电流(40℃)	60%P	—	—	500A
	80%P	—	400A	—
	100%P	300A	380A	430A
初级电流范围	50%P	19.8A	28A	40A
	100%P	19.8A	25.5A	31A
焊接电压范围(MIG 焊)		10~37V	10~39V	10~42V
最大焊接电压		46V	46V	46V
空载电压		50V	50V	50V
空载功率		25W	25W	25W
效率		87%	87%	87%
功率因数		0.9	0.9	0.9

（3）铝合金焊接 脉冲逆变电源，根据产品厚度、材质等特点选配功率。

（4）铜及铜合金焊接 脉冲逆变电源，根据产品厚度、材质等特点选配功率。

10.2.2 机器人焊枪

机器人焊枪要求高品质、长寿命。焊枪的电流承载能力大，采用专用高纯度铜电缆，且柔软、导电性好。机器人焊枪主要分为空冷和水冷两种形式。根据焊接电源的大小，焊接产品的位置配置不同的焊枪，如图 10-6~图 10-8 所示。

a)

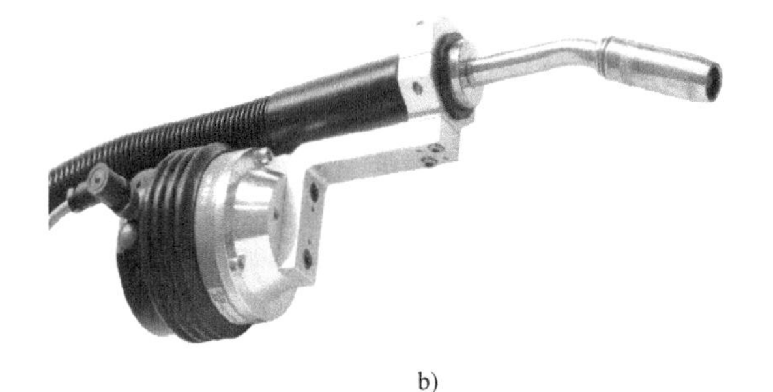

b)

图 10-6 机器人焊枪

焊枪与机器人连接需要专用夹持机构，夹持机构要牢固可靠。根据需要，为防止焊枪的碰撞，可以配置防撞装置。

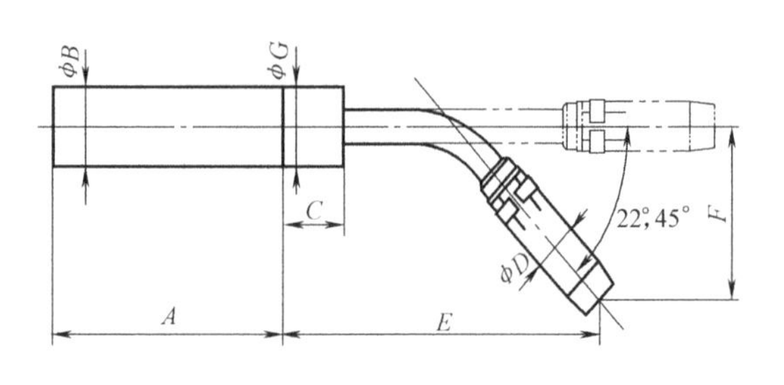

尺寸参数　　(单位：mm)

型号	A	B	C	D	E			F		G
					0°	22°	45°	22°	45°	
Robo 7G	164	37.0	35.0	24.0	221.3	213.6	187.7	41.3	87.3	38
Robo 7W			47.5		212.5	204.4	177.3	43.3	91.1	

技术参数

型号	Robo 7G	Robo 7W
冷却方式	空冷	水冷
暂载率(10min)	60%	100%
最大焊接电流	325A	400A
焊接电流(CO_2焊)	360A	450A
焊丝直径	φ1.0～φ1.2mm	φ1.0～φ1.6mm

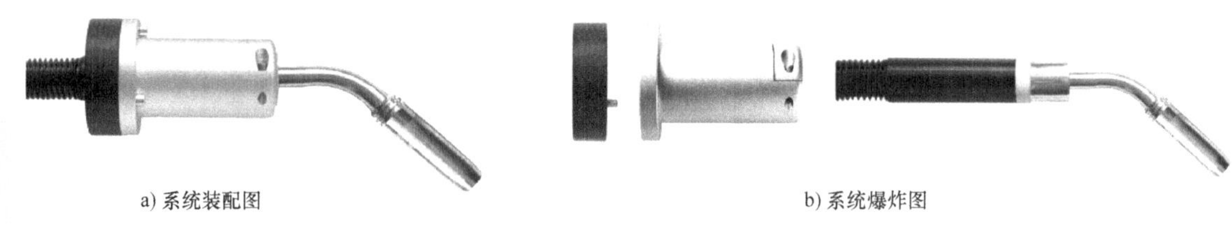

a) 系统装配图　　b) 系统爆炸图

图 10-7　内置式机器人焊枪的系统结构

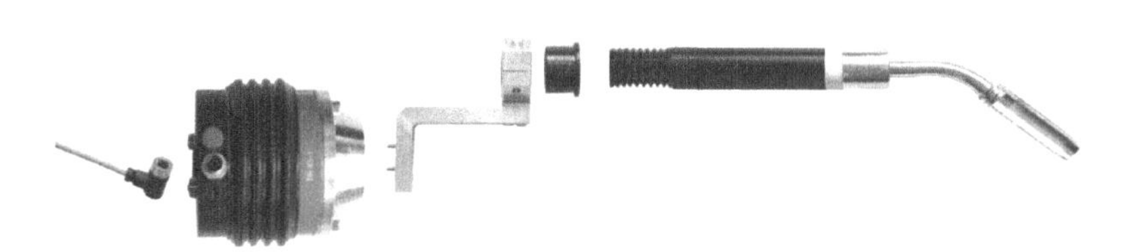

图 10-8　外置式机器人焊枪的系统结构

10.3　弧焊机器人案例分析

10.3.1　被焊工件的基础资料

（1）被焊工件名称　标准节。

（2）被焊工件尺寸范围　1508mm×726mm×726mm（以用户图样为准）。

（3）被焊工件焊缝形式　对接焊缝。

（4）被焊工件材质　Q235、Q345。

（5）工件简图　如图 10-9 所示。

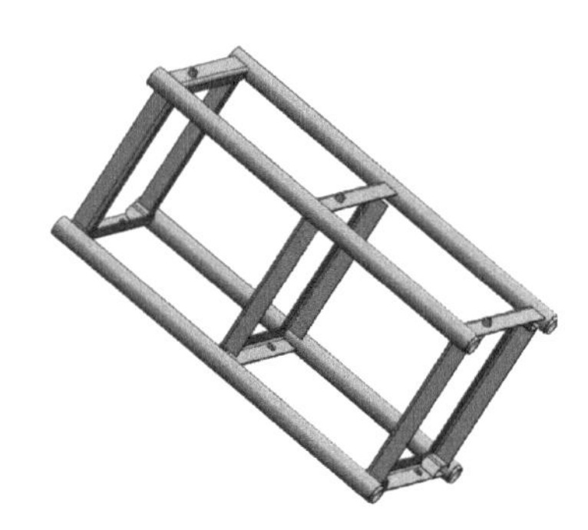

图 10-9　焊接件

10.3.2　焊接工艺及工艺要求

1）工件装卸方式：由于工件体积偏大，工件装卸采用吊装。

2）焊接工艺：焊接时采用单丝气体保护焊。焊接时，人工先将组对好的工件装夹在焊接变位机上，然后启动机器人进行焊接。焊接质量能够通过买方质量检验部门按照我国国家标准或者买方的企业标准的检测。

3）机器人配置 FANUC 电缆外置型机器人，焊接电源配置 OTC 数字电源进行焊接。

4）焊接工艺对焊件的精度要求：

① 工件表面不得有影响焊接质量的油锈、水分。

② 焊缝组对间隙小于 0.5mm。

③ 工件装配后的重复位置精度不大于 1.0mm。

④ 不得有影响定位的飞边和毛刺。

10.3.3　弧焊机器人工作站设计

1. 总体方案设计

本工作站采用单机器人双工位的焊接方式。由于工件焊缝为对接焊缝，且工件焊缝不集中，且分布位置复杂，因此将焊接工件放在和机器人协调运动的变位机上，再对其进行焊接。

工作站主要包括弧焊机器人、焊接电源、焊接变位机（双轴与单轴焊接变位机）、焊接夹具、清枪站、系统集成控制柜等。弧焊机器人工作站设计效果如图 10-10 所示。

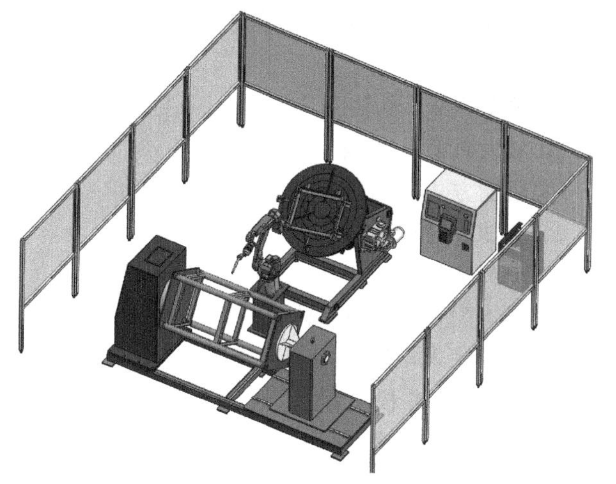

图 10-10　弧焊机器人工作站设计效果

该弧焊机器人工作站的动作流程：将点固好的工件在双轴变位机上装夹好→启动机器人→弧焊机器人开始起弧焊接→焊接完毕→将焊接好的工件吊装到单轴变位机上点焊好→启动机器人焊接，以此类推，焊接完整个工件后，进行下一循环。

2. 工作站配置

弧焊机器人工作站的主要配置见表 10-2。

表 10-2　弧焊机器人工作站的主要配置

序号	名称	型号及配置	品牌	数量
1	弧焊机器人本体及控制器	型号：FANUC Robot M-10iA	FANUC	1
		配置机器人本体，有效负载 10kg；B 箱体；示教器，附 10m 电缆；机器人与控制柜间电缆长 7m；中文操作系统		

（续）

序号	名称	型号及配置	品牌	数量
2	焊接电源	型号：OTC CPVE-500 主要配置：焊接电源、送丝机、ϕ1.2mm 送丝轮组、通信电缆	OTC	1
3	单轴焊接变位机	承载工件及焊接所需工装（联动控制）	FANUC	1
4	双轴焊接变位机	焊接所需工装	定制	1
5	焊接夹具	手动夹紧	定制	1
6	控制系统	配置：操作盒、配线盒	定制	1
7	机器人焊枪	RM 80W，22°	TBI	1
8	防碰撞传感器	KS-1	TBI	1
9	清枪站	清枪喷硅油（BRG2000）和剪丝装置（DA2000）	TBI	1
10	冷却水箱	Be cool 2.2，带传感器	TBI	1

（1）FANUC Robot M-10iA 弧焊机器人　其组成如下：

1）FANUC Robot M-10iA 的机械部分（图 10-11）：

① 安装方式：地装。

② 关节方式：6 轴关节型。

③ 最大负荷：10kg。

④ 运输方式：利用叉车或起重机。

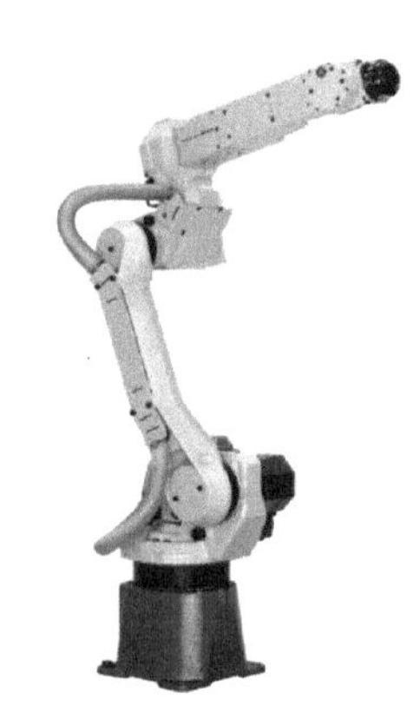

图 10-11　机械部分

2）R-30iA 控制器部分（图 10-12）：

① 中英文显示。

② 基本配置：B 型箱体。

③ 电源输入：380V/3 相+接地。

④ Flash ROM 模块容量：32MB。

⑤ DRAM 模块容量：32MB。

⑥ CMOS RAM 模块容量：3MB。

⑦ USB 存储功能。

⑧ CF 卡存储功能。

⑨ 机器人控制电缆：长 7m（非柔性）。

⑩ 示教器电缆：长 10m。

⑪ 备件（熔丝，后备电池）。

3）软件部分（图 10-13）：

① 基本字库：中英文。

② 焊接专用软件（ARC Tool）。

③ M-10iA 机器人控制软件。

④ 数字伺服功能。

⑤ 操作指令功能。

⑥ 位置寄存器功能。

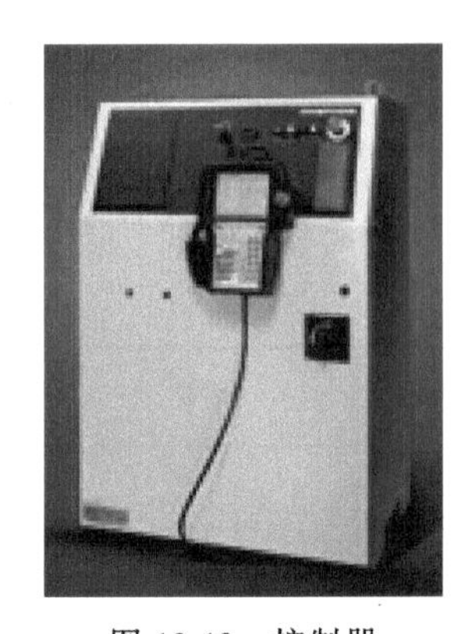

图 10-12　控制器

图 10-13 软件部分

⑦ 时间计数器功能。
⑧ 外部程序选择功能。
⑨ TCP 自动设定功能。
⑩ 高灵敏度防碰撞检测功能。
⑪ CC-Link 接口（选配）。
⑫ 网络设备接口（选配）。
⑬ 焊缝起始点寻找（选配）。
⑭ 焊缝跟踪（选配）。
⑮ 多层多道焊（选配）。

（2）焊接电源 OTCCPVE-500　焊接系统选用日本 OTC 公司生产的 OTC CPVE-500，其特点如下：

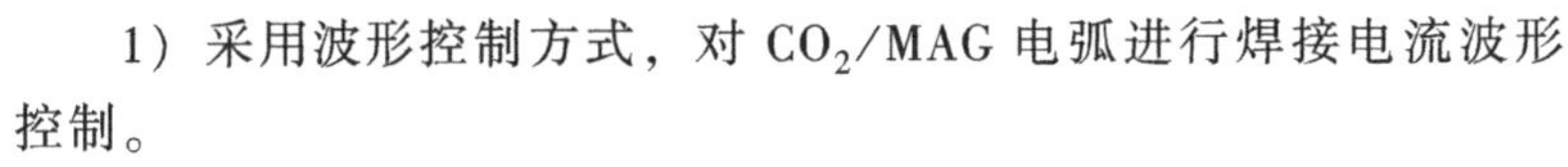

1）采用波形控制方式，对 CO_2/MAG 电弧进行焊接电流波形控制。

2）IGBT 电子器件控制速度达 60kHz。

3）具有起弧性能以及熔深控制功能，可实现低飞溅焊接。

4）具有焊接条件记忆储存功能，内含 30 条焊接规范记忆存储程序。

5）具有键锁保护功能和电弧特性模式设定功能。

6）配置全数字控制软触键数字显示屏。

OTC CPVE-500 的技术规格见表 10-3。

表 10-3　OTC CPVE-500 的技术规格

项目	规格/性能指标
型号	OTC CPVE-500
输入电压、频率	3 相，380V（1±10%），50/60Hz
输出电流范围	30～500A
暂载率	100%
外形尺寸	298mm×630mm×556mm

（3）焊接变位机　焊接变位机的主要作用是在焊接过程中将工件进行翻转变位，以便获得最佳的焊接位置，可很好地满足焊接质量及外观要求。焊接变位机基座采用优质型材及钢板焊接而成，经过退火处理，质量精度可靠。翻转采用伺服电动机驱动，减速器采用高精度减速器，精度可靠，速度可调，可与机器人实现联动。根据焊接变位机的运动轴数不同，可分为单轴焊接变位机、双轴焊接变位机以及多轴焊接变位机。

1）单轴焊接变位机。单轴焊接变位机仅具有一个运动轴，进行翻转或回转，工件随翻转轴进行变位，与机器人联动进行弧线的焊接。单轴焊接变位机的结构如图 10-14 所示。

① 总体构成。主要由驱动头座、机座、夹具安装座、导电系统组成，各机构具体分述如下：

a. 驱动头座：由进口伺服马达及高精密减速器组成。

b. 机座：由高强度钢板或是型材组焊而成，并经去应力退火。

c. 夹具安装座：由高强度钢组焊而成，焊后经精加工处理。

② 技术参数。

a. 最大负载：500kg。

b. 最大翻转速度：15r/min。

c. 翻转角度：±200°。

d. 重复定位精度：500mm 直径内为±0.2mm。

2）双轴焊接变位机。双轴焊接变位机可同时完成回转和翻转功能。双轴焊接变位机的结构如图 10-15 所示。

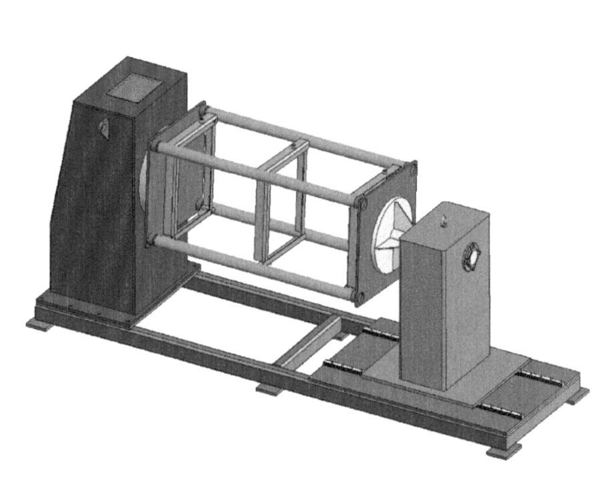

图 10-14　单轴焊接变位机的结构

图 10-15　双轴焊接变位机的结构

① 总体构成。主要由翻转机构、回转机构、机座、导电系统组成，各机构具体分述如下：

a. 翻转机构（回转机构）：由进口伺服马达及高精密减速器组成。

b. 机座：由高强度钢板或是型材组焊而成，并经去应力退火。

② 技术参数。

a. 最大负载：500kg。

b. 最大翻转速度：3r/min。

c. 最大回转速度：5r/min。

d. 最大翻转角度：100°。

10.4　弧焊机器人程序及分析

下面以保险箱的焊接为例，如图 10-16 所示，弧焊机器人的运动轨迹为 1→2→3→4→5→6→7→8→9→10→11→1。

为实现该轨迹的焊接，焊接程序如下。

1：J P[1]100%CNT 100

2：J P[2]100%CNT 100

3：J P[3] 100% FINE Second Stage

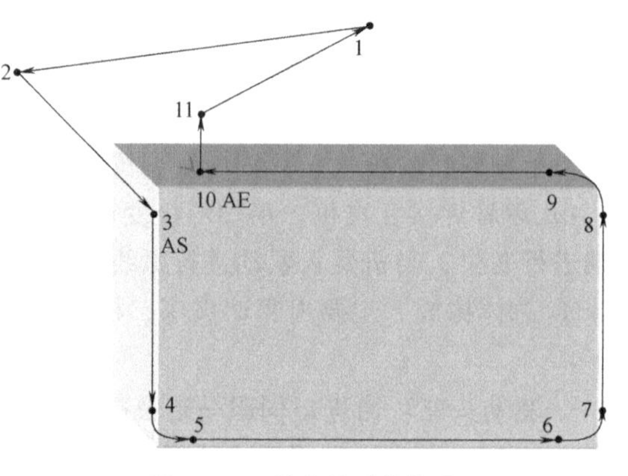

图 10-16　保险箱弧焊轨迹

```
of Exercise
   Arc Start [1]
  4: L P [4] 100 IPM CNT 100
  5: L P [5] 100 IPM CNT 100    (5: J P [5] 20% CNT 100)
  6: L P [6] 100 IPM CNT 100
  7: L P [7] 100 IPM CNT 100    (7: J P [7] 20% CNT 100)
  8: L P [8] 100 IPM CNT 100
  9: L P [9] 100 IPM CNT 100    (9: J P [9] 20% CNT 100)
 10: L P [10] 100 IPM FINE
   Arc End [1]
 11: J P [11] 100% CNT 100
 12: J P [1] 100% CNT 100
 End
```

本章小结

本章主要学习了弧焊机器人的基本知识，包括弧焊机器人的类型和组成结构，并以典型的弧焊工作站为例进行了分析和编程示例。

思考与练习

一、填空题

1）根据所采用的弧焊保护气体的不同，弧焊可分为____、____、____、____、____、____、____等。

2）弧焊机器人主要包括______、______、______、______等几部分。

3）焊接变位机一般包括______、______、______等几种类型。

二、简答题

1）弧焊机器人的工具坐标系一般标定在哪个位置？

2）弧焊变位机的主要作用是什么？

3）请使用单轴焊接变位机和焊接机器人配合，完成图10-15所装夹工件的一次性焊接成形，并编写焊接程序。

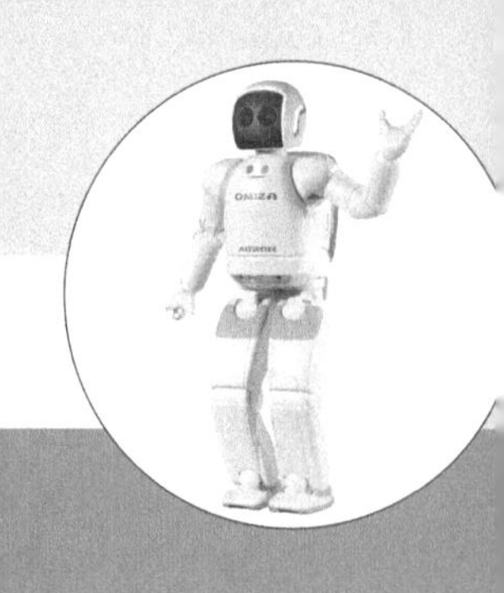

第11章 点焊机器人编程及分析

11.1 点焊机器人基础

1. 机器人点焊功能介绍

点焊是电阻焊的一种，是热与机械力联合作用的焊接过程。焊件装配成搭接接头，通过两个电极之间的加压和电阻热熔化母材金属的共同作用，在板材的接触面之间形成焊点，将两件及以上的板材连接在一起。点焊的工作原理如图 11-1 所示。点焊时，先通过电极加压，使焊件紧密接触，随后接通变压器电流，在电阻热的作用下焊件接触处局部熔化，形成熔核，断电后保持压力，熔核冷却后形成焊点。实际焊点如图 11-2 所示。点焊是一种高速、经济的连接方法，它适于制造采用搭接、接头不要求气密、厚度一般小于 3mm 的冲压、轧制的薄板构件。

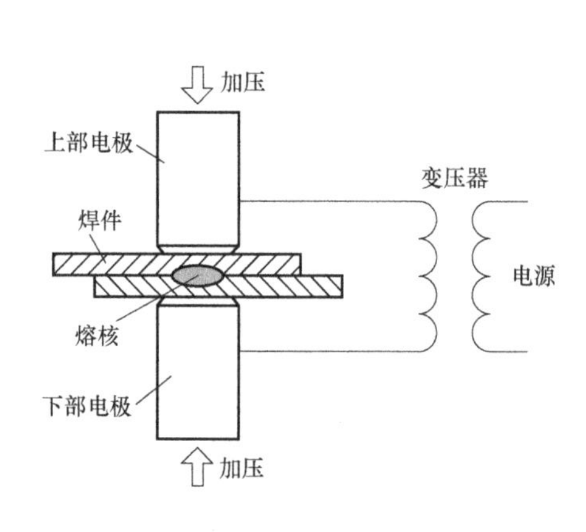

图 11-1　点焊的工作原理

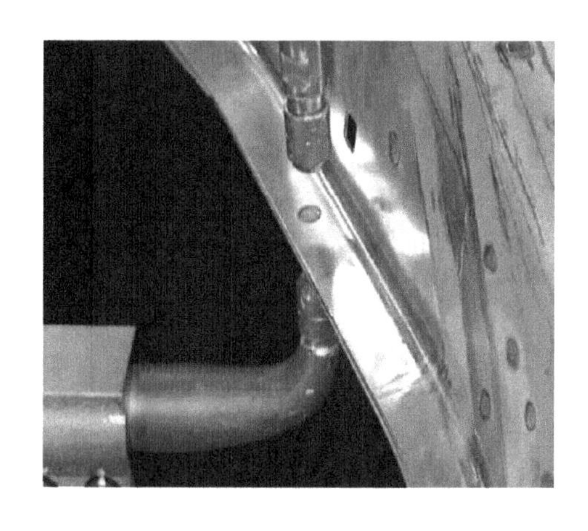

图 11-2　实际焊点

点焊机器人是指用于点焊自动作业的工业机器人，目前广泛使用在汽车制造、电子、模具、机械等行业。在汽车生产过程中，点焊是一种重要的工艺，有的车型可多达几千个焊点。根据应用特点，要求点焊机器人不仅要有足够的负载能力，而且在点与点之间移动要快速，动作要平稳，定位要准确，以减少移位时间，提高工作效率。机器人点焊速度要与生产线速度相匹配，满足生产节拍要求，同时做到安全可靠生产。当前点焊机器人主要设备提供商有发那科（FANUC）、ABB 集团、库卡（KUKA）等国际知名公司。

使用点焊机器人的主要优势在于：可缩短产品改型换代的准备周期，减少相应的设备投资；提高劳动生产率；提高和稳定焊接质量，保证其均匀性；改善工人劳动作业条件；降低对工人操作技术的要求；为焊接柔性生产线提供技术基础。

2. 点焊的焊接参数

点焊的参数有焊接电流、通电时间、电极压力、电极形状和尺寸。

(1) 焊接电流　点焊时输出的热量与电流的平方成正比，因此焊接电流对焊点性能影响最敏感，建议选用对熔核直径变化不敏感的适中电流来焊接。

(2) 通电时间　通电时间的长短直接影响输入热量的大小。

(3) 电极压力　电极压力会影响电阻的数值，从而影响输出热量，还会影响焊件向电极散热。

(4) 电极形状和尺寸　目前机器人点焊主要采用锥台形和球面形两种电极，若非工件原因，建议采用最常用的电极，以减少备件的难度与成本。锥台形的端面直径或球面形的端部圆弧半径的大小，决定了电极与焊件接触面积的大小；在电流同等时，决定了电流密度大小和电极压强分布范围。一般选用比期望获得熔核直径大 20%左右的工作面直径作为所需的端部尺寸。通常情况下，要求锥台形电极工作面直径在工作期间增大 15%左右进行修复。

在使用电阻点焊时，上述参数是相互影响的，大多数场合下，可选取多种参数的组合。但电极压力、焊接电流和通电时间这三个参数必须相互协调，只有正确的组合，才能保证焊接质量和焊接强度。

此外，这些参数对于焊钳的选型和生产节拍也有很大影响，一般焊机生产商会有严格的规定，如果遇到未指定的情况，可向焊钳供应商或焊机生产商咨询。

3. 机器人点焊指令

工业机器人国际知名品牌厂商一般都有多个点焊机器人产品供用户选用，并且有相应的点焊商业化应用软件包，例如，FANUC 公司提供了 SPOT TOOL+软件包。SPOT TOOL+是嵌入机器人控制装置（机器人控制器）中的，除了进行基本操作外，还能进行与点焊相关的多种作业。

本章以 FANUC 工业机器人伺服焊枪点焊作业为例。

在使用前，首先需做点焊初始设置，主要内容如下：

1) 根据要使用的焊机和焊钳的规格，在系统启动时需要进行点焊基本配置，在图 11-3 选中“点焊初始”可进入设置界面。当指定伺服焊枪选项时，还需要在“伺服焊枪”初始设置界面上进行设置。

图 11-3　点焊初始设置

点焊基本配置包括焊接设备数量、焊机数量、焊枪数量、设备和焊机间接口类型选择、焊接完成的判断方法、焊接过程中超时、焊接完成超时等参数的设置。各项参数都采用默认值，若有需要，可根据实际情况进行修改。

2) 单元接口设置。单元中包含机器人、机器人控制装置、外部设备，以及基于 PLC 等的单元控制器等设备。在单元接口设置中，主要进行用户独自所需项目的设置，如 HOMEI/O 宏程序的指定等。

3）点焊设备的设置。对伺服焊枪的显示、焊接延迟时间、焊点计数寄存器编号、电极修磨寄存器编号、要求修磨的焊接点数等进行设置。

4）点焊功能设置。可以启用自动焊接再试、加压时动作禁止等高级功能。

当使用伺服焊枪时，还需在系统启动时进行伺服焊枪的初始设定，设定内容如下：

1）伺服焊枪轴的初始设定。在控制启动模式下，进行有关伺服焊枪轴的初始化设定（焊枪轴的追加、电动机型号、额定电流、电动机大小、放大器编号、电动机抱闸编号、齿数比、最高速度、伺服超时的设定等），以及伺服焊枪装置类型的设定。

2）工具坐标系的设定。通常，在固定侧电极头的前端定义工具坐标系。

3）焊枪关闭方向的设定。设定可动侧电极头的加压方向。

4）焊枪最大压力的设定。设定所使用焊枪的最大压力，该压力值按照焊枪制造商的指定值予以设定。

5）伺服焊枪调整实用工具。包括运动方向设定、焊枪零点标定设定、齿数比及焊枪行程极限设定、基于伺服焊枪调整实用工具的自动调整。

6）压力调整。将校正后的压力表固定在焊枪固定电极上，通过示教打点方式，进行伺服焊枪的压力调整（压力标定）。完成后，控制器即完成了电动机电流和伺服焊枪机械压力之间的对应关系。为了使得压力精度保持均一，要定期执行压力调整。通过压力调整而得到的压力数据，用于点焊指令、加压动作指令以及电极修磨指令。

7）工件厚度标定。在完成压力调整后，可进行工件厚度的标定。

最后，还要进行点焊 I/O 信号配置。点焊 I/O 是指点焊时机器人的输入/输出信号，在程序执行时通过这些信号来控制焊机。点焊 I/O 用于焊接顺序，主要包括：

1）单元接口 I/O 信号。单元接口 I/O 信号主要用于机器人与单元控制器（如 PLC）之间的通信。机器人和单元控制器之间的通信有时会使用宏指令。宏内的信号必须与这里所指定的信号相同。单元接口输入信号配置有焊接有效/无效、加压有效/无效、冷却机复位、自 POUNCE 返回原点位置、试验方式。这些信号分配完成后须重启机器才能生效。

2）点焊设备 I/O 信号。点焊设备 I/O 信号与点焊初始设置的焊枪、焊机种类有关，常用的有冷却机正常、水流量正常、焊接变压器正常等输入信号，以及复位冷却机、焊枪压力通知信号等输出信号。

3）点焊机 I/O 信号。根据使用的点焊机种类的不同，可使用的焊接信号也有所不同。利用点焊机 I/O 信号，使用数字量输入/输出来实现机器人与焊机之间的通信。其中，输入信号包括焊接处理中、焊接完成、焊机焊接方式、异常报警、警告报警、接触器接通、焊嘴更换请求、焊嘴更换警告、焊嘴修整请求、熔敷检测等；输出信号包括焊接条件（组输出）、焊接奇偶性、条件选通、焊接指令、焊机焊接有效、步进电动机复位、焊机复位、接触器、焊嘴更换完成、接触器保护有效、熔敷检测时机等信号。

在点焊相关指令中，会使用到点焊机 I/O 信号。在点焊机器人程序中，会利用上述相关 I/O 信号来实现工作站的动作流程控制。

机器人点焊指令主要包括点焊指令、加压动作指令、压力指令、焊枪零点标定指令等。

① 点焊指令。点焊指令是在程序中指定伺服焊枪操作的指令。指定点焊指令的一连串处理（加压、焊接、打开）叫作“点焊顺序”。点焊指令除了执行一连串的动作和焊接处理

外，还执行电极头磨损量补偿、焊枪挠曲补偿等处理。

点焊指令格式：SPOT［SD=m，P=n，t=i，S=j，ED=m］

m：电极头距离条件（1~99）；

n：加压条件编号（1~99）；

i：厚度（0.0~999.9）；

j：焊接条件（0~255）。

点焊指令的条件设定如图 11-4 所示。

点焊指令在示教器上的具体操作如下：

a. 按下［DATA］（数据）键，显示数据界面。

b. 按下 F1［类型］，选择要设定的条件。

c. 进入相应设定界面进行指定条件参数的设定。

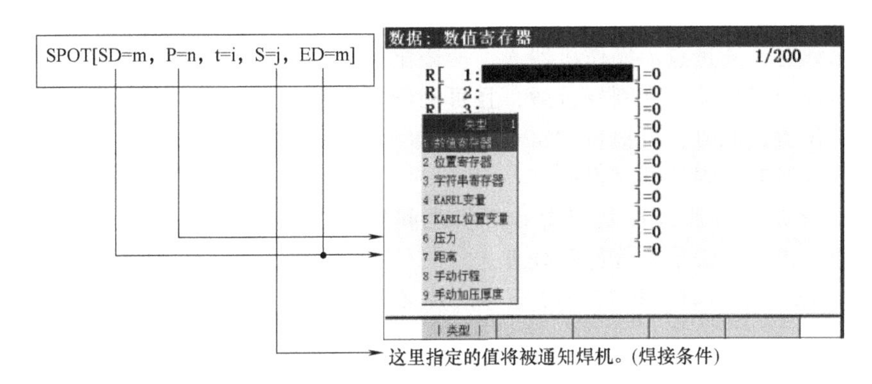

图 11-4　点焊指令的条件设定

伺服焊枪的点焊指令中需要指定如下条件：

开始位置电极头距离（SD）：指定用于焊接的焊枪关闭时伺服焊枪的电极头间距离。在焊接时，将按此指定的电极头的打开量通过通向焊接位置的路径。

加压条件（P）：按所指定的加压条件进行加压。其设置界面如图 11-5 所示。

厚度（t）：按所指定的厚度进行加压。点焊指令中，0 表示针对每个指令设定厚度。

焊接条件（S）：由控制装置向焊机发送所指定的焊接条件。

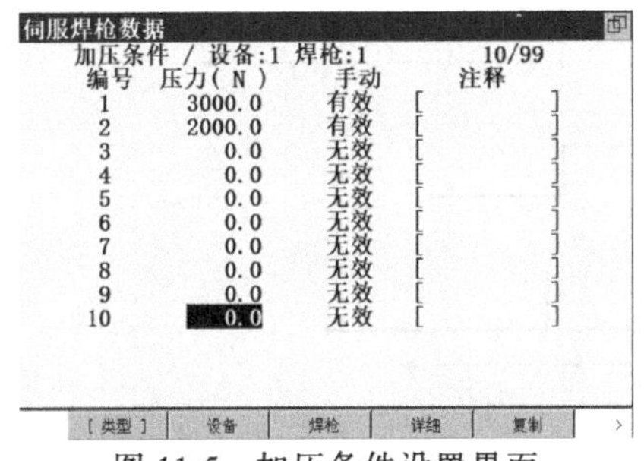

图 11-5　加压条件设置界面

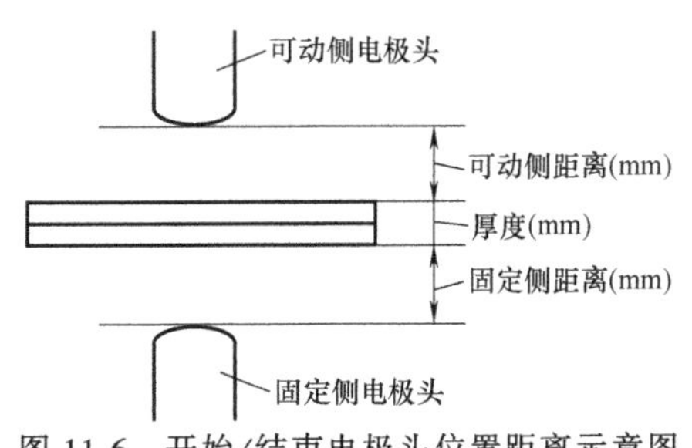

图 11-6　开始/结束电极头位置距离示意图

结束位置电极头距离（ED）：焊接完成后进行焊枪打开时，指定的伺服焊枪电极头间距离。点焊过程中，在接收到焊接完成信号时，焊枪就打开此指定量。

开始/结束电极头位置距离有可动侧距离和固定侧距离 2 个值，如图 11-6 所示。其设置界面如图 11-7 所示。并具有对应的动作设定（终止类型、加速度指令），其详细设置界面如图 11-8 所示。

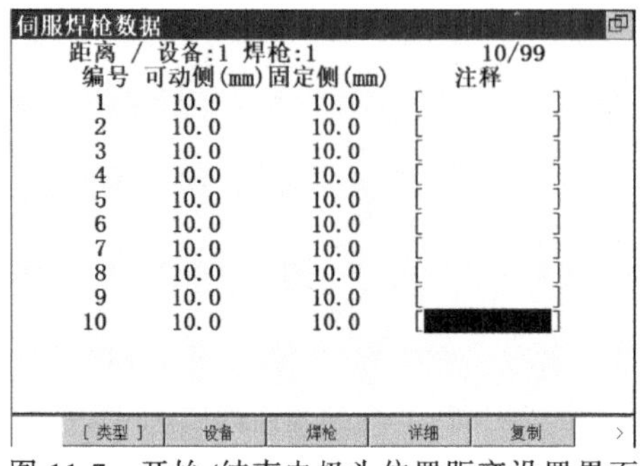

图 11-7 开始/结束电极头位置距离设置界面

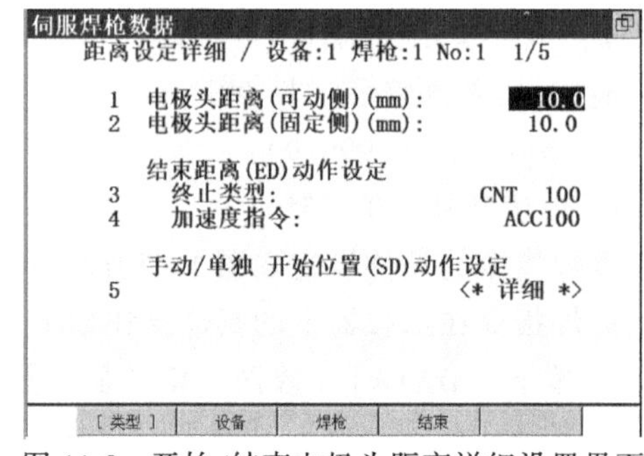

图 11-8 开始/结束电极头距离详细设置界面

在对点焊指令进行示教时，应在固定侧电极头接触到焊件的位置进行示教，如图 11-9 所示。位置示教时，通过点动操作机器人，使固定侧电极头向与焊件接触的位置移动，并刚好接触，且可动侧电极头在打开适当量的位置，此时，可执行“SPOT”位置示教操作。

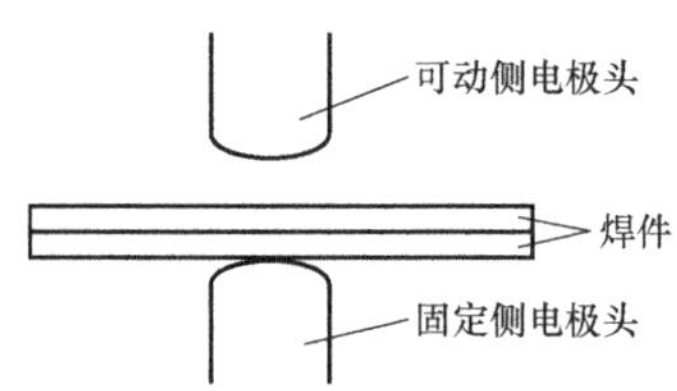

图 11-9 点焊指令示教位置示意图

点焊指令执行时的焊接顺序说明：

a. 焊接顺序是指机器人控制装置和焊机之间执行焊接条件信号输出、焊接完成信号等待等处理。

b. 当到达指定压力时，执行焊接顺序。焊接顺序如图 11-10 所示。

c. 输入焊接完成信号时，输出信号同时被切断，开始打开顺序。打开顺序结束时，执行下一行指令。

d. 焊接条件、焊接完成等信号在示教器 I/O 界面中的“点焊”中进行设定。

e. 焊接延迟时间在设定/点焊装置的界面上指定，默认值为 0ms。在经过焊接延迟时间后，自焊接条件信号至焊接指令信号将会被依次输出。在没有到达指定压力的情况下，会发生“SVGN-020 压力不足”报警，停止程序的执行。

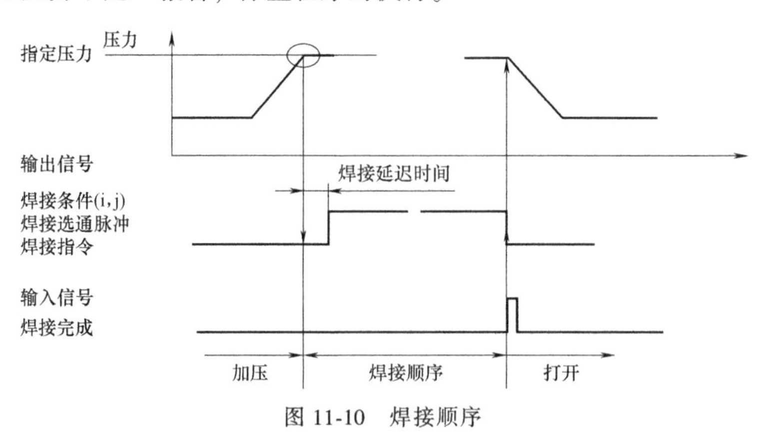

图 11-10 焊接顺序

示例程序：

1：L P［1］1000mm/sec CNT100 ;作业接近点

2：L P［2］1000mm/sec CNT50 ;按指定条件进行点焊顺序动作

: SPOT [SD=1, P=1, t=2.0, S=1, ED=1]

3: L P [3] 1000mm/secFINE ;作业规避点

② 加压动作指令。加压动作指令是进行加压动作而不进行点焊的指令。该指令在加压完成后不执行焊接处理和焊枪开启操作。与点焊指令一样，当加压动作指令作为动作附加指令时能进行焊嘴磨损补偿和焊枪挠曲补偿。

加压动作指令格式：

基本格式：PRESS_ MOTN [SD=l, P=m, t=n]

动作附加指令的格式：L P [1] 2000mm/sec FINE PRESS_ MOTN [SD=1, P=1, t=2.0]

根据开始位置电极头距离和加压条件编号进行加压动作。

在对加压动作指令进行示教后，厚度会显示“* *”，这表示厚度尚未初始化，需指定适当的值进行示教。

加压动作指令可执行动作附加指令和单独指令。若是动作附加指令，在加压顺序中，不仅可动侧电极头动作，固定侧电极头也动作。此外，还可进行电极头磨损量补偿和焊枪挠曲补偿。

加压动作指令只进行加压动作，因此，加压时间及打开动作需要另外进行示教。

示例程序：

1: L P [1] 100mm/sec FINE ;加压动作

: PRESS_MOTN [SD=1,P=2]

2: WAIT 2.00sec ;加压时间

3: L P [2] 100mm/sec FINE ;打开动作

③ 压力指令。压力指令是在除点焊指令或加压动作指令外的通常动作指令语句进行动作的情况下，以指定压力限制伺服焊枪轴最大转矩的指令。

在为点焊以外目的而将伺服焊枪轴按压到工件的动作时，若在最大转矩下使伺服焊枪轴动作，会导致负载过大，此时可使用压力指令。它不是用来控制点焊指令和加压动作指令压力的指令。

压力指定指令格式：Pressure [t] kgf

t：压力 (1~9999)。

在指定压力上乘以换算系数（压力-转矩），计算出转矩极限值，变更可动侧电动机的转矩极限值。同时，变更移动时/停止时误差过大错误的阈值，以避免在加压时产生此错误。

加压标准指令格式：Pressure standard gun1

加压标准指令是将通过压力指定指令变更的转矩极限值及误差过大错误阈值复原为变更前的值。

通过压力指定指令改变了压力的情况下，须通过压力标准指令使压力复原。若不复原压力，系统将在低转矩下持续动作，将导致循环时间变长。

示例程序：

1: Pressure [100] kgf ;改变压力

2: L P [1] 100mm/sec CNT50 ;夹持工件

3: L P [2] 100mm/sec CNT50 ;移动

4：L　P［3］　100mm/sec　FINE　　　　　　;开启工件

5：Pressure standard gun1　　　　　　　　;复原压力

④ 焊枪零点标定指令。焊枪零点标定指令是通过当前位置进行焊枪轴的零点位置标定。

焊枪零点标定指令格式：Gun Zero Master［#］

#：焊枪编号（1~6）。

示例程序：

1：LP［1］100mm/sec FINE　　　　　　;在加压条件 P=［98］中指定 ON

　：Press_ motn［SD=1，P=98］

2：WAIT 0.5sec　　　　　　　　　　　;原地等待

3：Gun Zero Master［1］　　　　　　　;进行焊枪 1 的零点标定

4：LP［2］100mm.secFINE　　　　　　;焊枪打开

上述示例中，对标定位置偏移过大的焊枪或者标定尚未完成的焊枪，无法进行零点位置标定。

11.2　点焊机器人的组成

点焊机器人工作站系统一般由机器人本体、机器人控制器、示教器、点焊焊接系统、电极修磨器以及相应的管线包等几个部分组成。为满足焊钳的位置和空间姿态的要求，点焊机器人一般具有六个自由度，对不同生产要求及产品的改型换代具有较高的柔性和适应性。点焊焊接系统包括点焊控制器和焊钳两个重要部分。点焊机器人工作站系统的组成如图 11-11 所示。

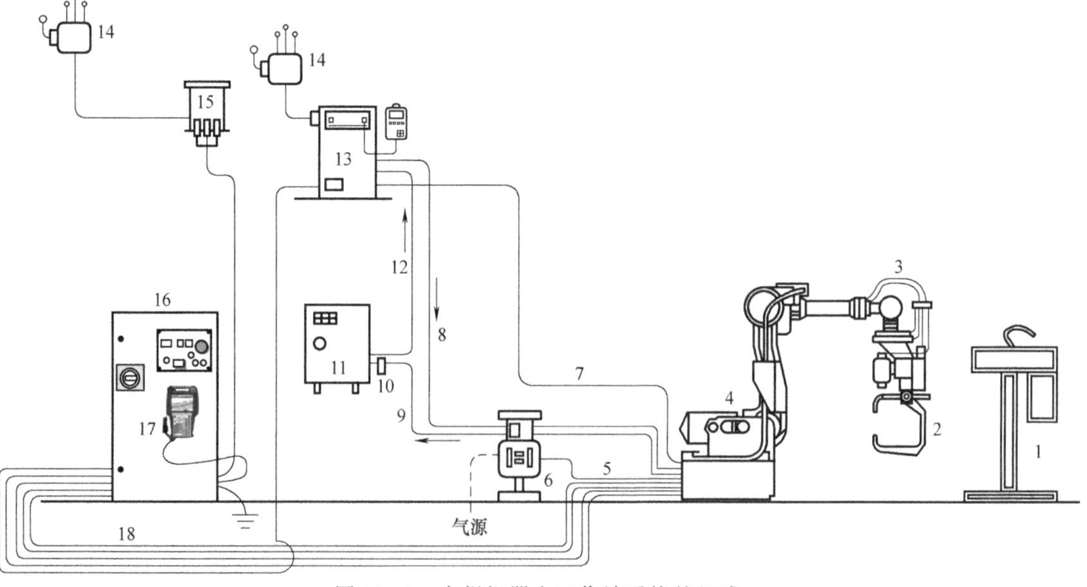

图 11-11　点焊机器人工作站系统的组成

1—电极修磨器　2—伺服/气动焊钳　3—管线包　4—机器人本体　5—焊钳进气管　6—水气单元　7—焊接供电电缆　8—焊钳冷水管　9—焊钳回水管　10—水流检测开关　11—冷水机　12—点焊控制器冷水管　13—点焊控制器（点焊焊机）　14—系统供电电源　15—机器人控制柜电源　16—机器人控制柜　17—示教器　18—机器人供电电缆、伺服编码器电缆、焊机通信电缆

焊钳用于实现对焊接的工件（板材）的加压与焊接。为减小变压器二次侧电缆线长度，减小二次侧的电能损耗以及对机器人运动的干扰，机器人使用的焊钳通常是把变压器与钳体安装在一起，成为一个整体，称为“一体式焊钳”。一体式焊钳质量较大，一般点焊机器人选择最大负载在100kg以上的工业机器人。在实际应用中，根据点焊打点位置的特殊性，须对焊钳钳体做特殊设计，这样才能确保焊钳到达需要的焊点位置。

焊钳的种类较多，根据焊钳加压的驱动方式分为气动焊钳和伺服焊钳，分别如图11-12和图11-13所示。气动焊钳利用气缸作为驱动，实现加压，通过加装电控比例阀以调整压力，一般能够完成大开、小开、闭合三个动作，当电极压力调定后就不能随意变化。伺服焊钳利用伺服电动机作为驱动，实现焊钳的张开与闭合，焊钳的开度可根据需要任意选定并预置，电极间的压紧力也可实现无级调节。

图11-12 气动焊钳

图11-13 伺服焊钳

伺服焊钳与气动焊钳相比有较明显的优势，主要体现在如下几个方面：

1）机器人与焊钳同步协调运动，可大大提高生产节拍。

2）焊接中压力与热量同步增长，能更可靠地保证焊点质量。

3）可扩展工艺过程控制。

4）可增强诊断及监控能力。

5）可简化点焊钳的设计，提高柔性。

6）可降低维修率，提高运行时间。

7）可降低生产成本（耗气、备件）。

8）一个焊接循环后可自动调整电极帽零位。

9）换枪后检查/调整焊钳，可进行修正点焊钳零位。

按焊钳的结构型式，常用焊钳又可以分为C型焊钳和X型焊钳，分别如图11-14和图11-15所示。X型焊钳用于点焊水平及接近水平位置的焊点，其电极的运动轨迹为圆弧线。C型焊钳用于点焊垂直及接近垂直的焊点，其电极做直线运动。一般情况下，焊点距离制件边缘超过300mm的情形可选择X型焊钳，焊点距离制件边缘小于300mm的情形可以选择X型或C型焊钳。

按焊钳的行程，焊钳可以分为单行程焊钳和双行程焊钳；按焊钳变压器的种类，焊钳可以分为工频焊钳和中频焊钳；按焊钳的加压力大小，焊钳可以分为轻型焊钳和重型焊钳，分别如图11-16和图11-17所示。

图 11-14　C 型焊钳

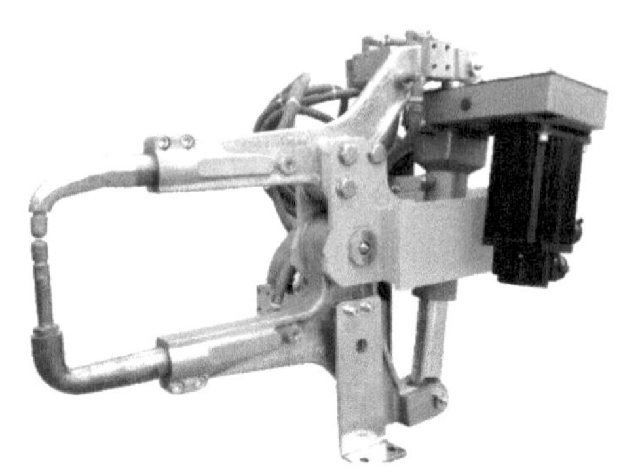

图 11-15　X 型焊钳

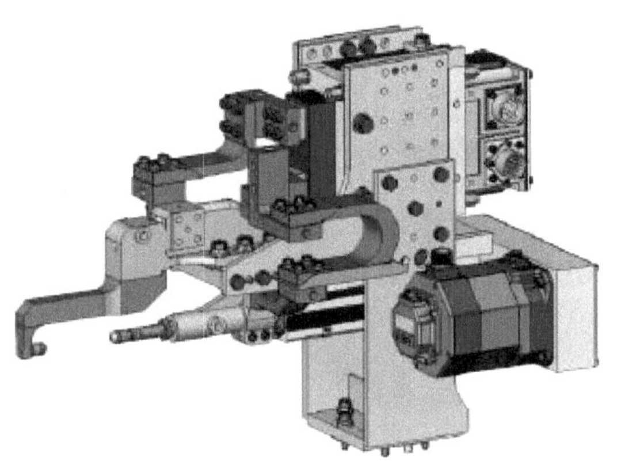

图 11-16　轻型焊钳

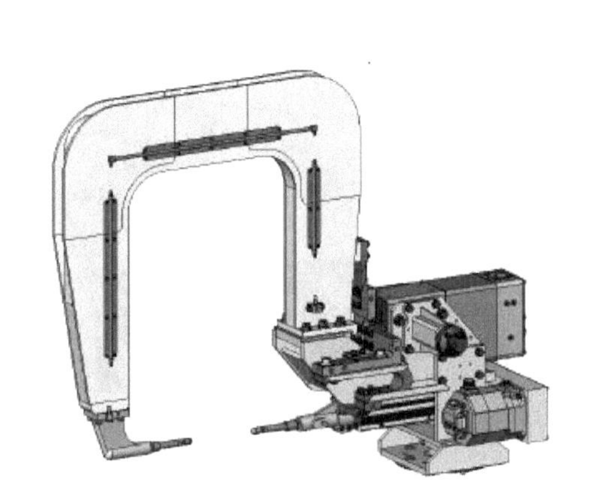

图 11-17　重型焊钳

点焊焊接时，电极上通过的电流密度很大，热量非常高，同时需施加比较大的压力，电极容易出现变形，进而影响对点焊焊核大小的控制；由于电极的氧化造成导电能力下降，点焊通电电流值就不能得到很好的保证。为了消除这些不利因素对焊接质量的影响，当电极出现较大变形与磨损时，必须使用电极修磨器定期对电极进行修磨。不同镀层材料与电极间的合金化反应程度不同，电极的磨损速度也不同，且磨损程度与镀层的熔点、电阻及焊接电流都有关。电极修磨器如图 11-18 所示。

机器人管线包是用于连接机器人终端执行器（换枪盘、焊钳等）应用而开发的线束系统，主要分为内置管线包和外置管线包两种。内置管线包可更好地减少对机器人工作范围的限制。管线包应能满足设备的应用功能，具有较长的使用寿命，尽量不限制机器人的工作范围，并且便于安装和维修。

焊接控制器（点焊焊机）分为工频控制器和中频控制器两种。焊接控制器具有以下功能：

1）通过初级和次级闭环实现电流的精确控制，可有效避免焊点虚焊、焊穿等缺陷。

2）焊点计数器功能可以有效防止漏焊，并可自动进行电极修磨及电极寿命维护，保证焊点直径。

3）独立监控焊核成长，并独立补偿实际焊核与要求焊核的变化。

图 11-18　电极修磨器

4）确保每个焊点直径。

5）自动补偿焊接扰动。

6）焊接过程中焊接时间和电流自适应变化。

7）在线储存测量数据及曲线。

相对而言，中频控制器变压器体积更小、重量更轻，可以减轻机器人的负荷；拥有紧凑的脉冲形式，电流调整更快、更精确，可提供更高的能量，且减少电极的热量和机械压力；电极寿命延长30%~50%，并可节能20%~32%。此外，中频控制器的焊接参数的精确调整（动态调整和自适应调整），使材料不会过热，飞溅较少，焊接质量更稳定。中频控制器可用于多种材料和异种金属的焊接，如铝合金、不锈钢、高强度钢等材质，对于镀锌板和普通多层板的焊接也优于工频焊接。

11.3　点焊机器人工具坐标系的标定

下面以伺服焊钳在FANUC机器人上的应用为例来说明。

伺服焊钳主要由伺服电动机、钳电极（可动侧电极）、机器人电极（固定侧电极）、固定臂等部分组成，如图11-19所示。其中，钳电极由伺服电动机来驱动控制，机器人电极（固定侧电极）固定在固定臂上，由机器人六轴来控制其空间的位姿。

伺服焊钳通常安装在工业机器人末端轴上，FANUC工业机器人采用多组控制方法，即将机器人六轴和伺服焊钳轴放在单独的动作组分别控制，机器人的六轴在动作组1（G1）中，伺服焊钳轴设在动作组2（G2）中。若要手动操作伺服焊钳轴运动，需在示教器上切换至动作组2（G2），再进行手动操作。

点焊指令将基于用户所设定的工具坐标系（TOOL）工作。工具坐标系设定时，TCP位置一般设在固定侧电极的前端，使得固定侧电极头的前端与工具坐标系的原点重合；工具坐标系（TOOL）方向设定为使固定侧电极的关闭方向（纵向）与工具坐标系X、Y、Z轴的其中一个（通常选Z轴）方向平行，如图11-20所示。

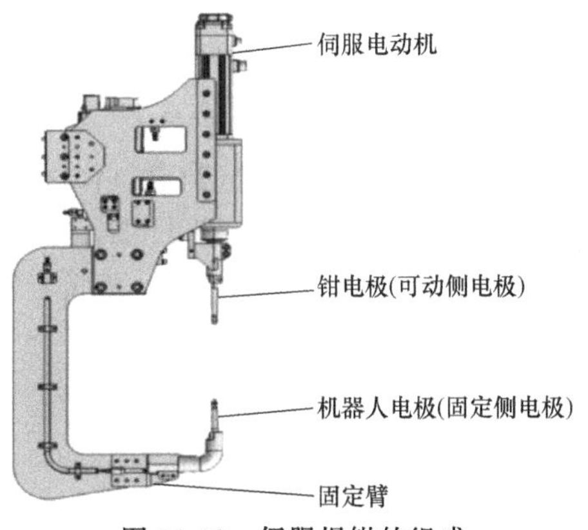

图11-19　伺服焊钳的组成

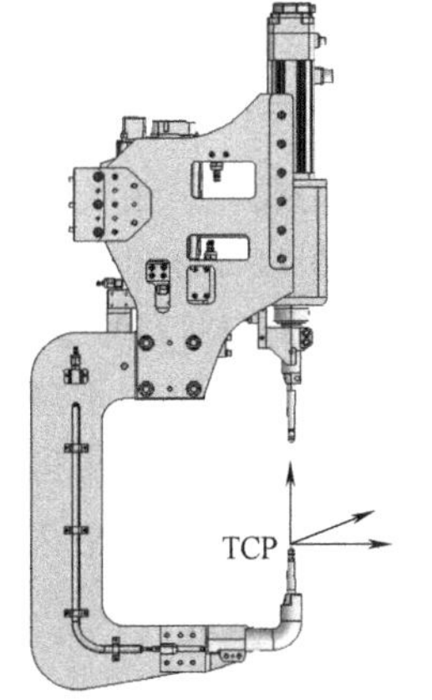

图11-20　工具坐标系的设定

点焊机器人工具坐标系的设定操作与5.3节所述一致，主要步骤如下：

1）操作按键进入坐标系设置界面。

2）选择工具坐标系，进入工具坐标系设置界面。

3）移动光标到所需设置的工具坐标系号处，进入详细界面。

4）根据需要，选择相应的设置方法（三点法、六点法、直接输入法），进入示教界面或直接输入界面，依次完成后续示教或直接输入操作。通常伺服焊钳都有相应尺寸参数，可通过直接输入法来完成工具坐标系的设定，以简化示教操作。

5）工具坐标系设定完成后，通过激活此工具坐标系，并检验坐标轴方向与TCP位置的准确性。

11.4 点焊机器人运动轨迹及流程设计

某汽车玻璃导槽部件需实现多部位点焊作业，现提取玻璃导槽一侧的支架点焊作业部分为例，如图11-21所示，需对两个位置进行点焊作业，焊接次序从焊点1到焊点2。

工业机器人选用FANUC公司的R2000iC/165F，配备R-30iB/A控制器。整个点焊机器人系统还配有伺服焊钳、中频焊机、管线包、电极修磨器、水气板、电控柜、工装夹具、围栏、安全光栅等。

示教编程前，先完成点焊基本配置、单元接口设置、点焊设备设置等，再进行伺服焊钳的设置、工具坐标系的设定、焊钳关闭方向的设定、焊钳零点标定、压力调整、工件厚度标定等，最后进行点焊I/O信号的配置，包括单元接口I/O信号、点焊设备I/O信号、点焊机I/O信号的配置。完成上述工作后进行点焊指令的示教编程。

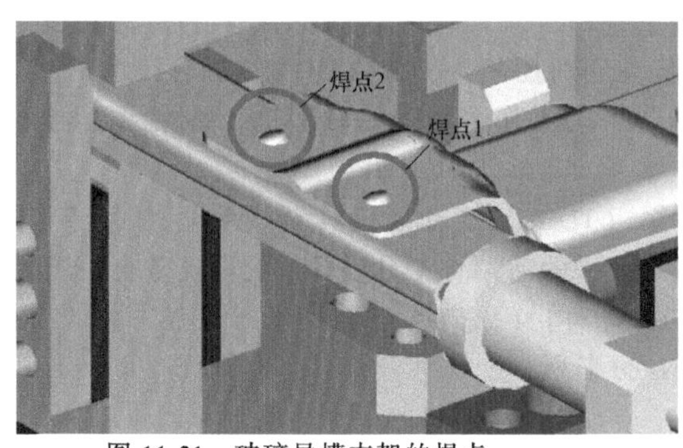

图11-21　玻璃导槽支架的焊点

图11-22　初始位置

在焊件安装完成后，由工作人员操作启动FANUC机器人焊接程序。启动时，从初始位置(HOME位)(图11-22)出发，经过中间过渡位置，先移至作业接近点位置(图11-23)，再移至焊点1位置（图11-24）进行焊接，焊接完成后，移至焊点2位置（图11-25）进行焊接，完成后，移至作业规避点位置（图11-26），经过过渡位置回到初始位置，完成一遍焊接任务。等待更换焊件后，将再次从初始位置开始焊接任务。

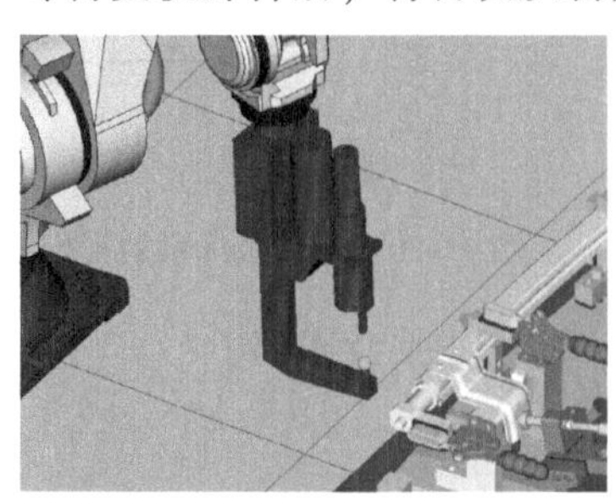
图11-23　作业接近点位置

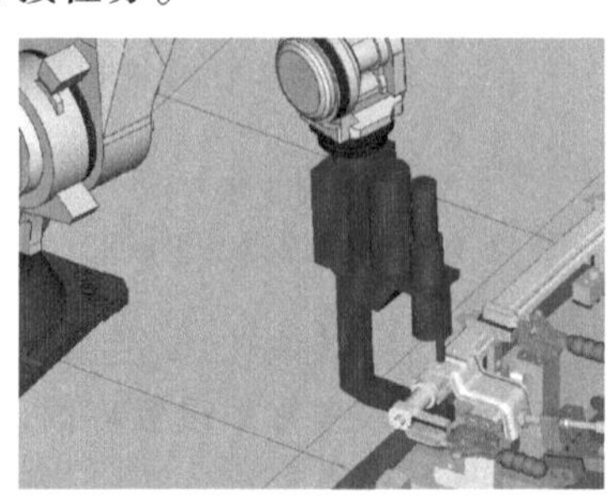
图11-24　焊点1位置

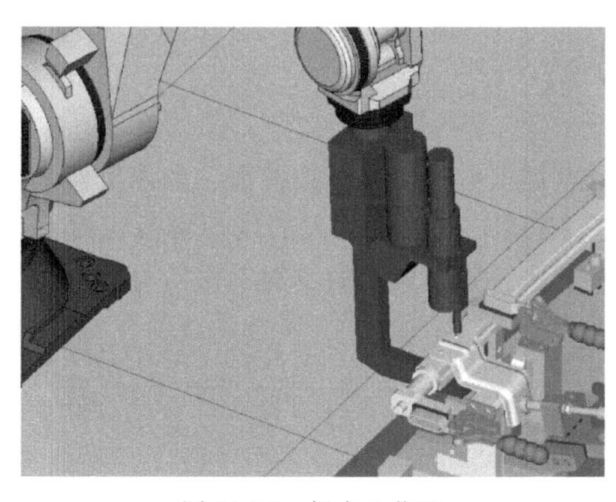

图 11-25　焊点 2 位置

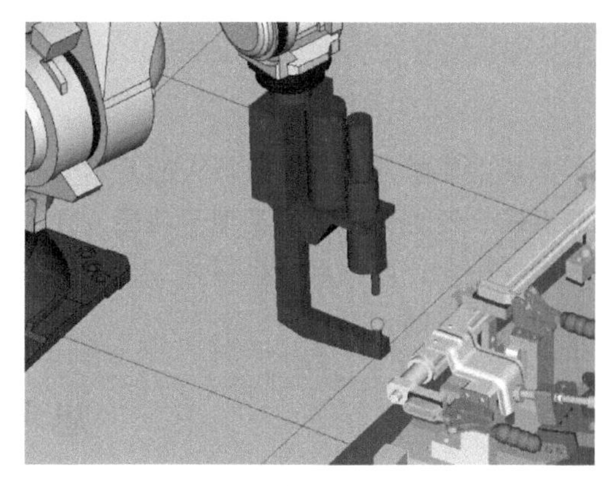

图 11-26　作业规避点位置

示教编程时，需要注意以下几个方面：

1）根据工件焊接点实际情况，合理设置各项参数，如压力、厚度、焊接时间、焊接条件等，以保证焊接质量。

2）机器人在每个焊接点的位置示教一定要准确。

3）合理设置开始/结束位置电极头距离值。要保证焊钳电极开度足够，避免运行中和工件发生碰撞，且实现较快的运行节拍。

4）减小 SD 动作和 ED 动作的 CNT 比率，避免电极头的拖拽发生，必要时可设为 FINE。

5）作业接近点位置、作业规避点位置设置要合理，以保证机器人作业路径的安全。

11.5　点焊机器人程序及分析

根据前述作业流程，示教编写点焊程序如下：

```
 1：UTOOL_NUM=1                          ;选定工具坐标系
 2：UFRAME_NUM=0                         ;选定用户坐标系
 3：PAYLOAD [1]                          ;选定有效载荷
 4：JP [Phome] 30% FINE                  ;初始位置
 5：JP [2] 40% CNT100                    ;中间过渡位置
 6：JP [3] 10% CNT20                     ;作业接近点位置
 7：LP [4] 100mm/sec FINE                ;第一个焊点位置
  ：SPOT [SD=1，P=1，t=2.4，S=1，ED=4]
 8：JP [7] 10% CNT50                     ;中间过渡位置
 9：LP [9] 100mm/sec FINE                ;第二个焊点位置
  ：SPOT [SD=1，P=1，t=2.4，S=1，ED=4]
10：LP [8] 10% CNT20                     ;作业规避点位置
11：JP [9] 40% CNT100                    ;中间过渡位置
12：JP [Phome] 40% CNT100                ;初始位置
```

本章小结

本章主要学习了点焊机器人的基本知识，包括点焊工作原理、焊接参数、点焊机器人系统的组成、各主要部件的类型与功能，详细讲解了 FANUC 工业机器人的点焊参数设置和主要的点焊指令，以及点焊机器人工具坐标系的标定方法，并以典型的点焊工作站为例进行了分析和编程示例。

思考与练习

一、填空题

1）点焊机器人的焊接参数包括：________、________、________、________。

2）按焊钳的结构型式，常用焊钳可分为________焊钳和________焊钳。

3）根据焊钳加压的驱动方式，焊钳可分为________焊钳和________焊钳。

二、简答题

1）点焊机器人系统主要包括哪些部分？

2）点焊机器人的工具坐标系一般设置在什么位置？

3）点焊机器人的常用场合有哪些？

4）为什么要定期对电极头进行修磨、更换？

5）伺服焊钳与气动焊钳相比，有什么优势？

参考文献

[1] 刘小波. 工业机器人技术基础 [M]. 北京：机械工业出版社，2016.

[2] 兰虎. 工业机器人技术及应用 [M]. 北京：机械工业出版社，2014.

[3] 刘极峰，丁继斌. 机器人技术基础 [M]. 2版. 北京：高等教育出版社，2012.

[4] 蔡自兴，谢斌. 机器人学 [M]. 3版. 北京：清华大学出版社，2015.

[5] 宋伟刚，柳洪义. 机器人技术基础 [M]. 2版. 北京：冶金工业出版社，2015.

[6] 张明文. 工业机器人基础与应用 [M]. 北京：机械工业出版社，2018.

[7] 陈南江，郭炳宇，林燕文. 工业机器人离线编程与仿真：ROBOGUIDE [M]. 北京：人民邮电出版社，2018.

[8] 西西里安诺，夏维科，维拉尼. 机器人学：建模、规划与控制 [M]. 张国良，曾静，陈励华，等译. 西安：西安交通大学出版社，2015.

[9] 徐忠想，康亚鹏，陈灯. 工业机器人应用技术入门 [M]. 北京：机械工业出版社，2018.

[10] 熊有伦. 机器人技术基础 [M]. 武汉：华中科技大学出版社，1996.

[11] 孟庆鑫，王晓东. 机器人技术基础 [M]. 哈尔滨：哈尔滨工业大学出版社，2006.

[12] 黄俊杰，张元良，闫勇刚. 机器人技术基础 [M]. 武汉：华中科技大学出版社，2018.

[13] 杨润贤，曾小波. 工业机器人技术基础 [M]. 北京：化学工业出版社，2018.

[14] 伊洪良. 工业机器人应用基础 [M]. 北京：机械工业出版社，2018.